当代城市交通规划研究与实践

——以厦门市为例

边经卫　张升　丁明　等编著

中国建筑工业出版社

图书在版编目（CIP）数据

当代城市交通规划研究与实践——以厦门市为例/边经卫等编著.—北京：中国建筑工业出版社，2010.7
ISBN 978-7-112-12220-2

Ⅰ.①当… Ⅱ.①边… Ⅲ.①城市规划：交通规划-厦门市
Ⅳ.①TU984.191

中国版本图书馆CIP数据核字（2010）第125247号

本书以厦门市城市交通规划设计研究与实践为例，总结了厦门市城市交通研究中心近几年来的主要规划设计与研究成果，提炼了厦门城市交通规划技术体系。本书分析了厦门城市空间拓展与交通规划的关系，对城市交通规划各阶段工作的基本观念，规划思路与方法，主要任务与内容作了总结归纳，并对各规划阶段的工作精选案例作了实证说明。

本书适合城市规划、城市交通规划设计、城市交通管理及城市相关部门的技术和行政管理人员阅读，也可作为高等院校城市规划，城市交通规划，交通工程等学科的学习参考用书。

* * *

责任编辑：吴宇江
责任设计：李志立
责任校对：马 赛 陈晶晶

当代城市交通规划研究与实践
——以厦门市为例
边经卫 张升 丁明 等编著
*
中国建筑工业出版社出版、发行（北京西郊百万庄）
各地新华书店、建筑书店经销
北京尚唐印刷包装有限公司印刷
*
开本：787×1092毫米 1/16 印张：16 字数：406千字
2010年10月第一版 2010年10月第一次印刷
定价：**78.00**元
ISBN 978-7-112-12220-2
（19481）

序

城市交通规划以城市土地使用与交通系统协调发展为着眼点，通过科学配置交通资源，优化交通设施结构和布局，引导建立畅通、安全、低耗、高效和智能化的综合交通系统，支撑城市可持续发展。长期以来，各地开展了大量的城市交通规划实践，不断完善规划方法和规划技术，对从源头上缓解城市发展进程中的交通矛盾进行了卓有成效的探索。但城市交通需求的增长是无止境的，城市交通发展的形势依然十分严峻。因此，加强城市交通规划研究和实践总结十分必要。

本书系统地总结了厦门市改革开放30年特别是近10年来城市交通规划研究与实践的背景，分析了厦门城市空间拓展与交通规划的互动关系，提炼了厦门城市交通规划的技术体系，对各种类型的交通规划项目进行了认真的梳理、归纳及案例分析，提出了厦门城市交通可持续发展的途径。在一定程度上反映了我国沿海经济发达城市交通发展的历程，对破解城市各发展阶段的交通问题和交通发展模式选择具有一定的借鉴意义。

1995年，我与厦门市城市规划设计研究院交通所合作编制了《厦门岛城市交通规划》，一晃15年过去了，厦门市的城市交通规划工作者不断地进行交通规划设计和研究，持续探索与城市经济社会发展相协调的交通发展之路，并付诸实践。在对城市空间发展与交通规划演进规律的认识、宏观交通战略的把握、路网模式与道路系统、公交优先与引导城市发展、持续性的交通改善行动计划、交通枢纽的一体化建设、慢行交通与健康休闲、交通影响分析等方面，取得了可喜的成绩。

本书是对厦门城市交通规划和交通发展阶段的一部历史记录，也是我国城市交通规划实践的一个缩影。预祝本书的出版能为我国城市交通规划事业的发展有所贡献，也祝愿厦门城市交通真正走向一条可持续发展之路。

马林

2010年4月于北京

马林，住房和城乡建设部城市交通工程技术中心副主任，教授级高级工程师。兼任住房和城乡建设部科技委委员、国家863计划现代交通技术领域专家组成员、中国城市规划学会城市交通规划学术委员会常务副秘书长等。

目　录
CONTENTS

第四章　城市交通网络规划

第五章　城市交通设施规划

第六章 城市交通改善规划

第一章 绪 论

交通是城市发展的动力，是城市活动的基本功能之一。交通对城市空间的拓展、经济增长和社会进步都起到了决定性作用。随着社会经济的发展，我国的城市化进程已进入快速发展阶段。城市，尤其是沿海快速发展中的城市，交通问题已成为城市发展的主要矛盾。

交通规划是协调城市发展与交通发展，解决现状城市交通问题和指导城市交通建设的纲领。因此，在新的发展时期，以科学发展观为指导，以建设资源节约型和环境友好型社会为目标，做好交通规划是解决城市交通问题的首要环节。

第一节 快速发展时期的厦门

一、经济社会发展概况

（一）人口

2008 年末厦门市全市户籍人口 173.67 万人，其中城镇人口为 118.58 万人，暂住人口约 76 万人，全市年末常住人口为 249 万人①。

近年来，厦门市人口总量总体呈上升趋势。随着厦门经济的快速发展，人口机械增长率也呈上升趋势，从 1991 年的 4.5‰一直上升至 2008 年的 27.53‰；但人口自然增长呈下降趋势，同时，暂住人口多年动态地维持在 80 万人左右。通过对暂住人口构成分析表明，90% 以上的暂住人口具有明显的“城市化”特征，暂住人口已成为城市实际人口的重要组成部分。厦门市城市化水平约为 68%，总体属较高水平。

（二）社会经济

1980 年，国务院批准设立厦门经济特区，在本岛西北部的湖里划出 2.5km^2 土地兴建出口加工区，从此厦门的经济发展进入了新中国成立以来最快、最好的发展时期。

---

① 厦门市统计局，国家统计局厦门调查队. 2008 年厦门市国民经济和社会发展统计公报［R］. 厦门：厦门市统计局，2009。

1984 年国务院决定把厦门特区范围扩大到整个厦门岛（包括鼓浪屿）。1989 年和 1992 年国务院又批准在厦门经济特区及杏林、海沧、集美设立台商投资区，建立象屿保税区，给厦门的发展带来无限生机。1994 年中央正式批准厦门市为副省级城市，实行计划单列，享有省一级的经济权限。

改革开放 30 年来，尤其是特区建设 27 年来，厦门经济社会发展取得了令人瞩目的历史性成就。全市地区生产总值（GDP）从 1981 年的 7.41 亿元跃升到 2008 年的 1560.2 亿元，年均递增22%，按常住人口计算，人均实现 GDP 超过 6.3 万元；工业总产值从 1981 年的 10.65 亿元跃升到 2008 年的 3042.33 亿元，年均递增 23.3%；财政总收入从 1981 年的 1.95 亿元跃升到 2008 年的 410.14 亿元，年均递增 22.0%；城镇居民年人均可支配收入从 1981 年的 482 元提高到 2008 年的 23948 元，年均递增 15.6%；农民年人均纯收入从 1981 年的 264 元提高到 2008 年的 8475 元，年均递增 13.7%。

城市建成区面积由 1981 年的不足 $20km^2$，拓展至 2007 年的 $180km^2$，已初步形成“众星拱月”海湾型的城市空间格局，城市化率从 1981 年的 35.5% 提高到 2008 年的 68.0%。厦门以占全省 6.5% 的常住人口和 1.3% 的土地，创造出占福建省 15.3% 的生产总值，27.1% 的财政收入和 53.4% 的外贸出口总额，成为我国东南沿海重要中心城市，为推进海峡西岸经济区建设作出了重要贡献。

二、城市空间快速拓展

解放初，由于厦门与金门、台湾海峡两岸长期处于军事对峙，被列为军事前线，城市建设和经济发展十分缓慢。建国后为迅速改变厦门的落后面貌，相继建设了本岛对外联系的交通线——厦门高崎海堤和鹰（潭）厦（门）铁路，开发建设厦门岛内后江埭和岛外杏林工业区，城区建设从厦门岛逐步向岛外集美、杏林延伸。截至 1980 年，厦门经济仍比较脆弱，属于生产落后的封闭型海岛商业消费城市。

（一）经济特区建设

1980 年 10 月 7 日，国务院正式批复设立厦门经济特区。经过一年多的筹备，1981 年 10 月 15 日，厦门经济特区在湖里出口加工区正式破土动工建设，厦门城市建设迎来了新的发展阶段。当时的特区家底很薄，几乎是白手起家，1980 年，厦门的地区生产总值仅 6.40 亿元，财政总收入仅 1.83 亿元，城市基础设施条件很差，城市建成区面积仅 $20km^2$。因此，特区建设以基础设施建设为起步，按照城市总体规划确定的“一环六片”的组团式空间布局，进行全市性的交通、通信、供电、供水等基础设施建设，修建高崎国际机场，启动湖里出口加工区第一期的开发建设，建设东渡码头二期，建设跨海进岛的高压输电线路，建设九龙江北溪引水工程、高殿水厂一期工程和穿越厦鼓海底的输水管道等。

1984 年国务院批准厦门经济特区扩大到全岛，实行自由港的某些政策，并赋予厦门经济特区“发展我国东南部经济，特别是加强对台工作，促进祖国统一大业”的历史任务。1985 年国务院颁发《关于厦门经济特区实施方案的批复》，明确要求把厦门建设成为以工业为主，兼营旅游、商业、房地产的综合性、外向型的经济特区。1989 年，国务院批准设立海沧、杏林为台商投资区，享受经济特区现行政策待遇；同安县列为沿海经济开发区，使厦门初步形成了在全国仅有的经济特区—台商投资区—沿海经济开发区多层次、全方位、综合性的经济开放格局。这一阶段城市建设以厦门岛内西部为重点，从思明厦港、湖里工业区、筼筜新区，到东区、火炬高科技园区、航空城等。至 1990 年，城市建成区扩大到 39.5km²，10 年的特区建设，其城市建设用地净增了一倍，为加快特区建设发展创造了良好的投资环境。

（二）环西海域建设

经过 10 年的特区建设，厦门岛内西部城市建设基本形成规模，由于受跨海高投资门槛的限制，厦门岛向东发展势在必行。根据城市空间拓展需要，1991 年 3 月对《厦门市城市总体规划（1995—2010 年）》进行了修订，2000 年 11 月经国务院批复，付诸实施。该规划确立了“一环数片，众星拱月”的城市空间结构模式，城市建设发展在配套完善厦门岛内的同时，加大了对环西海域的建设力度。这一阶段的城市发展始终坚持以工业为主，以生产型、技术先进型和出口创汇型企业为主的发展导向，经济结构不断调整优化，经济增长方式不断转变，培育形成了电子、机械、化工三大支柱产业，工业成为带动经济增长的主导力量。高经济增长的质量和效益日益提高，各项经济指标快速增长。

与此同时，城市建设加快推进新城区建设和旧城改造，建成一批能源、交通、通信、供水等重要基础设施项目，海港、空港、信息港重大基础设施进一步完善，基本形成了现代化的陆海空立体交通网、先进的信息通信网和水电设施配套的投资环境，城市生产生活环境更加完善。城市建设加快向岛外拓展，由岛内向集美、杏林、海沧呈扇面逐步拓展，初步形成了以厦门岛为中心，“一环数片，众星拱月”的城市空间格局。2002 年城市建成区面积拓展至 104km²，比 1990 年扩大了 2.6 倍，净增城市建设用地 64.5km²，增速高于特区建设的前 10 年发展。

（三）海湾型城市建设与发展

从2002年开始，随着厦门经济社会的发展、建设资本的积蓄，厦门进入了加速发展时期。但是，由于城市用地建设过于集中在岛内，造成岛内土地过度开发，岛外过于分散，且岛内外发展很不平衡，影响了城市空间的合理布局和整体功能的发挥。因此，将“海岛型”城市发展为“海湾型”城市，才能有效拓展城市发展空间，建设海湾型城市已成为厦门经济社会发展唯一的空间选择。

基于上述考虑，2002年厦门市政府组织了《厦门市城市发展概念规划》咨询，进一步深化了对海湾型城市建设基本内涵的认识。提出了海湾型城市首先是一个城市形态的概念，其次是一个发展阶段的概念，再次是一个城市功能的概念，是厦门城市形态、城市发展阶段和城市功能的综合，是厦门与时俱进的结果①。

2003年厦门市政府及时组织修编《厦门市城市总体规划（2004—2020）》，规划定位为厦门市要着力构建海峡西岸先进制造业基地、航运物流中心、旅游商贸中心、文化教育中心和对台交流合作前沿平台，建设成现代化港口风景旅游城市。为实现新一轮跨越式发展的奋斗目标，厦门市提出要力争经过5年的奋斗，实现三个新跨越：实现综合经济实力新跨越，中心城市建设新跨越，构建和谐社会新跨越。

5年来，厦门坚持以发展为第一要务，以经济建设为中心，以发展现代工业为重点，通过工业的快速发展，壮大第三产业，提升第一产业，促进三大产业在更高层次上协调发展。大力推进火炬（翔安）产业区、同安工业集中区、集美机械工业集中区、软件园二期、环东海域等工业集中区建设，致力打造海峡西岸强大的先进制造业基地。积极推进五缘湾、观音山、杏林湾等商务营运中心的建设，加快现代服务业的发展。

积极推进现代化港口风景旅游城市和海峡西岸重要中心城市建设，大力推进新一轮城市基础设施和一批重大工程建设，主要有环东海域综合整治建设和观音山、五缘湾、湖边水库、杏林湾、厦门火车站（北站）等重大片区开发建设项目，福厦铁路、厦深铁路、龙厦铁路和翔安海底隧道、杏林大桥、集美大桥、快速公交（BRT）、环岛干道、海翔大道等重大交通项目，以及港口航道、海沧港区、嵩屿港区和机场三期建设等口岸设施项目，进一步拓展了城市发展空间，增强了中心城市辐射带动力，基本实现了中心城市建设新跨越。截至2007年，城市建成区面积增加至180km^2，4年净增

① 厦门市加快推进海湾型城市建设调研报告［C］. 市委市政府专题会议，2002。

建设用地 76km^2。从用地的增量来看，海湾型城市建设发展的 5 年，是厦门城市建设用地扩张最快的 5 年。

经过 5 年努力，厦门基本实现了综合经济实力、中心城市建设、构建和谐社会三个新跨越，海湾型城市的建设框架基本拉开。城市空间发展的阶段性特征也表明，厦门经济社会发展与城市空间拓展始终相互依托、相互促进，城市规划的先导性作用十分明显。

三、城市交通日趋拥堵

随着厦门城市人口不断增加，城市规模迅速扩大，交通需求呈几何级数快速增长，从而造成厦门市中心城区路网交通负荷逐渐接近饱和状态，城市交通日趋拥堵。

（一）机动车保有量持续增长，交通需求激增

机动车保有量的迅猛增长（表 1－1）给厦门市道路交通带来巨大压力，市区部分路段的交通流量已趋于饱和，早晚高峰时段经常发生交通拥堵现象。据统计：岛内主干道早高峰平均车速已经从 2004 年的 27.7km/h 下降到现在的 22.5km/h，晚高峰平均车速则从 24.9km/h 下降到 21.4km/h，公交车时速则从 17km/h 下降到 12km/h。

2001 年以来厦门市机动车增长表 **表 1－1**

车辆类型		2008 年			2001—2008 年	
		保有量（万辆）	年净增数（万辆）	同比增长率（%）	累计增长数（万辆）	年均增长率（%）
各类机动车		57.61	6.22	12.10	36.59	15.49
其中	汽车	27.02	3.84	16.57	20.21	16.83
	摩托车	30.59	2.38	7.4	16.38	2.02
	另：小型客车	17.71	3.35	22.4	15.37	30.86

（二）部分路段交通设施设置不合理

城区道路交通流组织不合理，人行立交化设施较少，交通信号灯配时绿灯损失大，公交线路重复率高，公交车港湾式停靠站点较少等，从而导致机动车行驶延误增加，进而造成交通拥堵节点不断增多，有向路网蔓延的趋势。

（三）道路工程影响城区交通

众多的道路新建、改建工程和管线破路施工给城区交通带来严重影响，部分路段或路口的封闭施工，道路交通组织机动性较差，更增大了周边道路的交通压力。

(四) 道路交通管理有待加强

道路交通管理和执法存在时紧时松现象，文明交通宣传教育仍需加强，车辆乱行车、乱停车，行人乱行走的不文明交通行为常有发生。

第二节　城市交通规划研究与实践的背景

城市交通作为城市最主要的基础设施之一，在城市经济和社会发展中起着极其重要的作用。随着我国城市化进程的加速，城市空间正在不断快速拓展，同时，又面临交通机动化的巨大压力。滞后发展的交通基础设施和不断加剧的交通堵塞，已成为我国快速发展中城市普遍存在的问题。厦门市也不例外，改革开放30年来，国民经济持续高速增长，由此推动了城市建成区面积的不断增大，人流和货流的交通运输需求快速增长，而城市交通基础设施始终跟不上城市发展的需要，造成了交通系统供需之间的矛盾日益凸显。近十年来，厦门市积极面对挑战，认真梳理城市建设与交通发展之间的矛盾，通过组织编制各种类型的交通规划并付诸实施，积极探索出一条可持续的城市交通发展道路。

一、拓展城市空间的需要

厦门地处闽东南沿海“金三角”的中心位置，是全国最早开放的沿海城市与经济特区，历经改革开放30年的经济快速增长，厦门已成为海峡西岸经济区重要的中心城市和经济建设中心，并发挥着越来越重要的辐射与带动作用。虽然厦门具有经济增长快、经济增长质量高等优势，但与区域内和区域外的沿海城市相比，其经济规模偏低、城市辐射范围小等因素，制约了中心城市功能的提升。因此，《海峡西岸城市群协调发展规划（2007—2020）》中的空间布局体系规划要求，建设厦（门）泉（州）漳（州）组合大都市区，以此形成引领海峡西岸城市群和辐射带动粤东、赣南等地区的西南增长极。

依据厦门海湾型城市发展规划，厦门由“海岛型”城市向“海湾型”城市的战略转移，城市布局结构将面临着“转型”与“重构”，城市规模也将由百万人口的大城市发展成为300万人以上的超大型城市，城市交通需求和交通特征正经历着一个“巨变”过程。城市空间形态将以厦门岛为中心、以海湾为背景，沿东、西海域周边展开布局，形成“一环数片，众星拱月”的城市格局和“城在海上，海在城中”的城市景观；城市建设重点从岛内转向岛外环湾地区，加大岛外的开发力度，促进厦门城市空间由海岛向海湾演化扩展。

为了适应城市空间拓展要求，必须加大对厦门城市交通规划的整体研究，以建立“海西增长极”和“海湾型”城市的战略目标为指导，系统把握城市交通发展趋势与需求，制定厦门“海湾型”城市交通发展战略，逐步建立与城市布局结构和土地利用相协调的综合交通运输体系，建立支持“海湾型”城市有序、健康发展的骨干运输网络系统，保障城市社会经济发展目标的实现和为城市居民提供高效、便捷、安全的交通运输服务，并以此指导城市交通基础设施的规划与建设。

二、破解“交通难”的需要

随着厦门城市发展和“海湾型”城市战略的实施，伴随发展进程中的交通矛盾将会逐步凸显出来，表现在以下几个方面：

（一）小汽车化将给道路、环境产生巨大影响

小汽车进入家庭已成为一种发展趋势，私人小汽车拥有和使用（即小汽车化）将在城市交通增长、道路交通设施供应、城市环境质量保持、土地资源利用等众多方面产生巨大影响。机动车保有量的迅猛增长将使市区许多路段的交通流量趋于饱和，早晚高峰时段经常发生交通拥堵现象。

（二）跨海通道的交通压力仍会持续增加

虽然近年来增加了集美、杏林大桥和翔安隧道三座跨海通道，交通压力得到了一定程度的缓解，但随着未来城市建设重心移至岛外，岛外新城与本岛中心之间的联系将更加频繁，因此，跨海通道的交通压力仍会持续增加。

（三）公共交通运输面临着系统性整合

厦门公共交通发展虽然处于国内领先水平，但仍表现出公交线网结构不合理、出入岛线路运输效率低下、主要走廊线路过于集中、运输服务层次单一、公交设施（枢纽、港湾车站、公交专用道等）有待强化等诸多不协调的矛盾。随着公交出行需求增加，更应着力推进公交优先措施的落实，整合公交网络结构，组织不同层次的运输服务与衔接，适时建设走廊运输系统——快速公交和轨道交通系统，以继续保持和不断完善厦门公交发展的良好环境。

（四）岛外道路交通设施更需完善

在城市建设重点向岛外转移的趋势下，现状岛外分片区及组团的道路系统难以承

担土地利用的集中开发与建设，必须配套建设岛外各片区不同等级道路系统，加强组团联系通道建设，并协调城市用地的开发和公共服务设施的布局，组织岛内外交通联系的衔接与公共交通运输的换乘。

（五）机动车尾气对大气污染呈加重趋势

随着机动车保有量的迅猛增加，环境空气质量呈下滑趋势。综合污染指数表明，厦门市大气污染呈加重趋势，主要排放物是碳氢化合物、一氧化碳、氮氧化合物和可吸入颗粒物，这些排放物对人体健康、动植物和建筑物都有着不同程度的危害，而机动车尾气排放在大气污染中的分担率达到60%以上。

“交通难”在一定程度上表现为交通拥挤。交通拥挤是城市发展过程中的衍生物，适度的交通拥挤反映了城市发展的活力，但是一旦交通拥挤超出了城市容忍的限度，反过来就会制约城市的进一步发展。交通拥挤不仅会导致经济社会诸项功能的衰退，而且还将引发城市生存环境的持续恶化，成为阻碍发展的“城市痼疾”①。因此，从服务海湾型城市长远发展目标出发，支持海峡西岸中心城市的职能发挥，全面提升城市综合竞争力，建立与厦门城市社会经济发展相协调、交通发展模式适宜、运输组织合理、设施网络完善、高效便捷和可持续发展的综合交通运输体系，是城市交通规划研究的出发点，也是实施城市交通规划的落脚点。

第三节　本书的主要内容与基本框架

厦门作为中国实行改革开放最早的城市之一，经济的快速发展使城市空间不断地向外拓展，与此同时，机动化与交通拥挤之间的矛盾日益突出，城市用地发展和交通系统建设也面临着越来越严峻的压力。正是基于这种矛盾和压力，城市与交通规划工作者不断地进行交通规划设计和研究，并不断地付诸实践，从而探索出一条与城市发展相协调的交通发展之路。这包括对城市空间发展与交通规划演进规律的认识，宏观交通战略的把握，路网模式与道路系统，公交优先与引导城市发展，持续性的交通改善行动计划，交通枢纽的一体化建设，慢行交通与健康休闲，交通影响分析对项目实施的评估和交通安全与管理等。在交通规划研究中，注重了交通规划理论与方法的不断创新、交通规划编制与设计体系的不断完善、交通规划与近期建设计划的紧密结合。

---

① 陆锡明，王祥，朱洪．综合交通规划［M］．上海：同济大学出版社，2003。

本书对厦门近十年来的城市交通规划研究进行了回顾，通过对案例的分析，以求更深入总结快速发展中城市交通规划的实践经验，探索未来城市交通规划发展之路，并期望在其他城市交通规划研究与实践中有一定的借鉴和应用价值。

本书内容的基本框架如图 1－1 所示。

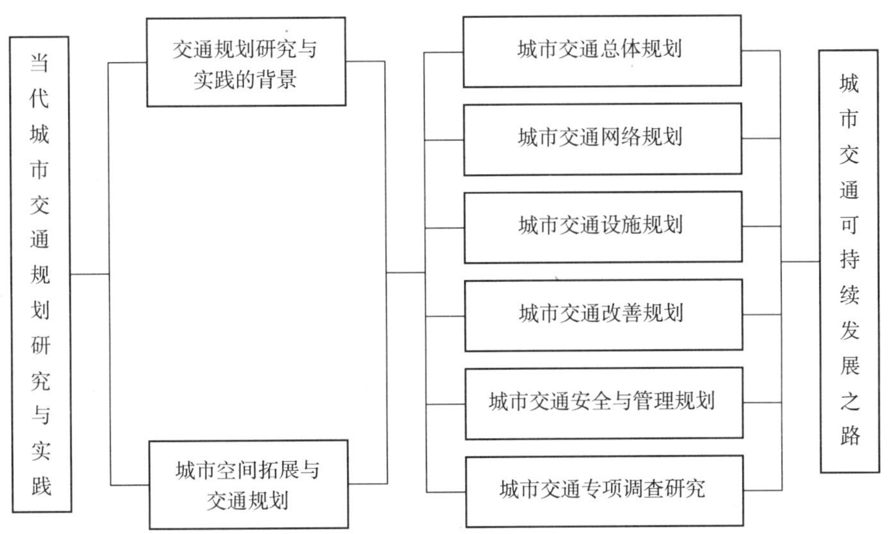

图 1－1 本书的基本框架

第一章“绪论”简述编著本书的背景与相应的框架结构。

第二章“厦门城市空间拓展与交通规划”是通过对厦门城市空间拓展与总体规划修编历程的回顾，使读者更好地理解厦门城市交通规划研究与实践的意义所在，同时结合厦门城市交通规划历程，提出了城市交通规划技术体系。

第三章“城市交通总体规划”结合厦门历年的城市交通总体规划编制情况，分别介绍了区域与城镇群交通规划、城市交通发展战略规划、城市综合交通规划的基本概念及规划案例，明确了交通对城市发展的引导和支撑作用，详细介绍了交通总体规划与社会经济发展及城市土地的紧密关系。

第四章“城市交通网络规划”包括干线道路、公共交通、轨道线网、慢行交通等交通网络的规划，制定各类交通系统的发展目标和发展策略，确定各交通系统的功能、结构、布局、规模及设施用地，同时做好各网络系统之间的衔接组织，并提出近期交通实施的建议。

第五章“城市交通设施规划”主要对城市交通设施中的城市交通枢纽、城市公共交通场站、城市公共停车场、城市公共加油（气）站的布局、规模与功能等进行论述，通过对实际规划案例的分析，为城市政府在不同发展阶段的交通设施规划、建设工作提供了较好的决策参考。

第六章“城市交通改善规划”包括城市交通改善规划、城市道路交通组织规划、主要交叉口交通改造规划、项目建设施工期间交通组织分析、交通影响分析的基本概念及规划案例，从点、线、面等各个角度阐述了解决城市交通问题的短期对策与措施，为城市不同发展阶段的交通改善工作提出了可行的实施意见。

第七章“城市交通安全与管理规划”从交通管理角度阐述了城市道路交通安全规划和城市交通管理规划编制的技术路线和主要内容，并结合道路交通安全规划和城市交通管理规划实例，系统性地提炼了交通安全与管理规划的技术体系。

第八章“城市交通专项调查研究”首先对城市交通专题调查内容进行了阐述，随后就居民出行调查和公交客流调查的主要内容及调查方法、调查方案设计及实施和数据处理分析进行了总结，最后通过居民出行调查和公交客流调查实例分析，为调查方案创新提供了重要参考。

第九章“结语”提出了在我国只有通过发展低污染、对城市环境友好、有益于市民健康的交通工具，来完成社会经济活动的绿色交通，才能实现中国城市交通的可持续发展。最后，提出了我国城市交通规划研究与实践需作进一步研究的若干问题。

第二章　厦门城市空间拓展与交通规划

城市空间是城市各种活动的重要物质载体，与诸多方面的城市发展要素密切相关，城市交通是城市空间的主骨架，是城市空间的重要组成部分。为了从宏观层面上了解厦门城市空间拓展历程，以助于理解厦门城市空间拓展与交通规划的相互关系，以及交通规划对城市空间发展的指引作用。由于厦门城市发展和城市空间拓展取得本质性突破在20世纪80年代以后，因此，本章主要结合20世纪80年代以来的城市总体规划历程，对城市空间拓展进行分析，以期对厦门城市交通规划研究与实践有一个总体了解。

第一节　城市空间拓展与总体规划修编

一、城市总体规划历程与建设发展①

（一）20世纪80年代以前的城市建设发展与总体规划概况

从历史的角度分析，古代的厦门因军事防御和通商贸易得到初步发展，并随港口的建设发展和设立海关成为通商口岸而逐步建设成为闽南地区重要的交通枢纽和贸易口岸，为此后的城市建设发展奠定了基础。在经历一段时期的低谷后，20世纪20—30年代的厦门因大规模的公用设施建设和房地产开发，城市空间在本岛迅速拓展，并于1933年正式设市，市区面积由初期的2.9km^{2}拓展到6km^2，市区人口达到21万多人，民族工业也得到一定程度的发展。

建国后直到20世纪80年代以前，厦门市曾分别于1956年和1958年编制过城市总体规划，并对随后的城市建设产生了深刻的影响。

1956年的总体规划确定城市性质为“港口城市，兼备全国性的疗养、风景城市和国防城市”，城市发展目标为在12～17年内城市人口达到50万人左右，城市建成区总

---

①　同济大学等．厦门市城市发展概念规划研究［R］．2002。

用地可达到 $32km^2$ 左右；城市发展方向是以旧城为基础，逐步向筼筜港东侧、北侧发展。

1958 年在原总体规划基础上，结合集美海堤的建成，扩大市区建设范围到岛外近海，并确定杏林地区作为厦门工业卫星城镇。

此后直到 20 世纪 80 年代初期，厦门逐渐发展成为福建省重要的工业城镇，但由于国家城市建设指导思想和地处国防前线的原因，城市建设进展十分缓慢。到 1978 年，厦门城市建设总用地仅 $13.4km^2$，市区人口 23.7 万人，均远远低于 20 世纪 50 年代城市总体规划的预期。

（二）20 世纪 80 年代以来的城市总体规划历程

从 20 世纪 80 年代至今，面临着迅速发展的城市建设进程，厦门市不断调整和修订城市总体规划，并正式审批通过了三次城市总体规划。按城市总体规划最终审批通过时间分别称为 1983 年版、1990 年版（福建省人民政府批复）和 2000 年版（国务院批复），并以此将 20 世纪 80 年代以来的厦门城市总体规划历程划分为三个阶段。除正式审批通过的总体规划外，厦门的城市总体规划还包括了多次的调整和修订工作，这些工作同样对厦门的城市发展和城市空间拓展产生了不同程度的影响。

1. 1983 年版城市总体规划

1983 年版城市总体规划是改革开放后厦门首次进行的重大总体规划编制工作，编制时间为 1980—1983 年，并于 1983 年由福建省政府审批通过。当时的城市建成区主要是由鼓浪屿和本岛老城区组成的市区，以及岛外的杏林和集美组成。总体规划编制的主要背景因素有两个方面：首先，1980 年国务院决定在本岛湖里 $2.5km^2$ 范围内创办经济特区，从而为厦门城市空间拓展和城市空间结构调整带来了重大外部推动力；其次，由于多年来城市建设滞后于城市发展，造成本岛的市区用地功能混杂，并且拥挤不堪。而自 1958 年开始建设的杏林区不仅未能达到疏解本岛城市中心人口的作用，反而加重了本岛城区的负担，因此迫切需要从宏观层面上予以统一协调。为此，结合特区建设的契机，在宏观层面上布局并协调未来城市空间结构，合理处理本岛和岛外城市建设的关系，优化本岛城区用地功能布局，是此次总体规划的重要目的和内容。本次总体规划在总体层面上最终确定了以本岛为中心，以组团布局方式在岛外开辟建设新区，由若干个中小城市组合形成大城市的城市总体布局策略（图 2－1、图 2－2）。

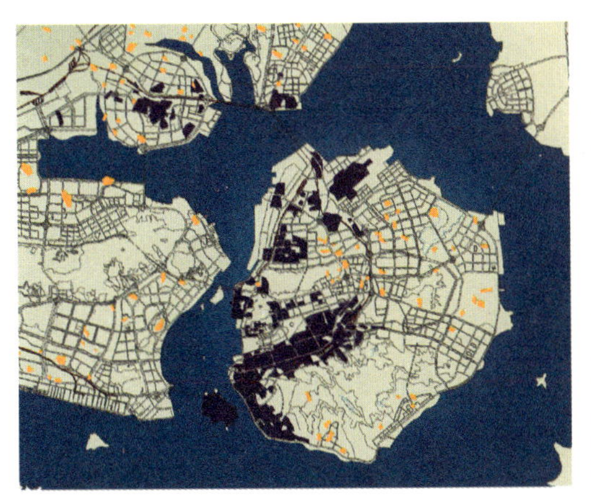

图2－1　1981年本岛城市建设状况

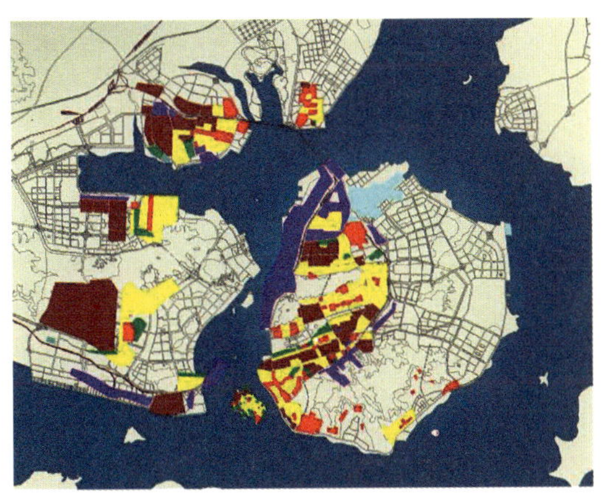

图2－2　1983年版总体规划图

2. 1990年版城市总体规划

1990年版城市总体规划编制时间为1984—1988年，并于1990年由福建省政府审批通过。由于在编制过程中不断产生新问题和新机遇，并且对城市发展的认识水平也不断提高，该阶段的总体规划修编又因不同的编制单位和成果内容划分为六个时段。总体规划修编的主要背景因素包括三个方面：首先是中央陆续出台的开放政策为厦门城市发展不断带来新机遇的同时也不断地扩大了厦门的对外开放空间范围，使得在更为开阔的空间范围内进行城市空间布局成为可能。这些中央政策主要包括1984年3月将经济特区扩大到本岛及鼓浪屿范围并逐步实行自由港的某些政策，到1987年陆续在厦门近郊实施技术经济开放区和在同安实施沿海开发区的开放政策，并因此使厦门在市域范围内形成了“经济特区—技术经济开发区—沿海开放区”的三个对外开放空间层次；其次，对“城市—区域”发展关系重要性的逐步认知，促使厦门市改变仅关注市区发展的传统观念，转而从区域协调层面上考虑远景的城市空间布局问题；再次，在城市空间急剧拓展的同时厦门迫切需要对原有的城市空间结构予以调整以适应进一步发展的需要，如厦门本岛新市中心的选址布局和实施措施。在这样的背景下，第一和第二时段重点解决了本岛城市集中在铁路以西布局和控制本岛城市规模的问题，并突破市区在行政区范围内进行城镇群布局；第三和第四时段引入区域协调理念，重点从闽南三角区和厦门关系出发提出在环西海湾发展的整体城市空间拓展策略和“众星拱月”的城镇体系结构；第五和第六时段在以前的基础上进一步调整城镇体系结构，同时重点解决了本岛的新市中心布局发展和整体空间布局问题（图2－3、图2－4）。

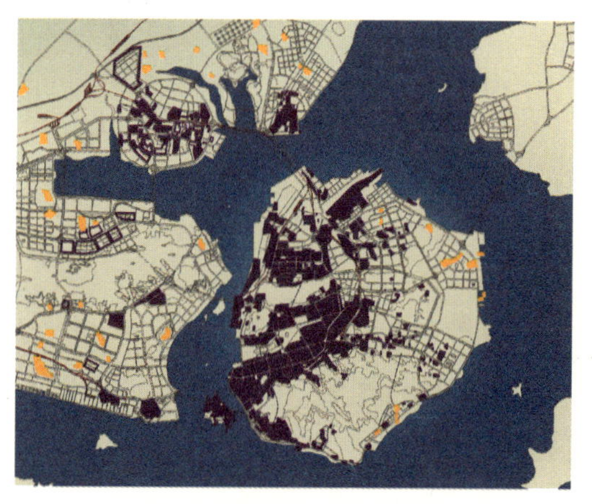

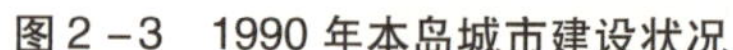

图 2－3　1990 年本岛城市建设状况

图 2－4　1990 年版总体规划远期发展图

3. 2000 年版城市总体规划

2000 年版城市总体规划编制时间为 1991—1996 年，于 2000 年由国务院审批通过。该阶段总体规划修编的主要背景因素包括三个方面：一是 1989 年国务院批准在厦门经济特区、杏林和海沧分别设置台商投资区（享受特区政策），厦门实行计划单列，城市建设发展和空间拓展形成了新推动力；二是外商重大项目（“901” 工程）投资意向对未来城市产业发展和布局，以及相应的城市空间拓展带来的重大机遇和挑战，迫切需要在全局层面上整体协调城市空间布局问题；三是中央有关国家经济和城市发展的决策，特别是对厦门城市发展提出的要求等，对厦门城市空间布局，特别是空间拓展策略（如海沧的开发）的影响。该阶段总体规划主要包括两个时段，主要特征为通过对厦门城市建设的“极限容量”进行考量，以及根据当时可能发展状况进行远景城市空间布局；第二时段根据具体发展状况对第一时段的规划进行调整，并适当突出了规划期内的城市空间布局和拓展策略（图 2－5、图 2－6）。

（三）20 世纪 80 年代以来三阶段城市总体规划的核心内容概要

城市用地在时间和空间上的拓展始终是厦门城市总体规划研究的核心内容。1980 年以来三阶段城市总体规划对厦门城市空间拓展的安排可以主要从三方面进行解读：城市性质和产业规划、城市空间结构与产业布局、城市空间拓展策略。

1. 城市性质和产业规划

从 20 世纪 80 年代至今，厦门城市总体规划所确定的城市性质主要包括三方面内容，首先是对地方特有资源的认知——“海港”和“风景”，反映了厦门城市发展可以长期依赖的特有地方资源，同时也指明城市长期发展过程中的产业导向——海港关联产业和旅游观光产业。其次是特定历史时期城市发展使命的认知——“经济特区”，

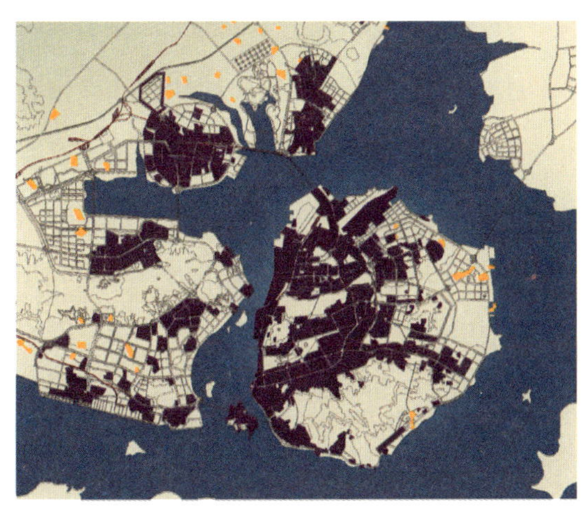

图 2－5　2000 年厦门城市建设状况

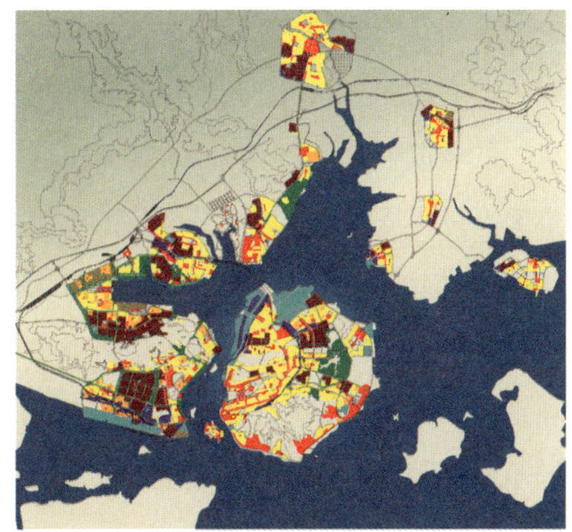

图 2－6　2000 年版城市总体规划远期发展图

要求城市在多个层面上大力推动对外开放，发展外向型经济并带动周边城市发展。但该规划因具有很强的时效性，并且其明确的地域范围也不能适应厦门城市空间的继续拓展。第三，对未来城市发展目标的认知——“东南沿海重要的中心城市”，是厦门对城市在未来区域空间中的地位提出综合发展目标，并因此要求围绕这一目标对城市产业发展作出主动的选择。

历次城市总体规划中的产业发展规划既考虑到城市现实发展基础，又体现出围绕城市发展目标进行统筹安排。首先是因城市发展战略资源而稳定发展的产业，如港口和旅游业；其次是充分利用特区优势积极参加国际分工和接受世界性产业转移，大力推动城市工业发展；再次是围绕城市区域发展定位（从 1990 年版的闽南中心城市到 2000 年版的东南沿海中心城市之一）提出产业发展要求，如高层次区域服务性产业发展的要求和对高新技术产业的发展要求等（表 2－1）。

三阶段总体规划的城市性质和产业规划内容　　表 2－1

	1983 年版	1990 年版	2000 年版
城市性质	海港、风景城市	海港风景城市和经济特区	港口及风景旅游城市，经济特区，东南沿海重要的中心城市
城市职能与产业规划	以建设海港、开辟风景、试办经济特区、发展外贸旅游为主，并带动轻纺工业、修造船和港口机械工业、文化教育、海洋和亚热带作物科研等事业的发展，大中型基础工业在岛外发展	闽南地区中心城市（经济、物资转运、科学文化、商业贸易、信息、金融）；是对台统一的桥梁； 市区以发展工业为主，兼营旅游、商业和房地产业的外向型城市	市域中心城市、交通枢纽、旅游和产业中心、对台关系窗口； 市域层面产业发展方向为大力发展第三产业，调整优化第二产业，稳定提高第一产业

2. 城市空间结构

20世纪80年代初期厦门市提出的“以本岛为主体，环西海湾组团式布局城市片区”的城镇整体空间布局模式，为以后历次城市总体规划的城镇空间布局奠定了基本框架。在此基础上，历次城市总体规划不断扩大城市空间布局的用地范围，直到2000年版的城市总体规划在全市域范围内进行整体空间布局。此外，对城市人口规模和用地规模预测和控制，也是历次总体规划进行城市空间布局前的重要内容和依据。随着城市建设发展，三次城市总体规划对规划建设区的人口和用地规模的预测不断提高。2000年版城市总体规划预测：2000年规划建设区人口规模为102.5万人，用地规模为104km^2；远期2010年人口规模为156万人，用地规模为154km^2。对城市人口和用地规模预测的不断扩大，直接影响到整体和片区层面的城区空间布局。

在城市空间布局层面，1990年版城市总体规划提出以本岛和同安为中心，在本岛、近郊和远郊以两个系统、三个层次的方式进行城镇空间布局，并首次提出“众星拱月”的规划布局方式。此外，还在同安境内为城市远景发展需要设置控制用地——“刘五店”片区。同时，在扩大人口规模和压缩用地规模的原则下，对不同片区的发展规模予以调整：在用地基本不变的情况下大规模扩大本岛城市人口规模，适当扩大杏林，压缩嵩屿，延续对集美和鼓浪屿的控制要求。

2000年版城市总体规划在基本延续1990年版城市总体规划确定的三层次城镇空间体系的基础上，在市域范围内划分四个经济区，提高马巷镇的城镇定位并与大同镇共同成为城市外围的两个二级中心城镇，并提出“众星拱月、一环数片、中心辐射”的空间结构。在片区层面，2000年版城市总体规划大规模提高了本岛的人口和用地规模，并突破前两次规划确定的发展门槛，在本岛东部安排了大规模的城市建设用地。此外，进一步压缩了鼓浪屿的人口规模。该次城市总体规划要求大规模提高集美、杏林、马銮新阳和嵩屿海沧的规模，并增加刘五店为近期开发的城市化片区。

3. 城市产业布局

在产业布局方面，历次城市总体规划均结合相应的城市空间结构对全市的产业发展进行分层次和分方向的统筹安排，2000年版城市总体规划根据城镇空间体系在市域范围内安排了高层次中心服务类三产和高新技术（本岛）—城市一般中心服务类三产和资金密集型工业（近郊城区）—劳动密集型工业、“二高一优”农业和农业服务类三产（远郊城镇）的三层次产业空间布局结构。在片区层面，本岛历来是城市中心服务功能类产业的规划所在地，随着建设东南沿海中心城市目标的提出，被要求更多地发展具有区域服务功能类的产业。同时，2000年版城市总体规划还明确提出在本岛除部分高科技和港口工业，原则上不发展新工业；鼓浪屿在历次总体规划中均被要求主要发展旅游观光业，并逐步将工业企业外迁；集美因历史上集美学村的原因，文教和旅游成为其一贯的主要职能，但自1990年版城市总体规划以来，工业产业也得以在其北部发展；杏林除在历次城市总体规划中始终被确定为重要工业区外，2000年版城市总体规划还赋予其城市交通枢纽的功能；马銮新阳和嵩屿海沧最初仅被安排为各有分工的功能相对单一的工业区，此后，两个片区在城市总体规划中均被要求承担更多的综合功能，2000年版城市总体规划明确指出在海沧设置新市区，并赋予其居住商贸、旅游、文化等更多的综合服务功能，嵩屿则被要求发展大型交通能源和基础设施功能为主，马銮新阳在2000年版城市总体规划中也由出口加工区调整为工业区，并被要求增加片区服务和商业中心功能；此外，2000年城市总体规划确定刘五店为对台港区的控制区（表2-2）。

全市层面的城市空间布局 **表2-2**

	1983年版	1990年版	2000年版
	远期2000年	远期2000年	近期2000年，远期2010年
人口规模	远期市区控制在55~60万人	远期全市130万人，市区65万人；远景2020年160万	近期市域户籍总人口135万，常住人口200万；2005年分别为150万和275万；2010年分别为165万和350万
用地规模	86.7km²	79.47km²	近期104km²，2005年130km²，2010年154km²
空间结构	采取组团布局模式，以本岛为主体，环绕厦门西港和九龙江北岸沿海地区安排六个片区：本岛、鼓浪屿、集美、杏林、马銮和嵩屿（新开辟城区）	市域层面城镇群采取两个系统、三个层次的结构组织方式，即以厦门本岛市区为主包括周围沿海卫星城镇组成的城市体系；以大同镇为中心包括马巷、灌口等所组成的小城镇体系；两个体系都是“众星拱月”式的规划布局，并有机结合。三个层次指本岛市区、近郊卫星城镇、远郊小城镇	市域城镇体系结构为：一核（本岛鼓浪屿）、两片（本岛核心区和岛外杏林、集美、海沧等城市拓展区）、三层（城市核心区、城市拓展区、城市延伸区）、四区（南、西、北、东四个经济区）、两星（城市外围两个二级中心城镇大同和马巷）； 城市总体规划空间结构：众星拱月、一环数片、中心辐射

4. 城市空间拓展策略

在全市宏观层面上，厦门城市空间拓展策略经历了从“先本岛后岛外逐步拓展”，向“大力推动岛外多方位拓展”的规划策略转变。1983年版和1990年版城市总体规划的空间拓展策略属于前一类，即一方面积极为向岛外拓展进行规划准备，同时也明确将建设重点确定在本岛范围内。城市空间拓展策略的转变集中体现在2000年版城市总体规划中，该规划确定了“以交通市政走廊为城市空间拓展门槛”和“积极发展海沧，远景向同安和刘五店发展为主”的整体空间拓展策略后，确定城市主要增长环为环西海域的交通干道，要求各规划组团按产业导向分阶段集中发展，为厦门城市空间在岛外提供了多方位的拓展空间。同时，该规划在要求继续控制本岛向东部拓展的同时，又大规模扩大本岛的规划城市规模。此外，该规划在宏观层面上还分别在岛内外同时设置了九大城市发展轴线。由此在规划层面上将城市建设的重点在本岛和岛外环西海域各组团同时展开（表2－3）。

全市层面的城市空间拓展策略 **表2－3**

	1983年版	1990年版	2000年版
发展策略	遵循“严格控制大城市、建设小城镇”的建设方针，严格控制本岛人口规模，压缩鼓浪屿人口规模，发展杏林和集美，并在岛外开辟新区。 整个城市应当集中紧凑、从里到外地发展，先完善本岛，保护集美和鼓浪屿，然后结合港口和工业的发展逐步开发建设杏林和嵩屿等岛外部分，马銮湾作为远期发展用地	从“经济特区—开发区—开放区”三层次出发，采取不平衡的发展战略，以城市发展促进城镇建设，以城镇化的发展支持和推动全市的经济发展。城市建设发展以本岛和鼓浪屿为重点，积极完善集美和杏林的各项配套设施，逐步开发嵩屿海沧区。 为此，适当扩大本岛市区和杏林区的建设规模，集美和鼓浪屿仍按原有规划控制，压缩嵩屿区，马銮在规划期内暂不开发。近期大力改善本岛基础设施状况，集中在本岛发展生活区，工业发展以本岛为主，完善杏林工业区	在规划期内不跨越交通市政走廊，远景以向同安和刘五店方向发展为主。各组团按产业导向分阶段集中发展：保护鼓浪屿，改善本岛旧城，积极发展海沧，充实配套杏林，完善提高集美，创造条件开发同安和刘五店，继续控制向本岛东部发展。以环西海域的交通干道为城市的主要增长环，并以此环为启动点沿放射式城市干道为轴线向内陆生长不同城市功能（共九条发展轴线：环岛路、滨南、滨北、湖里、同集路、集灌路、马銮、海沧、嵩屿）。 规划三层次城镇空间体系，确定厦门市和大同镇为重点发展城镇，灌口、马巷、大嶝、刘五店、后溪、西柯为积极发展城镇，莲花、新圩、内厝、洪塘、五显为一般发展城镇

在片区层面，历次城市总体规划的城市空间拓展策略的不同点主要体现在两个方面，首先是规划建设的时期上对不同片区作安排，其次是对各片区城镇布局和规模的不断调整。

在本岛，历次城市总体规划均提出控制规模扩张的规划要求。1983年和1990年版城市总体规划还明确提出，到2000年严格将城市建成区控制在铁路以西。2000年版城市总体规划尽管在本岛东部规划了大片城市建设用地，但仍提出应继续控制本岛向东部拓展。此后2000年版城市总体规划在用地和人口两方面都大幅度扩大了本岛规模。

在岛外，1990年版城市总体规划通过大幅度压缩嵩屿海沧的规划发展规模，以及取消马銮新阳发展规划的方式，在总体上明显压缩了岛外的规划发展规模，并因此与重点发展本岛的规划策略相对应。而2000年版城市总体规划不仅恢复了马銮新阳的近期（2000 年）发展规划，还进一步增加了刘五店的发展计划，并且大幅度扩大了规划区内的岛外各城镇的近期（2000 年）和远期（2010 年）发展规模，同时明确提出在海沧建设新市区的市区拓展新策略，并因此与沿环西海域城镇增长环建设城镇组团，以及创造条件发展刘五店相对应（表 2 – 4）。

片区层面的城市空间与产业布局　　表 2 – 4

		1983 年版	1990 年版	2000 年版
		远期 2000 年	远期 2000 年	近期 2000 年；远期 2010 年
本岛	人口规模	远期不超过 35 万人	远期 45 万人	近期 60 万，2005 年 70 万人，2010 年 83 万人
	用地规模	远期 51.3km²	远期 53.9km²	远期 78.6km²
	空间布局	城市建成区集中在铁路以西发展，由原市区、筼筜港新区、湖里加工区、高崎等零星居民点组成；是全市政治、经济、文化中心，风景旅游重点区，出口加工区、外贸港口和工业区	城市建成区规划期内集中在铁路以西发展，由北部生产区、中部生活区和南部风景区组成；以全市性的行政机构、外贸、金融、商业、旅游等项目为主，工业建设主要发展技术和知识密集型，严格控制用地大、用水多、污染严重的项目，根据发展需要结合教学、科研建设科学园地，充分发展中心城市作用	全市政治、经济、文化中心，主要发展行政、金融、贸易、旅游、居住、文化、教育、娱乐功能，除部分高科技和港口工业，原则上不发展新工业功能；本岛西南为全市中心区，湖里以发展工业、港口和仓储运输功能为主，东部为控制发展区
鼓浪屿	人口规模	远期压缩到 2 万人	远期 2 万人	2000—2010 年 1.5 万人
	用地规模	1.8km²	1.8km²	1.8km²
	空间布局	主要风景旅游区		
集美	人口规模	远期 3 万人	远期 3 万人，远景 10 万人	近期 12 万人，2005 年 13.5 万人，2010 年 15 万人
	用地规模	远期 4.7km²	远期 4.7km²	远期 7.9km²
	空间布局	文教兼风景区，安排大专院校与科研机构	文教和风景游览区。东侧为城镇主体，沿海为风景区，北面是学校和生活居住区、北部安排小型加工区；中间为以堤头为中心的交通枢纽；西面为杏林湾温泉旅游区	集美是城市向东部发展的主要支撑点，南部以文教、旅游功能为主，北部布置一定数量污染少、技术密集的工业，以发展文教、旅游为主
杏林	人口规模	远期 6 万人	远期 10 万人，远景 15 万人	近期 15 万人，2005 年 16.5 万人，2010 年 21 万人
	用地规模	远期 10.1km²	远期 13.2km²	远期 18.5km²
	空间布局	以轻工业为主体	重要工业区，东面为生活区、西面为工业区	杏林是城市向新阳、海沧发展的主要支撑点，西、北部为工业区，东部为居住区，以发展工业、仓储为主，并负担交通枢纽的功能

续表

		1983 年版	1990 年版	2000 年版
		远期 2000 年	远期 2000 年	近期 2000 年；远期 2010 年
马銮新阳	人口规模	远期 6 万人	规划期内暂不开发	近期 4 万人，2005 年 8 万人，2010 年 12 万人
	用地规模	远期 7.5km^2		远期 12.5km^2
	空间布局	远期出口加工区，安排不适于在本岛湖里加工区的外资企业		包括马銮湾西部地区和新阳工业区，岛外地区工业及为本片区服务的公共服务和商业中心
嵩屿海沧	人口规模	远期 8 万人	远期 5 万人，远景 20 万人	近期 8.5 万人，2005 年 13.75 万人，2010 年 20 万人
	用地规模	远期 11.3km^2	远期 5.8km^2	远期 30.5km^2
	空间布局	远洋货港，修造船、港口机械为主的工业区	沿海作为商港和工业港口，可供工业项目选址，控制未来 20 万人口规模的生活居住区	由海沧新市区、南部工业区、港区、嵩屿和鳌冠组成； 海沧新市区以高质量的居住商贸为主，兼有旅游、文化功能；南部工业区以发展大型临海工业为主，鳌冠以发展海上娱乐旅游为主，嵩屿以发展大型交通、能源和基础设施为主
其他			规划将马銮和刘五店作为远景发展控制用地	刘五店规划实际居住城市人口规模近期 4 万人，2005 年 8 万人，2010 年 12 万人； 远期用地规模为 1.6km^2； 刘五店与同安集（美）城市走廊、马巷、新店、刘五店共同构成城市向东海域转移的增长点，刘五店为对台港口控制区

二、新一轮城市总体规划修编①

新一轮城市总体规划编制时间为 2003—2004 年，并于 2005 年报福建省人民政府，待国务院审批（以下称：2005 年版城市总体规划）。

2000 年版城市总体规划对于城市发展的分析研究和提出的思路大多基于 20 世纪 90 年代初，已实施十余年。同时由于作为经济特区的厦门市发展速度很快，城市的内外部环境条件均发生了很大变化，该规划已经不能完全适应新的要求。主要表现在：

（1）城市发展规模突破既有城市总体规划。全国第五次人口普查数据表明，2000 年厦门市城镇人口已达 145.4 万人，另有乡村人口 59.8 万人。2002 年，厦门市城市户籍总人口为 137.2 万人，其中非农人口为 73.8 万人，暂住人口为 77 万人。按原有人

① 厦门市城市规划设计研究院．厦门市城市总体规划（2005—2020）[R]．厦门市人民政府，2005。

口规模进行的建设用地控制和基础设施供给已经不能满足城市发展的要求。

（2）城市内部行政区划发生重大调整，城市规划区范围和发展目标需作相应调整。1996 年城市内部行政区划进行了调整，同安县撤县设区。同安区土地面积占全市域 65%，对城市发展有重大影响。2003 年 5 月国务院批复厦门市行政区划调整，即鼓浪屿区、开元区划归思明区管辖，同安县一分为二设同安区和翔安区，杏林区更名为海沧区，杏林街道办和杏林镇划归集美区管辖（图 2－7）。按照国务院国发［2002］13 号文件要求，应及时对城市总体规划进行调整修编。此外，原规划区以外地区的发展也需得到及时控制和引导。

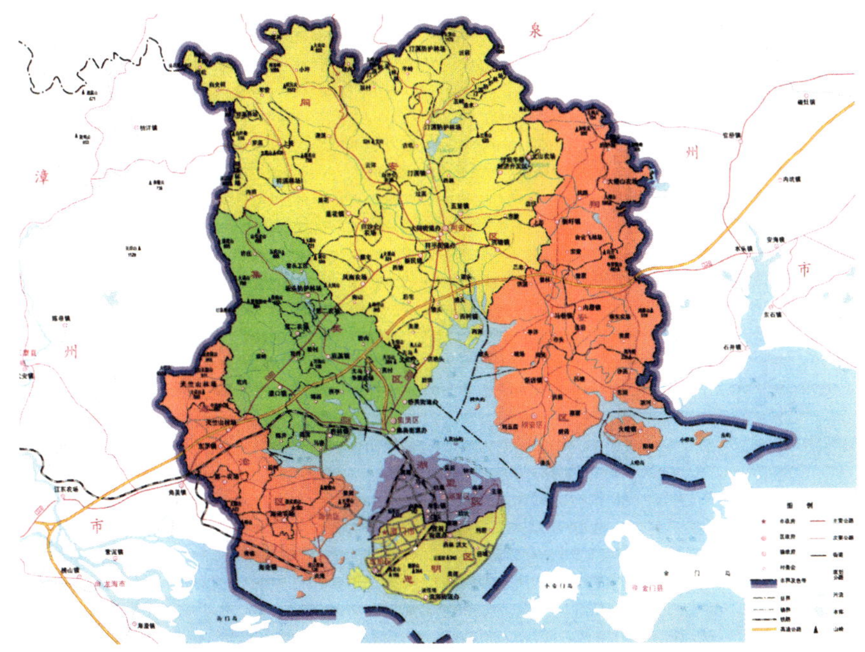

图 2－7　厦门市行政区划图（2003）

（3）建设海湾城市优化布局的需要。厦门城市内部区域间发展相对不平衡，无论从经济发展和人口增长，还是从城区拓展和基础设施分布看，均反映出本岛过重过密，岛外过轻过缓的趋向。疏解本岛，向海湾地区推进的建设目标，要求从较大区域层面出发对城市总体功能拓展和空间布局进行必要的整合和优化。

（一）2005 年版城市总体规划修编目标

以建设我国东南沿海中心城市为总体发展目标，以建设海湾城市、港口风景旅游城市为发展核心开展规划修编工作，重点包括：

（1）突显城市特质：突出厦门港口、风景、旅游城市的特色，突出海湾型城市特点，提高作为中心城市的核心竞争力。

（2）扩大规划范围：城市规划区范围扩大至厦门市行政辖区范围，对全市域进行统一规划，促进市域城乡社会、经济、环境的整体协调发展及城市在更大范围内的协调发展。

（3）预测发展规模：以2004—2020年为规划期限，预测城市发展的人口规模和用地规模，作为规划的基本依据。

（4）优化空间布局：调整城市发展空间，合理引导产业布局。通过"优化本岛，整合湾区，拓展东部"，进一步优化城市功能和空间形态。

（二）城市性质与规模

城市性质仍确定为：我国经济特区，东南沿海重要的中心城市，港口及风景旅游城市。

城市人口规模：2010年，总人口规模为270万人，其中城市人口规模为210万人。2020年，总人口规模为330万人，其中城市人口规模为290万人（含高校在校学生20万人）。厦门本岛城市人口规模控制在100万人左右。

建设用地规模：2010年，城市建设用地230km^2，人均建设用地指标为110m^2。2020年，城市建设用地350km^2，人均建设用地指标为120m^2。厦门本岛的城市建设用地控制在100km^{2}左右。

（三）城市空间拓展

（1）城市空间发展方针：优化本岛，拓展岛外，两翼并举，各有侧重，集约高效，持续发展。

（2）空间拓展门槛和时序：城市空间拓展门槛主要包括本岛通向大陆地区的跨海通道门槛和大陆地区规划区内集合国道同三线（高速公路）、国道324线和福厦、鹰厦铁路以及输水管道在内的市政走廊门槛。马銮湾、杏林湾和集美北部等区域，可于近期发展建设；后溪、灌口及东孚地区可于规划期限的中期发展建设；东部翔安区选择以马巷为依托进行近期适当发展，中远期选择以刘五店、新店为依托重点发展；同安区近期向南集中发展西柯潘涂片区，莲花、五显地区，规划期内应作为不可开发区域加以控制（图2－8）。

（四）总体布局空间结构

1. 城市空间结构

厦门市为"一心两环，一主四辅（八片）"的组团式海湾城市。

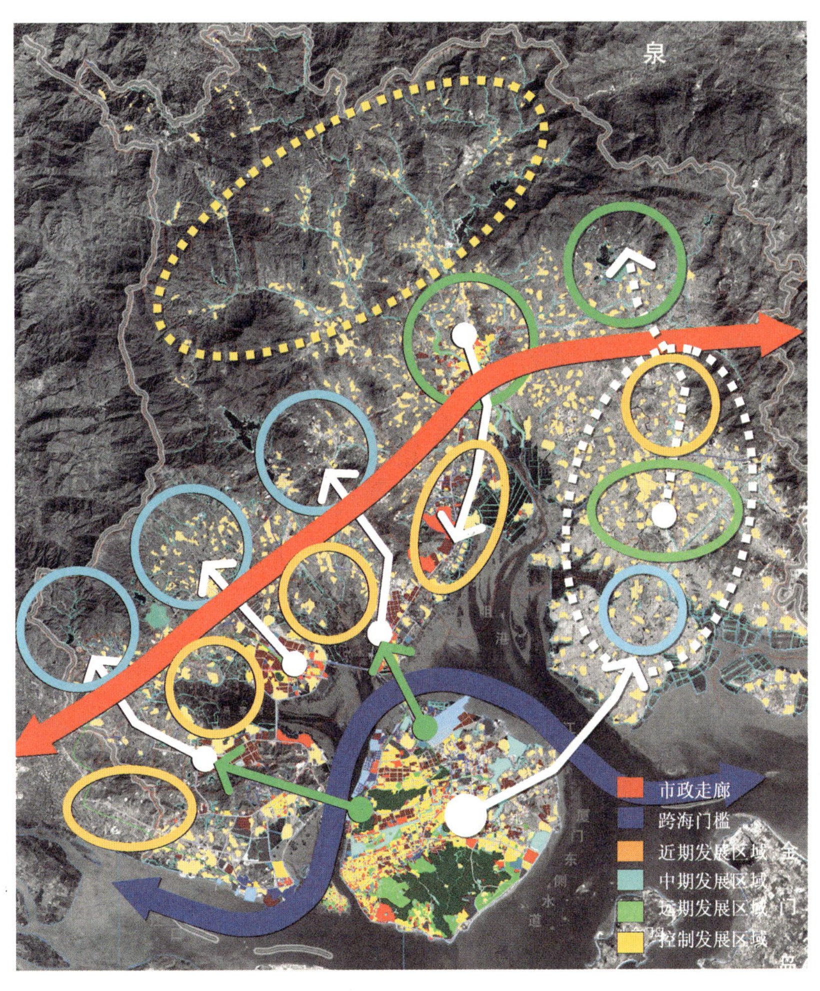

图2－8 城市空间拓展与时序

一心：厦门本岛中心城。两环：围绕杏林湾、马銮湾和东屿湾为主之环西海域发展区；围绕同安湾、东坑湾为主之环东海域和同安湾发展区。

一主：厦门本岛主城。四辅：海沧辅城、集美辅城、同安辅城、翔安辅城；八片：海沧辅城的海沧、马銮组团；集美辅城的杏林、集美组团；同安辅城的大同、西柯组团；翔安辅城的马巷、新店组团。

主城与辅城由海域分隔，辅城之间由海湾、自然山体分隔；辅城的组团之间也由海湾、自然山体或防护绿廊分隔，总体形成城市与自然生态环境相互融合的布局结构模式（图2－9）。

2. 城市中心等级结构

厦门城市中心等级结构为“单心多核”的模式，具体分布为“一主两副三次”的等级结构（图2－10）。

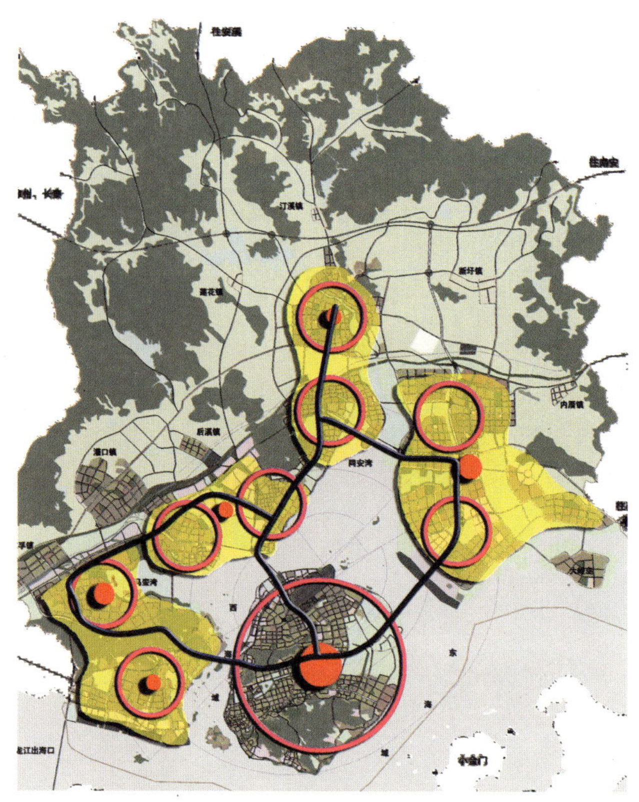

图2－9　城市空间布局结构图

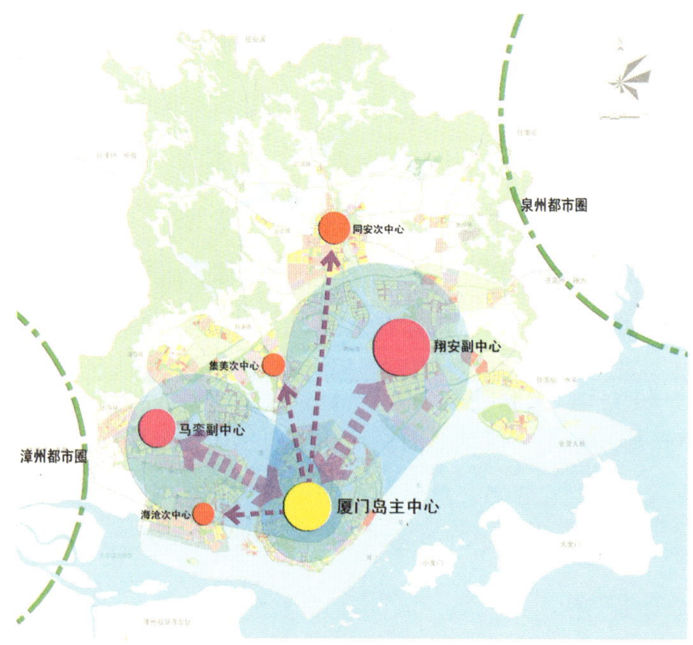

图2－10　城市中心等级结构示意

一主：城市主中心，即厦门本岛作为全市的政治、经济和文化的中心。

两副：城市副中心，分别是马銮城市副中心，为环西海域发展区副中心，同时起辐射漳州、长泰方向作用；翔安城市副中心，为环东海域发展区副中心，同时起辐射泉州、南安方向作用。

三次：三个城市次中心，分别为海沧城市次中心、杏林湾城市次中心、同安大同城市次中心。

（五）城市中心职能定位

（1）厦门本岛城市主中心职能：市级行政、商务、文化、会议和展览中心。

（2）西部马銮湾城市副中心职能：市级水上运动中心，地区级商贸中心、文化中心。

（3）东部翔安城市副中心职能：市级体育中心，地区级商贸、文化中心，对台文化、贸易交流基地。

（4）同安大同城市次中心职能：综合性分区配套服务中心。

（5）海沧城市次中心职能：综合性分区配套服务中心。

（6）杏林湾城市次中心职能：综合性分区配套服务中心。

（六）空间发展策略

（1）厦门本岛为“优化”：逐步完成第二产业空间的置换和优化。建设象屿保税区和航空港物流中心；发展第三产业和高新技术产业；控制本岛人口容量和密度，提升本岛城市环境品质；加强风景名胜资源保护，开发和拓展城市风景旅游功能；保护城市风貌特色，谨慎、有机更新城市旧区；完善大型公共设施，强化中心城市职能。

（2）沿西海域发展区为“整合”：以新的行政区划为空间单元，加强既有规模相对较小组团功能和空间的重组整合，形成对应主城本岛的辅城，重点加强城市公共设施配套和综合交通建设；依托集美学村传统优势，环杏林湾布局文教园区，形成城市文教中心。结合西海域整治，加快建设马銮新城，重点发展高科技研发制造综合体和滨水生态游乐休闲功能，发展成为具有区域辐射作用的城市副中心；集中建设形成新阳—东孚、杏林—灌口两大工业园区；加强海沧港区、海沧南部工业区和港口物流园区建设。

（3）环东海域发展区为“拓展”：翔安区为未来厦门城市发展的新辅城，远景发展为城市副中心。功能定位为综合性港口物流中心、面向区域的商贸服务中心和对台商贸文化交流基地；基础先行，全面推进包括东通道在内的东部地区市政基础设施的规划与建设，科学制定翔安区发展时序与城市经营策略，完善同安城区建设，同时重点发展同（安）集（美）地区轻工食品工业园和同安西部高科技园区；协调城市建设和环东海域发展区生态环境保护的关系；强调城乡统一协调发展，努力提高农村城市化水平。

图2－11 厦门市城市总体规划（含远景2020年后）布局图

厦门市城市总体规划（含远景2020年后）布局图如图2－11所示。

（七）分城市组团规模和主导功能

（1）分城市组团规模：厦门本岛用地规模100km²，人口规模100万人；海沧辅城用地规模90km²，人口60万人；集美辅城用地规模60km²，人口规模40万人，高校在校学生20万人；同安辅城用地规模60km²，人口规模45万人；翔安辅城用地规模40km²，人口规模25万人。

（2）主导功能：厦门本岛为政治、商务金融、风景旅游、港口物流，鼓浪屿为风景旅游、文化。海沧区南部片区为港口物流、工业，马銮片区为高科技、风景旅游。集美区杏林片区为工业，集美片区为文化教育、风景旅游。同安区大同片区为工业、风景旅游，西柯片区为工业、风景旅游。翔安区马巷片区为商贸、工业，新店片区为港口物流、风景旅游。

（八）产业用地布局

（1）工业用地：厦门市的现有主导行业为电子、机械、石化三大类，要加强发展的行业是生物制药、光电子等。

总体规划形成八大工业产业园区（图2－12）：厦门本岛北部工业区主导产业为电子、航空工业，海沧南部工业区主导产业为石化，新阳—东孚工业区主导产业为电子、机械，杏西—灌口工业区主导产业为机械、化工，西柯工业区主导产业为轻工食品，同安城南工业区主导产业为高科技、轻工，马巷南部工业区主导产业为高科技、轻工，

图2－12　工业区规划布局示意

集美北部工业区主导产业为高科技研发。

（2）仓储用地：总体规划主要布局包括海沧港区北侧仓库区、厦门本岛西北的东渡—航空城后侧仓库区、刘五店港区后侧仓库区、马銮湾北侧火车编组站仓库区。全市规划仓储用地 13.71km^2。规划建设海沧港口、东渡—保税区—航空港、刘五店、杏林四大物流园区。

三、城市空间拓展分析

城市空间拓展动态分析

1. 20 世纪 80 年代的城市空间拓展

至 1980 年，厦门城市建成区主要集中在本岛老城区和鼓浪屿，以及岛外的杏林和集美，城市建成区总面积约 20km^2（表 3－1）。以国务院 1980 年批准在本岛湖里 2.5km^2 范围内设置经济特区为标志，本岛的城市空间此后开始急剧扩张，1985 年全市城市用地拓展达到 34.4km^2，增长率达到 71.9%。

在此期间，本岛城市建设跳出老城区，并在铁路鹰厦线以西初步形成了跨越仙岳山脉的新城市空间结构雏形，城市用地增长 13.0km^2，占全部城市用地增量的 90% 以上；本岛建设用地占城市总用地中的比重也从 1980 年的 75.6%，上升到 1985 年的 81.7%。同期，集美和杏林的城市用地也分别增长 40% 和 55%，但占城市用地总量比重均有所下降，表明该时期本岛的城市建设发展占据了绝对主导地位。

1985—1990 年，全市城市建设用地拓展速度较前期明显缓和，城市用地增长 5.14km^2，增量和增长速度均明显低于前五年。其中，本岛城市用地增长 3.4km^2，增长速度低于全市平均水平，城市用地占全市比重也略有下降。同期集美和杏林比前五年增长幅度均有增加，其中集美增长速度明显加快，而杏林的增长速度却明显下降，但两片区的城市建设用地占全市比重均有所上升。

整体分析表明，20 世纪 80 年代的城市空间拓展仍然集中在原定城市建设的片区范围内，其中杏林和集美主要表现为依托原有建成区的扩张方式，而本岛新建设用地则极大地突破了原有的城市空间格局，并为在铁路以西构筑新市区奠定了初步基础。

1990年以前的城市用地拓展情况　　表2-5

		1980年	1985年	1990年	10年累计
全市	总量（hm^2）	2000	3437	3951	
	增量（hm^2）		1437	514	1951
	增长率（%）		71.9	15.0	97.6
本岛	总量（hm^2）	1512	2809	3144	
	增量（hm^2）		1297	335	1632
	增长率（%）		85.8	11.9	107.9
	占全市比重（%）	75.6	81.7	79.6	
集美	总量（hm^2）	103	138	204	
	增量（hm^2）		35	66	101
	增长率（%）		33.98	47.8	98.1
	占全市比重（%）	5.2	4.0	5.2	
杏林	总量（hm^2）	201	312	426	
	增量（hm^2）		111	114	225
	增长率（%）		55.2	36.5	111.9
	占全市比重（%）	10.1	9.1	10.7	

2. 20世纪90年代的城市空间拓展

进入20世纪90年代后，厦门市仍然保持着城市空间急剧扩展的进程，并且体现在岛内和岛外多个方位。

在本岛，随着岛内城市空间的急剧扩张，鹰厦铁路线以西的规划用地已经基本建完，本岛城市空间出现大规模向本岛东部拓展的趋势。2000年的资料显示，本岛向东部拓展主要体现为在金尚路沿线蔓延式的拓展方式，而沿莲前东路到本岛东部海岸会展中心附近，则明显呈现出向东部纵深发展的趋势。

在岛外，杏林和集美在已建成区的基础上继续稳定向外拓展。而在20世纪80年代以来的规划新建设区范围内，新阳工业区从无到有，形成了具有一定规模集中工业用地的新建成区；相对而言，尽管嵩屿海沧也有明显的发展，但城市建设用地相对分散，形成了三片相对集中建设用地的空间格局。总体而言，岛外的城市空间拓展主要集中在生产类用地的开发建设上，而生活类用地的开发建设极为有限，这在马銮新阳和嵩屿海沧表现得尤为显著。

3. 进入21世纪以后的城市空间拓展

进入21世纪后，厦门城市建设进入了全面跨越式发展时期。特别是"十一五"的前三年，其城市空间拓展重点以从岛内转至岛外，"海湾型"城市建设框架正在逐步推开。

按照新一轮城市总体规划确定的"优化岛内、拓展海湾、扩充腹地、联动发展"的空间发展方针，以及"规划指导、基础先行、产业推进、城区扩展"的规划建设要求，在本岛高品质建设五缘湾集生态居住、养生理疗、旅游休闲、文化娱乐、高新技术研发为一体的复合型城区，新的观音山商务营运中心片区初具规模，按照国家级软件园规模设计的软件园产业基地已经落成，湖边水库片区将建设成为本岛东部集生态水源、生活居住、商务办公、文化娱乐为一体的新的重要中心城区。

在岛外，西海域湾区"整合"已见成效。以新的行政区划为空间单元，加强既有规模较小组团功能和空间的重新组合，成为对应于本岛主城的辅城。重点加强城市公共设施配套和道路交通建设；依托集美学村的传统优势，建成了展现中国园林流派风格的水上园博苑；环杏林湾文教中心初显规模；厦门火车北站规划为交通、商务、居住为一体的复合形态的城市门户，正在如火如荼的建设之中；建成灌口机械、汽车工业集中区及海沧港口物流园区。同安和翔安为环东海域的重点"拓展"区。同安工业集中区、火炬（翔安）产业区、环东海域轻工园区基本建成；翔安新城建设初具规模。

交通基础设施建设快速推进，福厦铁路、厦深铁路、龙厦铁路和翔安海底隧道、杏林大桥、集美大桥、快速公交（BRT）、环岛干道、海翔大道、成功大道等一批重大交通项目，以及港口航道、海沧港区、嵩屿港区和机场三期建设等口岸设施项目，进一步拓展了城市发展空间，构成了海湾型城市交通骨架，增强了中心城市辐射带动力，基本实现了海峡西岸中心城市建设的新跨越。

厦门作为海峡西岸重要中心城市的空间格局基本展开，并将进入一个快速发展的历史时期，从空间上真正实现从海岛型向海湾型城市发展。

第二节 交通规划历程与技术体系

一、城市交通规划历程

城市交通规划是伴随着交通问题而逐步发展起来的，是20世纪70年代后期在我国起步成长的一门新的学科。20多年来，我国大城市大多数都结合城市总体规划编制了交通规划，并且结合城市建设发展要求进行各种内容的专项交通规划和交通研究。特别是在20世纪90年代中后期，由于城市交通发展很快，交通拥堵进一步加剧，交通事故也居高不下，停车供需矛盾加大等原因，全国各大城市对交通规划都十分重视，并加大了交通规划的编制力度和经费投入，许多城市专门成立了交通规划编制研究机构。这个时期的交通规划，从早期偏重于定量分析的规划，更加注重了在宏观层面城市交通总体规划，如城市交通发展战略规划；更加注重了公共交通规划、交通设施规划、交通改善规划、交通管理规划等方面的内容。

厦门城市交通规划与国内北京、上海、广州、武汉等大城市相比起步相对晚一些，开始于20世纪90年代中期，其工作大致可分为三个阶段。

（一）城市交通总体规划阶段

在20世纪90年代以前，厦门市基本上是一个“海岛型”城市，城市道路交通设施水平和交通运行状况基本处于良好状态。根据经济社会发展要求，厦门城市空间要进一步向岛外拓展，以形成“一环数片，众星拱月”的城市空间结构模式，根据1994年编制完成的《厦门市城市总体规划》，从1995年开始相继组织编制《厦门岛城市交通规划》《厦门市岛外地区城市交通规划》《厦门市城市交通发展战略规划》和《厦门市城市综合交通规划》，以上规划从总体层面对交通结构、交通网络、交通设施、公交规划等进行了宏观分析研究，较好地把握了城市交通规划与城市空间发展的关系，为城市规划管理确定了合理可靠的交通网络和交通设施。

（二）城市交通改善规划阶段

随着厦门城市规模的扩大，机动化水平的提高，交通供需矛盾逐步显露，交通拥堵现象在厦门也呈不断加剧的趋势，因此，从1998年开始，各种不同形式近期交通综合改善规划、道路交通组织规划、主要交叉口交通改造规划、工程建设施工期间交通组织分析和交通影响分析等一直连续地组织编制，这些规划主要是针对当前交通问题而组织编制，其针对性、实效性很强，规划编制的深度属详细规划设计层面，有的达到交通方案设计阶段，目的是为了较准确地指导实施。

城市交通改善规划是对交通总体规划层面的深化和细化，对城市规划管理、交通管理和交通设施建设可起到重要的指导作用。

（三）城市交通与土地利用互动规划阶段

城市交通与土地利用具有高度密切关系，相互作用非常显著。交通规划传统的做法是从城市土地使用层面分析未来的交通趋势，解决城市交通源的问题；而对于机动化水平高、城市紧凑、开发强度大的我国城市从交通规划层面引导城市土地合理使用，引导城市空间结构调整更具长远意义。因此，厦门城市交通规划从21世纪初开始，逐步转变交通规划观念，借鉴交通引导城市发展（TOD）的规划方法，进行交通规划项目的编制研究。2004年编制的《厦门市城市轨道交通规划研究》就是以轨道交通导向城市发展为基本策略进行的专题规划研究；2006年编制的《厦门市快速公交系统（BRT）规划》，力求注重线网布置对城市发展用地的指导，又将BRT枢纽站结合商场、住宅、停车场，交通换乘中心等进行综合规划，从而提高了BRT对城市开发的导向，又提高了BRT枢纽站的土地使用效益，同时还方便了居民出行和交通换乘，可谓一举三得。由此，厦门交通规划工作越来越受到市政府的重视，工作成效也十分显著，正是在这一背景下，厦门市城市交通研究中心于2008年正式挂牌成立。

二、城市交通规划技术体系

目前我国尚无统一的城市交通规划技术体系。结合十多年来编制厦门市交通规划项目的实际情况，并开展了一些国际国内合作，引进境内外先进的交通规划编制理念和方法，初步建立了符合厦门市实际情况的交通规划技术体系框架（图2－13）。交通规划技术体系框架主要从交通规划内容层面进行划分，分为六项内容，每项内容包括若干其他交通专项规划，可根据城市规划和建设管理需要进行编制。在城市交通规划技术体系框架的指导下城市交通规划的规划程序、规划原则、工作内容和成果要求有待《厦门市城市交通规划编制技术规定》进一步研究。

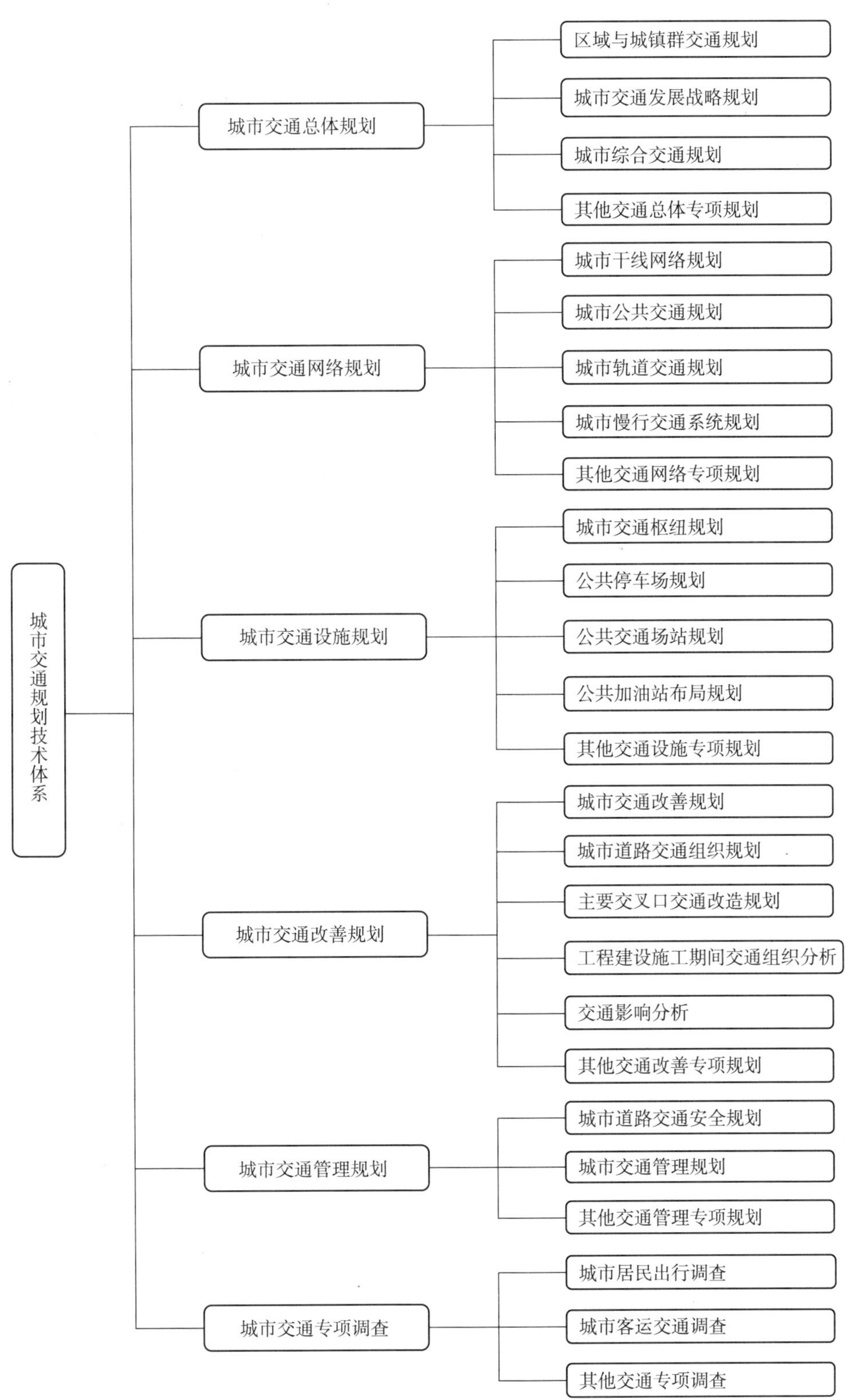

图2－13　城市交通规划技术体系框架图

第三章　城市交通总体规划

第一节　城市交通总体规划概述

城市交通总体规划是在深入分析城市及周边地区的土地利用和产业布局基础上，把握城市交通特征及存在问题，预测城市交通发展趋势，依据城市形态提出可能的交通发展模式，建立一个货物运行快速、经济，并使人的出行安全、便捷、舒适的合理交通系统。交通总体规划与社会经济发展及城市土地使用紧密相关，是进行交通设施建设不可或缺的前期工作，应根据城市不同时期发展需要，为城市发展提供交通支撑。

城市交通总体规划包括城市对外交通及城市交通规划。城市对外交通指本城市与其他城市之间的交通，以及城市地域范围内的城区与周围城镇、乡村间的交通，主要形式有：公路交通、铁路交通、航空交通和水运交通。城市交通指城市内的交通，包括城市道路交通、城市公共交通和城市水上交通等。按规划范围划分，城市交通总体规划包括区域与城镇群交通规划及城市综合交通规划，大城市由于交通问题较为突出，在编制城市综合交通规划之前先开展城市交通发展战略规划。①

第二节　区域与城镇群交通规划

一、基本概念

随着第二次世界大战后的经济复苏，发达国家先期出现的经济高速增长引起了城市化的高潮，而后蔓延至全世界人口众多的各发展中国家，随着经济、社会的不断发展，城市化形态也出现不断变化，在众多国家里，大城市的人口和产业

---

① 朱照宏，杨东援，吴兵．城市群交通规划［M］．上海：同济大学出版社，2007。

由点状集聚状态转向区域性城市体系或城镇群布局，城市群内部组成了经济活动一体化而又各有分工的体系，其中交通网络一体化是城市群一体化的最重要特征之一。

区域与城镇群是城市群概念的重要组成部分，当今我国城市化进入迅速发展期，城市沿着交通轴线的扩展，逐步形成城镇群，如长江三角洲、珠江三角洲及渤海湾等地区，城镇群经济的快速发展及产业分工形成更多的交通联系，对区域的交通系统提出更高要求。区域及城镇群的交通规划就是以实现区域经济发展为目标，指明区域与城市群交通发展方向及实施策略。

二、规划思路与方法

区域与城镇群是社会经济发展的产物，区域与城镇群交通规划需要分析交通系统和社会经济系统之间的关系，协调经济发展与交通基础设施建设的关系，实现经济和交通的可持续发展。区域与城镇群交通规划在深入分析区域经济及土地利用发展趋势基础上，根据各城市所处的区位，合理配置多种交通方式，充分协调城市间多种交通方式之间的高效衔接，形成合理的区域交通体系及城市内外交通衔接系统。

区域与城镇群交通规划包括系统分析、需求预测、战略规划及综合交通系统规划等几个阶段，区域与城镇群交通系统包括公路交通、轨道交通、水路交通、航空运输等几个部分，现状分析阶段的任务是明确现有交通系统的薄弱环节，掌握地区交通基本特征。交通发展预测分析阶段的任务是根据社会经济可能出现的发展前景，分析交通发展政策影响及未来网络交通状态。方案评价阶段的任务是从区域发展、经济分析、环境影响评价、交通运营等对背景交通状态作出量化分析及相关评价。系统优化阶段的任务是根据方案评价的结果以及系统协调要求，确定基本推荐方案并适当调整。区域与城镇群交通规划技术体系框架如图 3 – 1 所示。

三、主要任务与内容

区域与城镇群交通规划主要任务是为区域经济的可持续发展提供交通支撑，具体交通规划对象应包括：客货运输综合交通规划、航空运输规划、水上交通规划、区域及城际铁路系统规划、高速公路规划、交通枢纽规划、城市轨道交通规划、城市快速

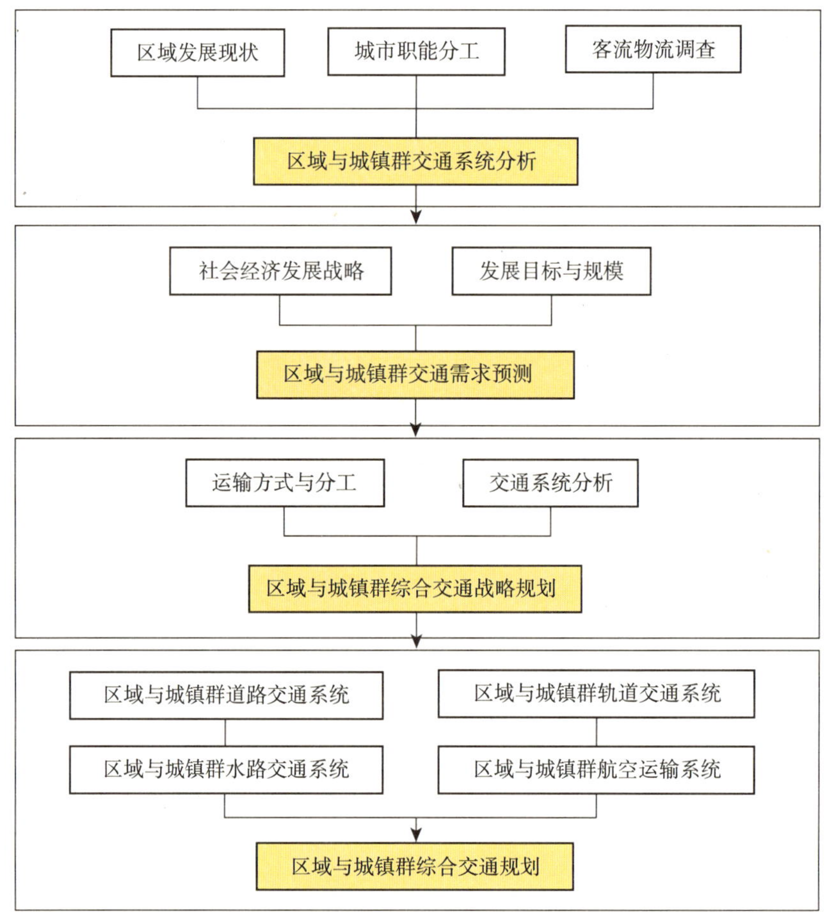

图 3－1　区域与城镇群交通规划技术体系框架图

干道网规划等。具体工作内容包括：

（一）区域经济及土地利用现状与发展趋势

分析区域经济发展水平、经济结构、产业分布、人口分布及土地利用现状，区域内各个城市经济发展现状及城市职能分工，研究城市土地利用经济及发展趋势。

（二）区域交通需求现状分析

调查区域对外交通设施及城市交通基础设施水平，重点研究区域经济发展对区域交通的要求及面临的问题。

（三）区域交通发展趋势分析

根据区域在国家的战略定位，分析国家大型交通基础设施对区域的影响。区域内部则根据经济发展对交通的要求，分析整体发展趋势。

（四）区域及城市群交通发展战略

根据区域经济发展战略和布局，提出区域对外交通联系发展战略，分析城市之间的联系通道和方式及各城市内部的对外交通发展战略。

（五）区域及城市群快速客运系统规划

研究区域人口的联系需求，确定快速客运走廊及客运枢纽，具体包括城际客运铁路、城际轨道交通、公路、水上客运等快速客运系统。

（六）区域及城市群快速货运系统规划

研究区域港口、铁路、公路等货运交通枢纽布局，通过快速货运走廊将大型物流园区与产业区紧密相连，以支持区域经济发展。

（七）区域交通系统分阶段实施计划

根据区域经济发展阶段目标提出分阶段交通系统实施方案，统筹建设区域交通基础设施，做到合理经济、适度超前。

第三节　城市交通发展战略规划

一、基本概念

战略规划是近年来应对经济、社会快速发展而出现的一种宏观层面政策咨询方法，交通战略规划则是指宏观层面上讨论城市发展政策及运输系统规划组织策略。各个城市的交通规划体系均是在城市规划的基础上，分别从不同层次和方面，针对城市交通问题提出必须采取的系统对策和综合措施，根据规划的性质，可以把交通规划分成交通战略规划、城市综合交通规划，以及各专项交通规划，交通战略规划是城市交通规划的最高层次，是各层次、各专项交通规划的方向引导和决策基础。[①]

我国正处于经济高速增长期，城市化进程明显加快，人口的增长和集聚对城市构成强大的冲击，城市交通如何保持与城市社会经济协调发展，如何维护好城市的秩序和活力是规划师们面临的最大挑战。城市交通发展战略规划是在城市社会经济发展战略和空间布局发展战略背景下对城市交通系统发展作出的总体部署，以总体规划中的城市定位和发展规模为前提，提出与之相适应的交通发展方向及推进策略，实现城市交通与城市协调发展。它要关心的是城市交通需求总量，整个交通网络的布局、密度、建设水平、交通结构以及相配套的交通政策、投资方向等，着重于从宏观层面分析城市土地利用与交通系统发展的相互影响。

① 陆化普．交通规划理论与方法［M］．北京：清华大学出版社，1998。

二、规划思路与方法

城市交通发展战略规划分析城市发展及增长的前景趋势，把握城市交通整体特征，讨论城市交通发展的目标方向，提出与之协调的城市布局和土地利用规划建议，制定城市交通发展政策及推进策略。强调与城市总体规划的结合是交通战略规划的主旨，基于但不限于城市总体规划是交通发展战略制定的原则。总体规划作为城市发展的阶段目标，是以城市布局形态及用地控制为主的规划层面，交通战略规划则更多地是从宏观层面上讨论城市交通发展政策及运输系统规划组织策略，建立交通运输系统和土地利用协调的发展模式，以便在综合交通规划阶段和控制性详细规划阶段实现。

土地利用作为城市交通生成的内在根源，在交通规划中的含义是空间分布（地点）、功能（性质）、强度（居住人口和就业岗位）、特性（内在交通特征）的综合体，居住人口及就业岗位是交通出行需求及交换的主因。而在城市总体规划层面，土地利用更关注的是空间布局和用地功能的划分，尚未进行就业岗位性质、就业强度的深化，因此交通战略规划阶段所进行的交通需求及分布分析仅是常态发展下的趋势把握。

城市交通发展战略规划的关键是对规划背景及前景趋势的认识，从而明确城市交通发展的目标，通过目标的细分与分析，提出城市交通发展方向及关键策略，道路、客运、货运系统规划策略，以及土地利用与交通系统协调发展策略，并提出交通发展政策与实施策略。城市交通发展战略规划技术体系框架如图 3－2 所示。

三、主要任务与内容

城市交通发展战略规划主要通过对城市空间布局形态和交通需求特征的分析、比较和判定，提出与城市发展相适应的城市交通发展模式，明确城市交通发展方向和发展目标，制定与城市土地利用相协调的城市交通发展战略，指导城市交通基础设施的规划与建设。

基于城市总体规划的阶段目标，推进与落实整体城市交通发展战略，提出与城市总体布局结构和土地利用相协调的交通系统发展策略和骨干运输网络建议方案，控制重大交通基础设施用地及空间走廊，逐步建立支持城市有序、健康发展的骨干运输网络系统。

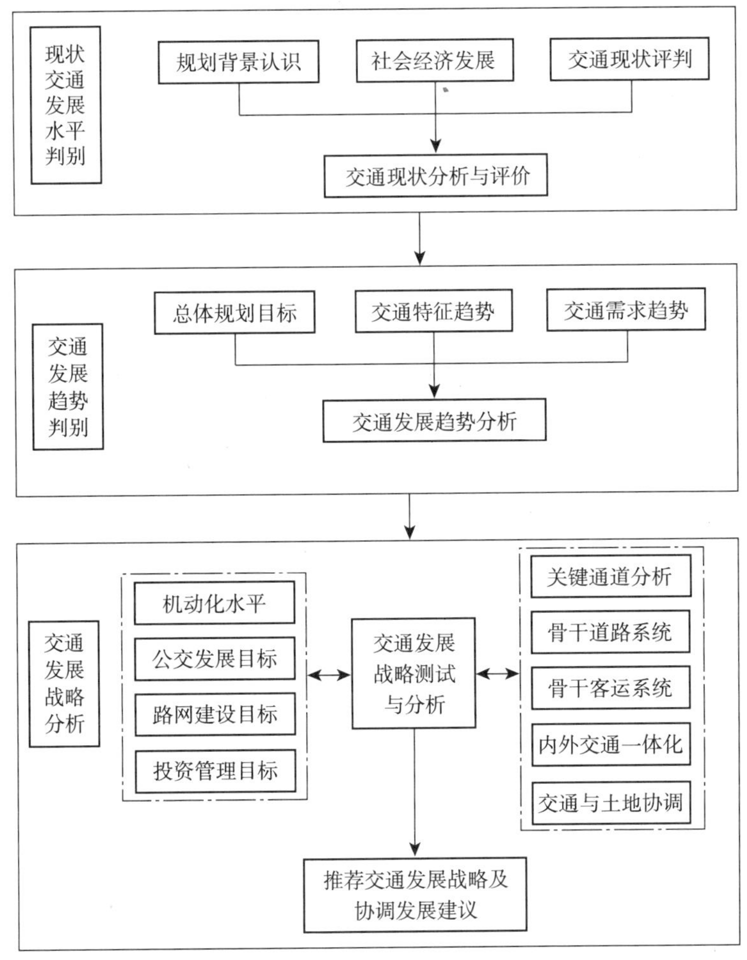

图3-2　城市交通发展战略规划技术体系框架图

具体内容为：

（一）城市交通发展现状评价

通过现状土地利用及社会经济情况调查，根据现状车辆拥有水平及交通基础设施比较，评价城市交通状况。

（二）城市交通发展的趋势特征分析

根据城市总体发展水平，分析城市发展方向及可能面临的交通问题，分析城市交通发展趋势。

（三）制定交通运输发展模式和综合交通发展战略

根据城市发展目标，提出与之相适应的交通发展战略目标，并制定实现这一目标的交通运输模式及交通政策。

（四）进行城市骨干交通运输网络规划比较和实施建议

根据总体规划的城市功能分区及发展规模，确定城市骨干客运及货运系统走廊，分析城市快速路及主干道路网络规模，提出可能的骨干道路系统形式，多方案进行比较后提出实施建议。

（五）提出城市土地利用调整建议

从平衡交通供给与交通需求角度对城市布局结构及局部土地利用提出调整建议，以利于城市交通系统组织。

（六）提出重大交通基础设施规划控制建议

为实现城市交通发展战略，提出所需控制的重大交通基础设施（机场、港口、火车站、物流园区、公交枢纽等）类型及规模，同时提出控制用地位置意向。

（七）制订实施计划和保障措施建议

根据城市经济发展趋势，制定相应的分阶段交通发展目标实施计划以及为实施计划所需的资金筹措及相应的交通政策等保障措施建议。

第四节　城市综合交通规划

一、基本概念

城市综合交通是指存在于城市中及与城市有关的各种交通形式，城市综合交通规划要根据城市规划确定的土地利用形式及背景交通需求，提出交通系统规划实施方案。城市综合交通规划的目的是为城市交通系统投资、建设、管理等决策提供各种信息及依据，规划对象包括城市对外交通、城市道路网络、城市公共交通、静态交通、交通枢纽等。

城市综合交通规划一般与城市总体规划阶段同步编制，是对城市交通发展战略规划的具体落实。城市综合交通规划编制主旨是以城市总体规划为基础，分析判断城市交通发展趋势与特征，提出城市交通发展的目标与方向，建立适宜的交通发展模式，提出实现交通系统健康发展的策略措施。在依据城市规划布局和土地利用下，确定各交通体系的功能定位，合理组织各交通系统框架，协调专项交通系统规划的编制，并就城市交通系统的重要基础设施提出布局及用地控制建议。

二、规划思路与方法

城市综合交通规划的整体技术路线遵循宏观与微观、区域与局部、定性与定量相结合，充分反映城市社会经济发展目标方向和个性交通特征。规划要与国家和省级层面的公路、水运、铁路、城际轨道、机场等规划相衔接，落实和优化上位规划确定的重大设施布局，同时要关注与周边地区的衔接，明确跨行政区域的交通设施接口位置、建设标准和建设时序。规划要处理好过境、出入境和境内的交通，客运和货运交通，城际交通与交通枢纽集散交通之间的关系，明确交通功能，保证有序运行。规划要引导城乡统筹发展，研究城际轨道交通、快速公交、快速路等重要道路交通设施建设的必要性和可行性，提出区域快速交通系统概念性规划方案。

综合交通规划要以提高交通运输效率为根本，根据城市交通发展战略提出的目标，分析交通发展趋势，确定与城市布局结构和功能组织协调的交通运输模式，确定不同运输系统的功能定位，综合规划各交通运输网络，合理布局交通设施，有效组织不同运输系统的衔接，以高效率的运输系统保障城市交通出行需求。综合交通规划要注重配合实现城市总体规划目标，规划的综合交通运输系统及分阶段交通对策要具备可操作性，交通设施控制应合理有效。城市综合交通规划技术路线如图3－3所示。

三、主要任务与内容

综合交通规划主要任务是根据城市规模、性质、发展方向，明确城市交通发展目标，提出城市交通发展方向，确定城市对外交通系统布局及城市骨干道路系统，确定铁路、港口、机场等大型交通基础设施的规模、位置，确定城市主要广场、停车场位置、容量，合理构建骨干运输网络系统。形成与城市土地利用密切结合的综合交通运输系统，实现交通引导城市土地开发。

具体内容为：

（一）城市交通发展现状的分析与评价

通过资料收集和相关交通调查数据的整理，分析城市交通发展现状，评价城市道路交通发展水平，识别城市交通特征和关键交通矛盾。

（二）城市社会经济发展趋势及城市交通需求分析

以城市社会经济发展目标为指导，在全面掌握区域发展规划、城市总体规划及各相关专项规划基础上，分析城市交通发展趋势，掌握城市交通需求特征。

（三）城市交通发展目标定位及城市骨干运输系统构架

从协调城市规划布局和土地利用出发，分析与选择适宜的城市交通发展模式，提

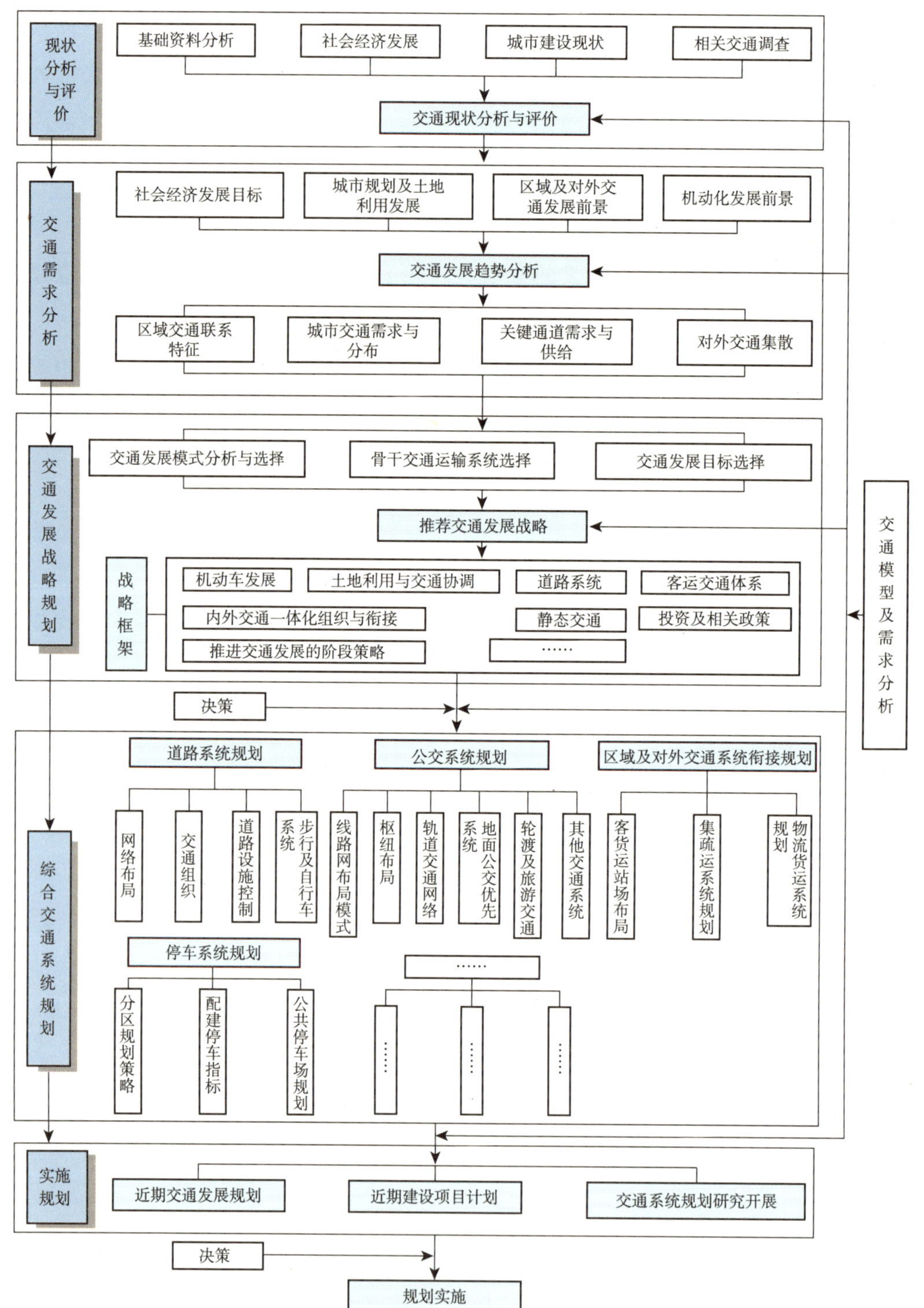

图 3－3　城市综合交通规划技术路线框图

出城市交通发展战略目标、方向和保障策略，规划城市骨干运输系统网络构架，一体化组织城市综合交通运输体系。

（四）综合交通系统发展规划

以城市总体规划为基础，在确定的交通发展模式与骨干运输网络构架下，展开城市道路系统发展规划、公共交通发展规划、对外交通衔接规划、停车发展规划等，确定各系统重要交通设施布局及用地控制建议。

（五）交通系统实施规划

分析城市发展进程及交通特征，分阶段推进城市交通发展目标的落实，依据社会经济发展规划，提出应对与缓解近期城市交通状况的项目计划。

（六）城市交通发展的应对

结合城市发展面临的现实与挑战，分析交通系统的适应性，综合城市环境、交通需求和发展定位，制定城市交通发展的应对策略及行动规划。

第五节　规划案例

一、厦泉漳城市联盟交通发展走廊规划①

（一）现状

1. 背景

厦门、泉州、漳州三市位于福建省东南沿海经济最为发达的城镇密集区内，人口密集，经济水平相对较高，三市土地总面积2.57万km^2，约占全省20%，2003年三市总人口1433万人，占全省41.08%。

凭借着福厦交通主干线的连接，闽南三角区（以厦门为中心，厦门、泉州、漳州三市组成）、闽江口经济圈（福州为中心，含福州、宁德等城市）和湄洲湾沿岸（含泉州、莆田等城市）的沿海港口和新兴城市群已经成为福建经济实力最强、基础最雄厚、城市最密集、外商投资最集中、对外开放程度最高、市场机制最活跃的地区。

2. 规划范围

厦泉漳城市发展走廊（以下简称“发展走廊”）区域范围为东北起湄洲湾南岸泉州泉港区，西南至漳州、九龙江出海口地区，中间有泉州湾、厦门湾，包括厦门市，

① 厦门市城市规划设计研究院．厦泉漳城市发展走廊研究［R］．厦门市规划局，泉州市规划局，漳州市规划局，2005。

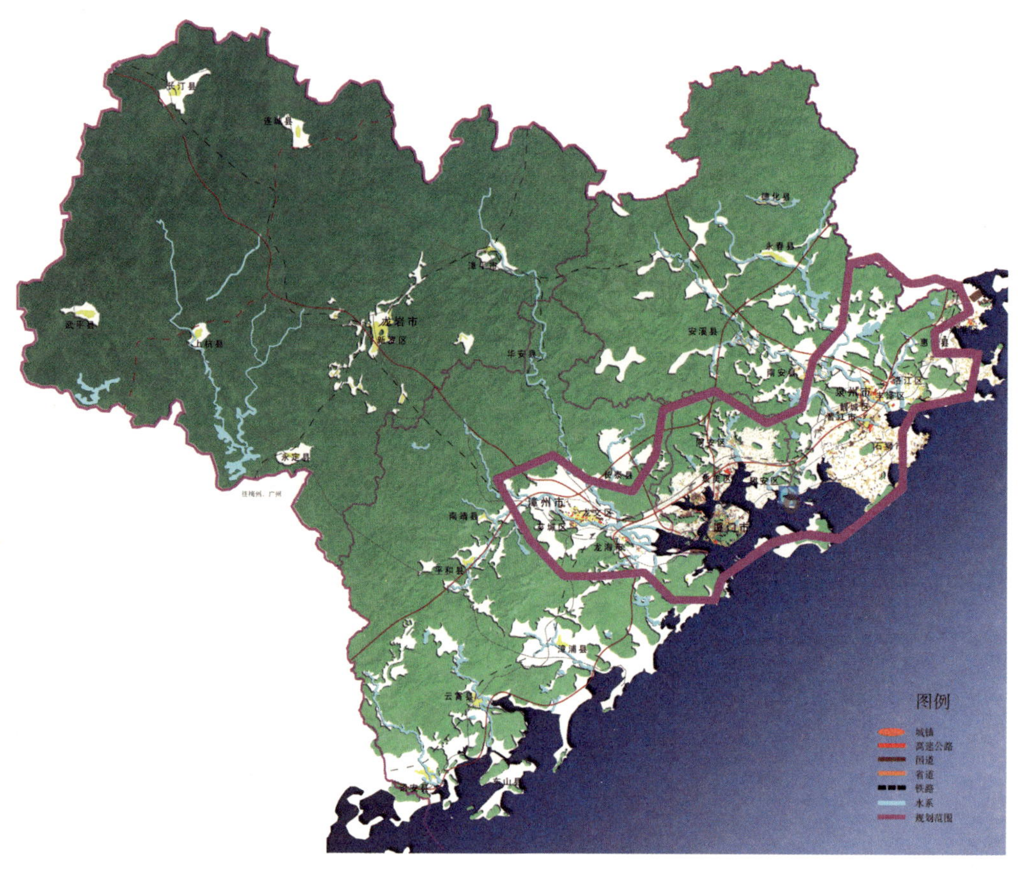

图 3－4　厦泉漳城市交通发展走廊规划范围图

泉州市的中心城区、泉港区、惠安、晋江、石狮、南安，漳州市的中心城区、龙海、漳州开发区和长泰等（图 3－4）。发展走廊区域空间范围长约 150km，宽约 50km，覆盖区域面积达 5000km^2 以上，走廊区域内常住人口超过 1000 万人。

3. 现状情况

发展走廊是指闽东南沿海地区的一个带形区域，具有相互合作的“网络发展形态”特征，是城镇走廊、交通走廊、产业走廊和生态走廊的集合体，是厦泉漳新的经济“增长极”。

改革开放以来，厦泉漳城市经济发展迅速，特别是依托现状 324 国道和沈海高速公路，沿线已经形成产业带状聚集的雏形，带状发展趋势十分明显，现状区域公路交通量反映了城市向带状走廊形成的现实（图 3－5、图 3－6）。

（二）定位

1. 交通走廊的内涵

交通走廊，是由若干不同交通方式和现代高效的综合交通枢纽共同组成的，连接

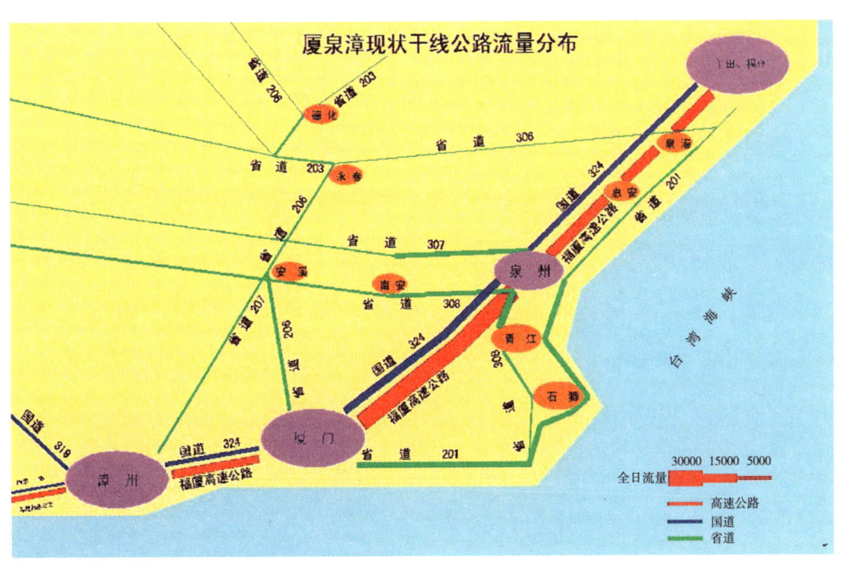

图 3-5　区域现状交通流量分布图

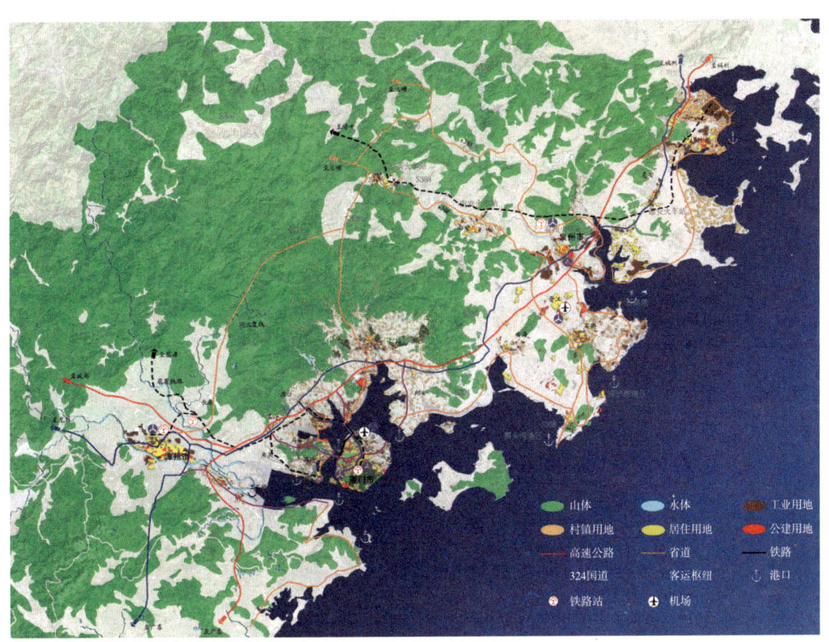

图 3-6　厦泉漳城市交通发展现状图

中心城市并承担所有空间相互作用的大流量、高效率的综合运输通道，如美国的波士顿—华盛顿走廊、英国的利物浦—曼彻斯特—利兹走廊、日本的大阪—东京走廊等。

2. 交通走廊对区域发展的意义和作用

交通走廊是区域发展的助推剂。交通走廊的区位效应、交通产业的乘数效应、软环境效应、机动和可达效应等，能推动区域经济、社会的发展，更重要的是能加快城市化进程。①交通走廊的建设可促进区域空间开发和经济建设。交通建设与经济发展呈正比关系，方便的运输条件和快捷的运输方式，使时空距离相对缩短，可促使新经济增长中心的形成。②交通走廊的建设可适应全球化发展的需要。优越的交通条件可提高区域在全球的优势竞争力，如航空运输和海运的改善、信息网络的普及是跨国公司建设全球生产基地的前提，也是伦敦、纽约、东京等世界金融中心形成的必要条件。③交通走廊的建设可引导和加快城市化进程。城市发展，交通先行。通航河道两岸、河流交汇点、驿道两侧等都是城市兴起和发展的主要地点，交通密度最大的地区常常是城市化水平最高的地区。交通走廊的发展还可促进城市群的形成。①

3. 厦泉漳交通发展走廊的规划目标

厦泉漳发展走廊规划旨在从长远建立区域城市群、沿海城市带的布局出发，“对接”各种交通网络设施，组织系统化的交通运输，以此保障功能整合与资源配置，发挥更大的区域优势。增强对外交通设施网络的升级，通过城市交通一体化的组织及衔接，更大地促进区域协同发展和提高整体交通运输效率。规划目标为：

（1）引导区域城市群发展，合理布局交通走廊，实现厦泉漳交通一体化；

（2）依托交通走廊，促进沿线产业整合与升级，形成产业链；

（3）构建综合交通体系，形成便捷的区域内外交通联系；

（4）提出近期重大设施建设，预留与控制设施和走廊建设的空间。

（三）思路

本规划针对厦门、泉州、漳州三市在地域空间上的聚合以及在特定空间范围内的发展趋势，旨在突破行政区划限定，从区域经济、空间发展等宏观要求入手，有针对地提出发展目标，并寻求解决方法和实施策略。

区域作为一个发展整体，交通走廊规划在总体布局上分国家层面走廊和区域内部走廊两个层次：国家走廊集中布局，区域走廊扩大覆盖面，厦泉漳交通走廊在国家层面主要依靠国家高速铁路和沈海高速公路实现区域与国家交通网络的连接；区域层面主要形成产业之间的联系，城市主要中心服务区之间的联系，促进基础设施的共享和产业的协调发展（图3－7、图3－8）。

① 王成新，王书国，姚士谋．区域交通走廊规划实证研究——以芜湖市为例［J］．规划师，2006，22（10）。

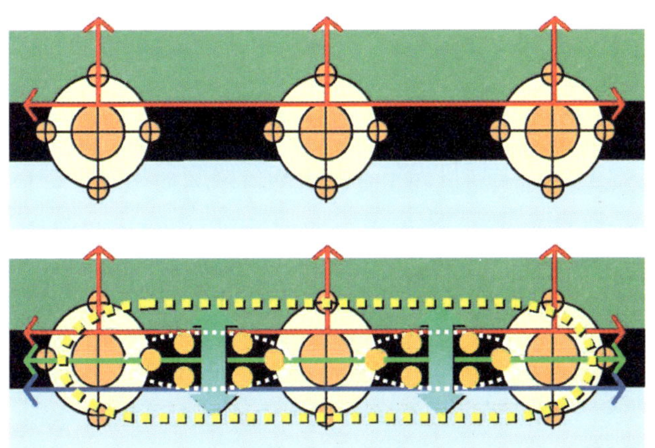

图3－7　带状城市群走廊发展模式概念图①

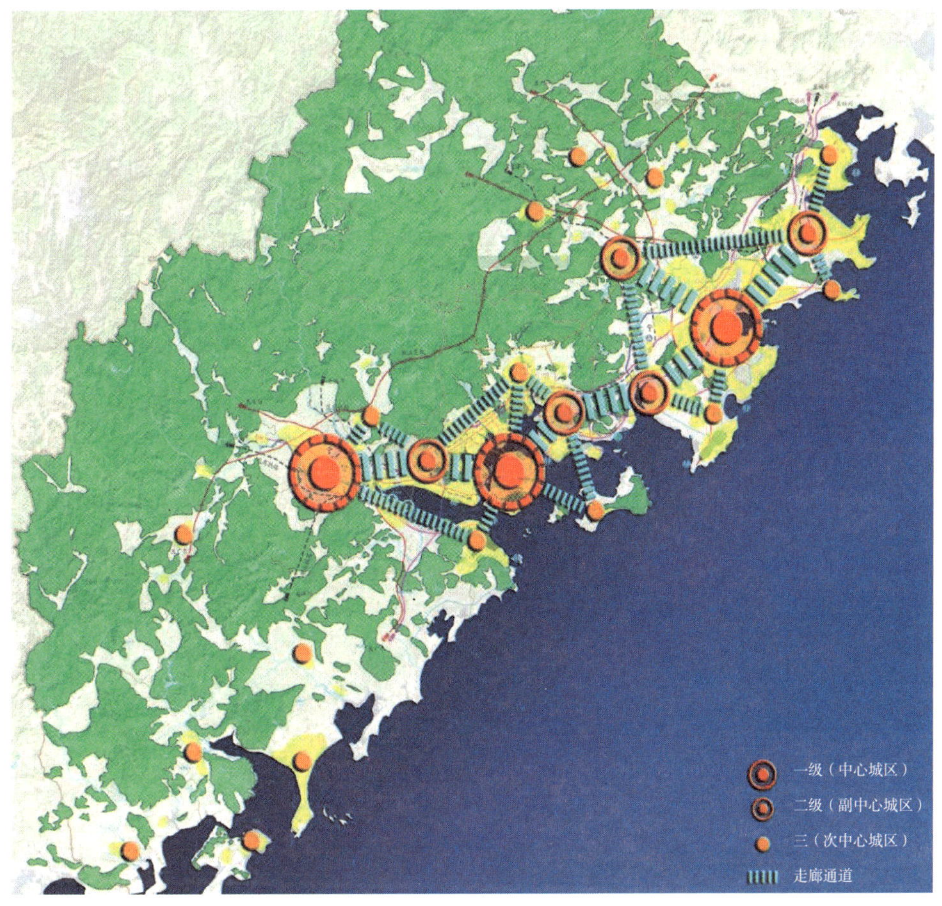

图3－8　城市群中心发展结构图

① 边经卫．大城市空间发展与轨道交通［M］．北京：中国建筑工业出版社，2006。

（四）规划方案

1. 区域交通需求预测

1）区域出行量分布特征

在现状调查基础上，对规划目标年各城市间公路交通出行量进行预测，至2020年厦门与泉州间的日出行量将达12万人次（双向），厦门与漳州间的日出行量将达5.2万人次（双向）。远景厦门与泉州出行联系量将达到20万人次/日（双向），厦门与漳州出行联系量将达到8.5万人次/日（双向）（图3－9）。

2）机场发展规模

机场作为提升区域竞争力，参与经济全球化的重要设施，同时随着两岸直航的步伐加快，根据预测，区域未来航空客流量2010年为1500万人次，2020年将达到3000万人次。

3）港口发展规模

厦门湾港区作为集装箱为主的对外贸易港口，规划2010年集装箱吞吐量达到1000万TEU，2020年集装箱吞吐量将超过1800万TEU。

2. 区域的交通可达性目标

交通走廊规划研究的主要目的是改善和引导未来区域与不同层次影响地区间的交通可达性（表3－1），以支持厦泉漳发展走廊的形成和区域服务功能的发挥。在厦（门）泉（州）漳（州）地区及省内其他地区间的客运服务将主要由道路系统以及城

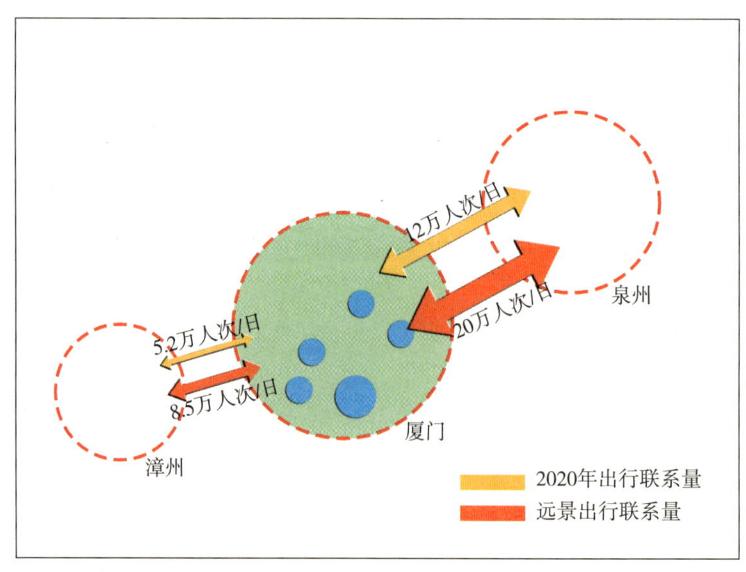

图3－9 区域交通需求预测

际轨道交通提供，与省外其他沿海发达地区（如珠三角、长三角）的联系则应由航空、铁路等适合长距离运输的交通方式共同提供服务，至于更大范围的国内、国际交通联系则主要依托航空和港口航运。

厦（门）泉（州）漳（州）地区交通可达性目标　　表3-1

运输服务范围	交通联系	旅行时间（h）	交通方式
厦（门）泉（州）漳（州）区域及省内其他地区	快速	1~3	高速公路、普通铁路、高速铁路
与国内其他沿海发达地区	快速	3~5	高速公路、高速铁路、航空、普通铁路
与国内国际其他地区	高速	—	航空、港口

3. 交通走廊规划

1）区域道路干线规划

规划形成联系厦门、泉州、漳州各主要中心城市、主要产业、客运枢纽的四条区域干线：沈海高速公路通道、324国道、产业通道、联系各中心区通道。其中干线体系根据不同道路属性分为：区域一级干线、区域二级干线。区域与城市之间通过城市干线实现城市交通与区域走廊的串接（图3-10）。

2）轨道交通规划

国家铁路：福厦高速铁路、厦深高速铁路、龙厦高速铁路。

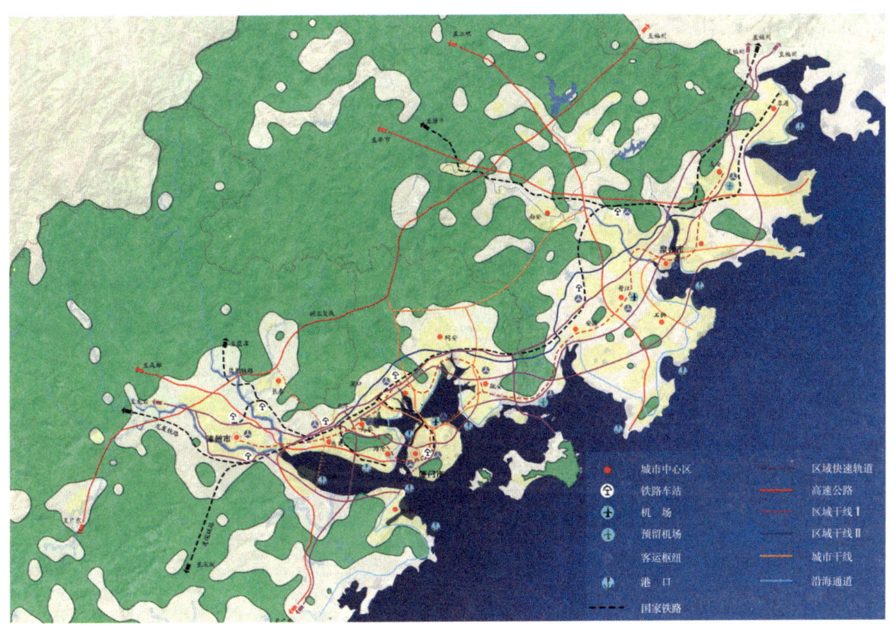

图3-10　发展走廊综合交通规划图

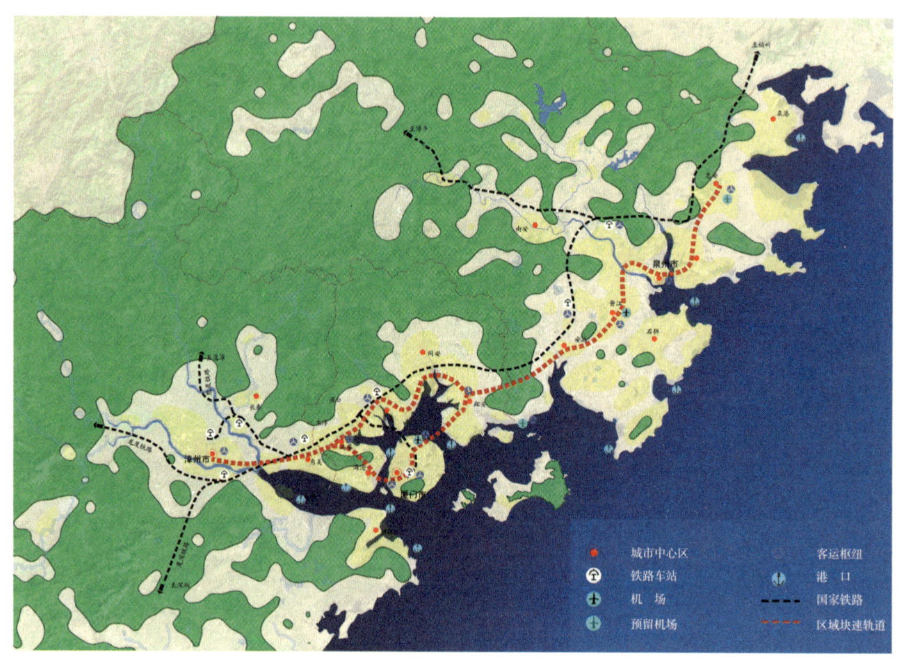

图 3－11　发展走廊城际轨道交通规划图

城际快速轨道交通：

（1）规划形成联系厦泉漳中心城区与各主要副中心、人口密集区和重要客运枢纽（机场和铁路客运枢纽）的城际快速轨道线网。

（2）城际轨道交通规划重点在于引导城市发展走廊形成，形成以站点为中心的土地开发模式，城际轨道走向主要围绕城市人口和产业集中地段发展，同时又促进发展走廊的土地利用和开发（图 3－11）。

3）机场规划

近期厦门机场重点发展国际业务及承接台湾至大陆各地的中转业务，以期成为全国性枢纽机场。抓住金门对大陆开放旅游的契机，在五通建设空海联运码头，为大陆到台湾的“空＋海＋空”（厦门—金门—台湾）联运做好各项准备。泉州晋江机场重点发展国内航空运输业务，以期成为闽南地区国内重要干线机场。

远期随着航空客运规模的发展，适时选址建设厦泉漳区域国际综合大型机场，以满足区域航空运输的需要。根据航空客运流量流向分析，大型机场应选择在厦门与泉州之间的适当位置。

4）铁路站场规划

结合沿海高速铁路、厦深铁路、福厦铁路和龙厦铁路的建设，新建枢纽车站：厦门新站、翔安车站，泉州晋江站、泉州站，漳州南站。铁路场站规划建设在城区拓展的方向上，引导形成以新的车站为中心的开发，通过其他交通方式如城际轨道、城市内部轨道交通、地面公共交通模式实现与城市其他功能中心的联系。

5）港口发展规划

围绕建设海峡西岸经济区这一战略构想，贯彻着力发挥对台优势，基于突出对台的基本原则，以沿海港口发展为取向，实施“东出西进”交通发展战略，做大做强厦门港，合理协调区域内港口群的布局。厦门港重点发展集装箱运输，在现已开辟中东、南美、欧洲远洋运输航线的基础上进一步拓展国际业务，建设海峡西岸经济区的核心枢纽港口，发展国际集装箱干线港，并逐步建设现代化国际性多功能的综合港口，使厦门港成为全国重点枢纽港，并向“自由港”方向发展。湄洲湾南岸港口作为湄洲湾港口的组成部分，以发展临港工业为主，成为国内重要的石油、化工类能源港和国家内贸集装箱运输的重要港口。其他港包含石码、围头湾、深沪、古雷港区等作为地方性港口。

（五）创新点

本规划按照适当超前、远近结合，突出重点、协调共进，城乡结合、以人为本，因地制宜、优势互补，可持续发展的原则，根据厦泉漳交通流量和流向的预测分析，确定了厦泉漳区域性的交通走廊的方向和数量，拓展交通空间领域，形成相互衔接、畅通无阻的内外交通体系，提升厦门的交通枢纽地位，增强其作为区域中心城市的辐射能力和带动能力。

规划注重从区域层面研究与控制厦泉漳发展走廊，重点突出走廊城镇的综合协调规划。

1. 注重区域内外交通走廊的整合

在区域交通走廊的规划建设中，要强化联合，协调共进，从区域交通一体化的角度，充分考虑区域之间综合交通体系布局的协调，提高整体运输效率。

2. 交通枢纽的衔接

客货运枢纽如同整个交通运输网络上的节点，是旅客换乘、货物换装和集散的中枢。在强化交通走廊线建设的同时，加强配套枢纽、港口、车站、机场等服务设施，使各种运输方式紧密结合，实现客运“零距离换乘”，货运“无缝隙衔接”，促进各类交通方式的协调。

3. 交通与物流的互动

要以交通促物流，以物流带交通，利用便捷、畅通的交通基础设施，建立科学合理、完善的物流网络，充分发挥物流与交通的联动效应和乘数效应。

4. 走廊通道的规划与控制

加强区域交通发展与建设，强化带状发展关系，形成区域走廊发展格局。在现状国道、高速公路的基础上，建设国家铁路，开辟沿海通道、区域快速干线，加强走廊交通发展引导，重点控制走廊的线位和交通基础设施，形成依托交通走廊发展的态势。

二、厦门市城市交通发展战略规划①

（一）规划编制背景

《厦门市城市总体规划（2004—2020）》确立了“优化岛内，拓展海湾，扩充腹地，城乡互动”的发展原则，要求加快推进海湾型城市生态建设，尽快建成海湾型城市框架，从而全面建成国际性港口风景城市和区域性中心城市。

厦门市在编制城市交通发展战略规划之前，相继完成了《厦门岛城市交通规划》《厦门岛城市公共交通规划》《厦门市岛外地区城市交通规划》《厦门市岛外地区公共交通规划》和《厦门市城市轨道交通规划研究》等的编制，但在新的发展背景下将面临重新审视，并进行各成果间的有机整合。

机动化水平：至2002年底，厦门全市机动车总量达到了23.96万辆，较上一年增长了14%。客车增长率接近30%，厦门本岛机动车达到7.4万辆，增速15%以上，以小客车和私人小汽车为主的增长构成呈明显的加速趋势。

交通出行：依据2003年厦门居民出行调查，厦门本岛交通出行量占全市50%左右，平均出行次数为2.99次/(人·日)。居民出行特征体现了以本岛为重心的空间分布，岛外杏林、集美、海沧片区出行具有明显的本岛向心性，本岛内出行主流向为东西分布，次要流向为南北分布。

道路交通设施：2002年末全市建成区内道路长度为465km，其中本岛为277km。依托现状集美大桥、海沧大桥跨海通道，全市道路网络呈现以本岛为中心的放射式布局形态。

公共交通：公共交通虽然处于领先水平，但尚未建立起功能等级合理的线网结构，出入岛线路运输效率低下，在目前较好的公交发展环境下应逐步建立骨干公交运输走廊，整合公交线路和组织换乘衔接。

（二）定位

厦门由“海岛型”城市向“海湾型”城市的战略转移，城市布局结构将面临着

---

① 中国城市规划设计研究院，厦门市城市规划设计研究院．厦门市城市交通发展战略规划［R］．厦门：厦门市规划局，2005。

"转型"与"重构"，城市规模也将由百万人口的大城市发展成为300万人以上的超大型城市，城市交通需求和交通特征经历一个"巨变"过程。

厦门市城市交通发展战略规划以建立"海湾型"城市的战略目标为指导，系统把握城市交通发展趋势与需求，通过对城市空间布局形态和交通需求特征的分析、比较和判定，提出厦门市适宜的城市交通发展模式，明确城市交通发展方向和发展目标，制定与城市土地利用相协调的城市交通发展战略，指导城市交通基础设施的规划与建设，从而逐步建立与城市布局结构和土地利用相协调的综合交通运输体系，保障城市社会经济发展目标的实现，为城市居民提供高效、便捷、安全的交通运输服务。

（三）规划思路

本次交通发展战略规划强调系统性、前瞻性和操控性的协调统一，侧重于分析城市发展及增长的前景趋势，把握城市交通整体特征，讨论城市交通发展的目标方向，提出与之协调的城市布局和土地利用规划建议，制定城市交通发展政策及推进策略。

（四）方案简介

规划研究了与厦门土地利用相适应的交通模式（图3－12），提出优先发展公共交通的发展方向、设施要求、规划指标，强调跨海通道建设的策略与措施，根据厦门市未来发展的城市布局特点和城市功能规划要求，提出与城市空间结构和拓展方向相一致的对外交通设施布局、城市快速路及干道系统规划。

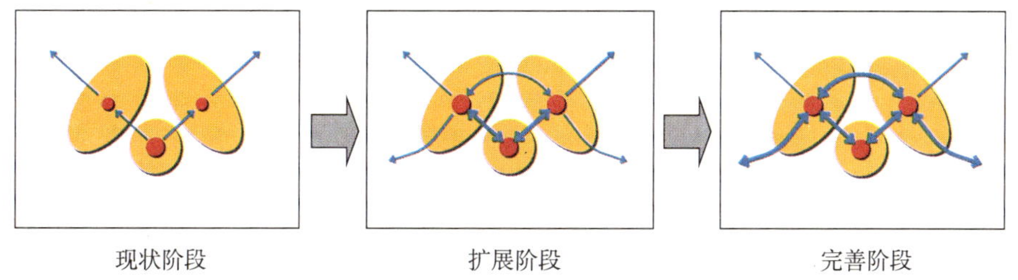

图3－12　与厦门市土地利用相适应的交通模式发展阶段

1. 规划提出支撑厦门海湾型组团城市发展的骨干运输系统

（1）组织放射式快速道路网络系统——建立岛内外及岛外各片区间快速机动车交通联系，服务"一主四辅"的城市功能布局，增强区域交通联系，提升中心城市功能（图3－13）。

（2）形成快速轨道交通的骨干客运走廊——以本岛和联系东西海域为布局主方向，与放射式的客运出行主流向相适应（图3－14），连接城市功能核心，衔接交通枢纽（图3－15）。

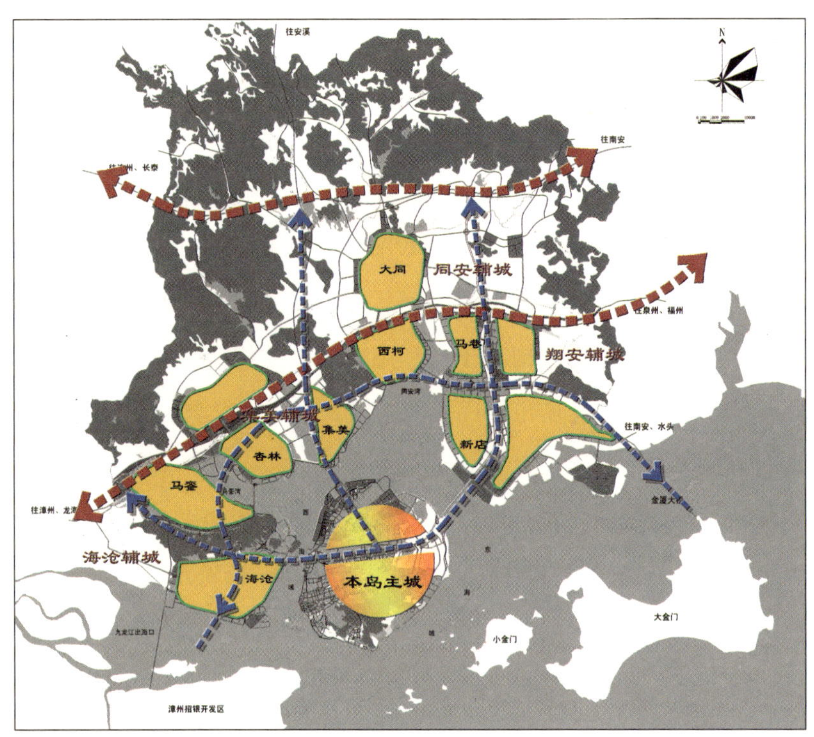

图 3－13　城市快速道路网布局形态图

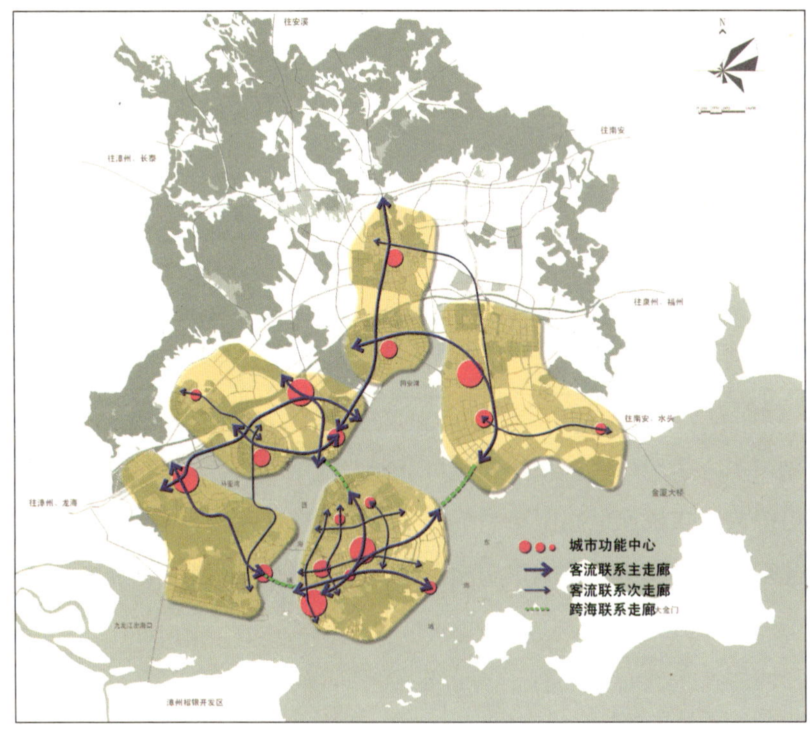

图 3－14　厦门市域客流联系走廊

图3－15　公交系统整体发展框架

2. 规划提出建设整合型运输枢纽系统，推进交通系统一体化建设

（1）构建以枢纽为核心的客运交通衔接系统，连接城市各种交通运输方式和对外交通集散点；

（2）以厦门“海湾型”城市发展和厦（门）泉（州）漳（州）区域联盟为支撑，合理布局铁路、公路、港口、航空等综合交通枢纽设施（图3－16）。

3. 规划提出了土地利用与城市交通系统协调发展建议

（1）区域城市协调发展建议。以厦门为核心的闽东南城市群在沿海城市群的发展中担负着重要的承上（长三角）启下（珠三角）的作用，城市体系空间布局主要沿厦门东西两翼展开，城市体系的重心向泉州方向偏移，整合厦门—泉州城镇体系发展空间，加强沿海交通走廊建设，构筑一体化交通系统衔接，控制东海域重大交通枢纽布局，预留厦门—金门通道空间和连接系统（图3－17）。

（2）城市布局结构与交通运输系统组织建议。在“四辅八片”的基本形态下，加强以马銮湾、同安湾为主的整体布局，优化配置东、西海域公共服务设施和居住用地，提高居住及就业在走廊沿线和枢纽周围的集聚度，增加和控制翔安沿湾区的城市公共

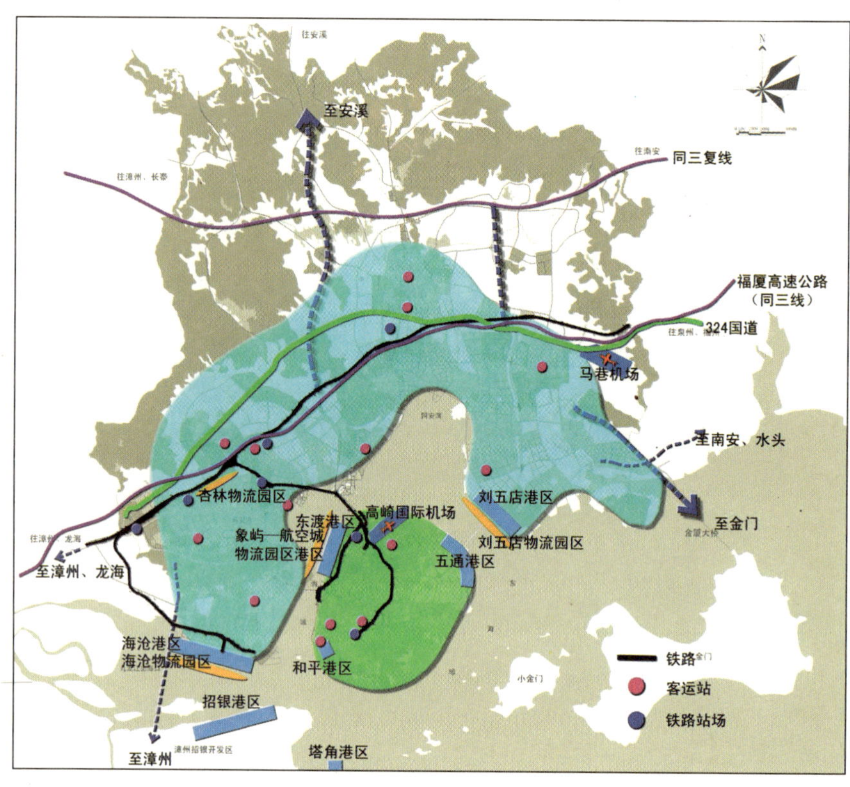

图 3－16　对外交通系统规划示意图

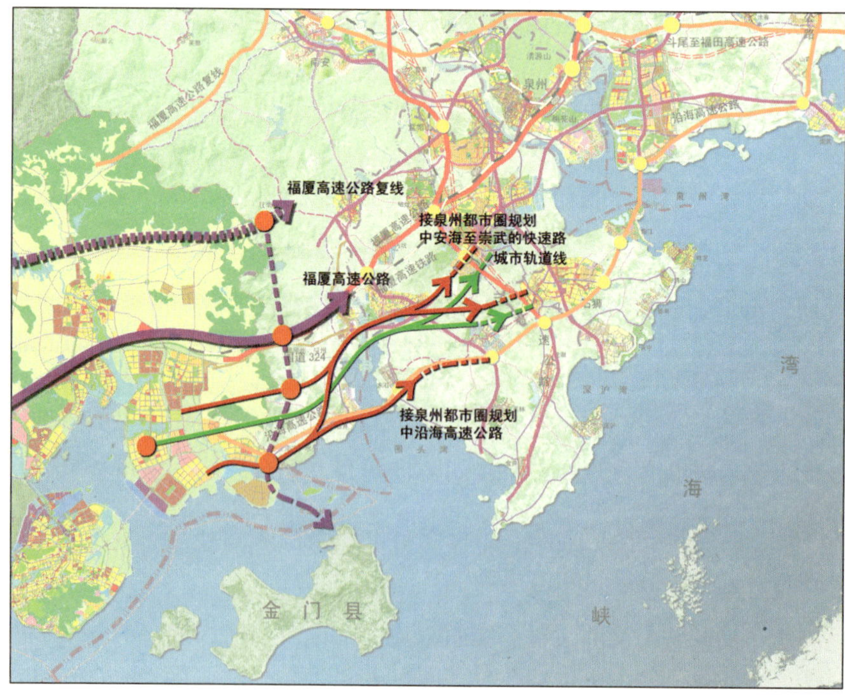

图 3－17　东海域区域城市交通走廊规划图

设施用地规模，考虑部分城市职能向东海域转移的战略布局。

(3) 土地利用与交通运输网络的协调建议。包括布局形态与运输网络结构的协调，以便捷的交通条件保障组团中心功能的发挥，处理好快速骨干道路系统、快速客运系统、交通换乘枢纽与周边周围土地利用关系，适度控制跨越福厦交通走廊的用地开发性质和规模。

(4) 城市土地利用优化建议。以“平衡交通”的引导策略，实施土地利用优化，岛外地区以增加就业和公共服务设施用地为主，减少跨海交通出行，适度控制本岛开发，突出风景旅游城市的职能。

(5) 土地开发与交通系统建设的一致性建议。制定交通系统建设优先的引导开发策略（TOD），充分利用现有的通道条件，实施集中式开发，为交通系统的升级和建设创造条件，兼顾近期开发和远景目标的协调。

（五）创新与特色

1. 针对性

规划针对建设海湾型城市的发展要求和城市交通实际存在的问题，依据总体规划提出的“一主四辅”的城市功能布局，开展了与厦门土地利用规划相适应的交通模式研究。

2. 适应性

规划提出了优先发展公共交通的发展方向、设施要求、规划指标以及强调跨海通道建设的策略与措施，符合厦门市未来发展的城市布局特点和城市功能规划要求，对外交通设施布局、城市快速路及主干道系统与城市空间结构和拓展方向相一致。

3. 引导性

明确优先发展和发挥公共交通的运输骨干作用；建立与城市布局形态和功能组织相协调的骨干运输网络；推进交通系统一体化建设，提高整体交通运输效益；集中完善和强化岛外城市功能，分散本岛的交通聚集压力；预留和控制重大交通设施空间。

三、厦门市城市综合交通规划[①]

（一）规划编制背景

进入21世纪，随着全面建设小康社会和提前实现现代化目标的指引，提出了《厦

① 中国城市规划设计研究院，厦门市城市规划设计研究院．厦门市城市综合交通规划［R］．厦门：厦门市规划局，2005。

门市加快海湾型城市建设实施纲要》，特别是“十一五”实现厦门跨越式发展的部署，着力推动海峡西岸经济区战略实施，城市社会经济在快速发展中正在发生着重大转变与调整。本次综合交通规划的编制背景要点如下：

（1）落实海峡西岸经济区建设战略，实现厦门跨越式发展目标；

（2）新一轮城市总体规划修编完成，并通过相关审查，需尽快配套做好相关综合交通规划；

（3）岛内外城市建设全面推开，进入了由“海岛型”城市向“海湾型”城市战略转移的快速发展阶段；

（4）大型交通基础设施迎来规划建设高潮。

规划编制年限起于2005年初，截至2005年底，全市户籍人口达到148万人，城市建成区总规模达到150km^{2}左右，城市常住人口规模达到170万人（含暂住人口）。2005年全市实现生产总值1029.55亿元，首次突破千亿元大关，比上年增长16.0%。

2005年全市对外交通系统完成旅客运输总量5401.46万人次。公路客运3860万人次，货运量1940万t，较上一年增长14.6%，全年铁路旅客到发总量574.57万人次，货物发送量473.41万t，货运吞吐量4770.75万t，集装箱运输量达到334.29万TEU，航空旅客吞吐量达629万人次，居全国第11位。

至2005年底，全市机动车总量为36.6万辆，较上一年增长15%，其中，小型及微型客车8.4万辆，而摩托车则达到了22.5万辆，占机动车总量的60%以上。按户籍人口统计，厦门汽车拥有水平为83辆/千人。全市道路网络呈现以厦门岛为中心的放射式布局形态，厦门岛道路系统相对完善，基本形成建成区的网络化布局，而岛外地区则呈现依托放射联系通道或国道、省道的枝状布局。依据2003年居民出行调查，厦门市居民（包括调查的暂住人口）日出行总量为615万人次，平均出行次数为2.99次/人·日，厦门城市居民（含常住人口和暂住人口）日常出行中采用步行及自行车的非机动化方式占50%，公共汽车（含中巴）为27.5%，占全部机动化出行方式的一半以上，反映了厦门岛居民出行以公共交通为主要出行方式的特点。

对比全国多数城市日趋严重的城市交通矛盾，厦门整体城市交通运行基本正常，但发展趋势不容乐观，主要走廊交通流量集聚（图3-18），中心区交通拥挤呈现恶化态势，公共交通发展面临调整与优化的关键期，岛内外道路交通设施供应不平衡的矛盾突出，控制性交通资源成为城市扩展和交通运输的“门槛”、协调城市交通发展的

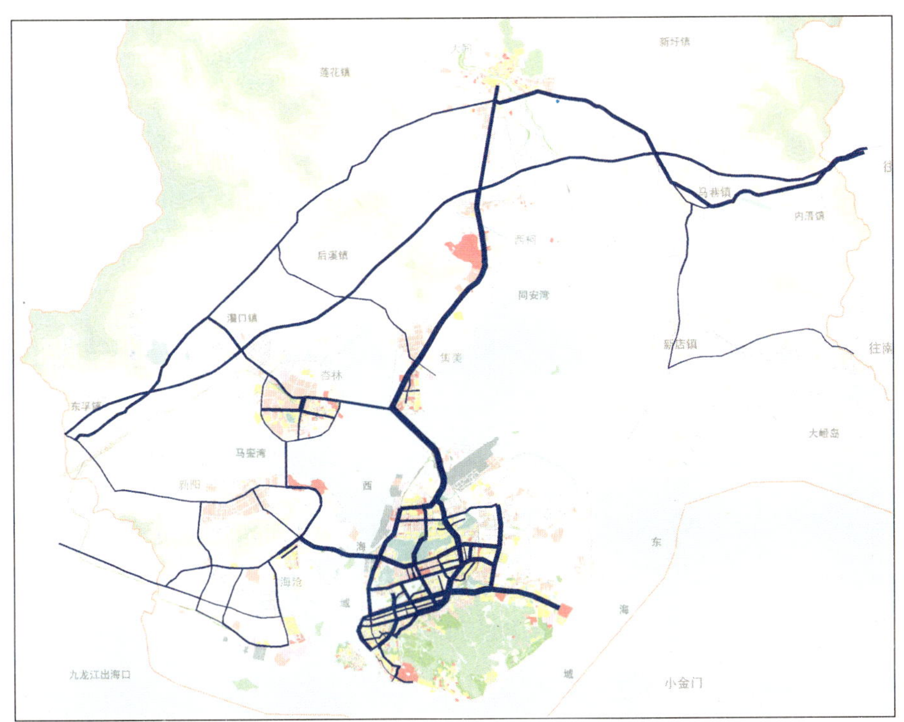

图 3－18　厦门现状道路交通流量图

导向政策体系尚未建立。

（二）定位

厦门正处于快速城市化和高速机动化的发展时期，本次城市综合交通规划的定位为：在分析城市发展及增长的前景趋势，把握城市交通整体特征的基础上，制定交通系统发展目标与战略，保障交通运输系统与土地利用协调发展，实施交通引导城市发展（TOD）策略，控制和预留重大交通基础设施用地，构建一体化交通系统，为实现“海湾型”城市跨越式发展提供支撑。

目标一：突出与构建厦门综合交通枢纽地位，提升厦门在东南沿海中的中心城市职能和辐射影响，发挥海峡西岸经济区中的“龙头”作用。

目标二：以适宜的城市交通发展模式和完善的综合交通运输体系，支持厦门跨越式发展战略部署，引导与促进厦泉漳区域一体化进程。

目标三：统筹各交通系统功能分担与目标定位，合理组织交通运输网络，控制重要基础设施布局，落实《厦门市城市总体规划（2004—2020）》发展目标。

（三）规划思路

本次城市综合交通规划编制思路是以城市总体规划为基础，分析判断城市交通发展趋势与特征，提出城市交通发展的目标与方向，建立厦门适宜的交通发展模式和实现交通系统健康发展的策略措施。在依据城市规划布局和土地利用下，确定各交通体系的功能定位，合理组织各交通系统框架，协调专项交通系统规划的编制，并就城市交通系统的重要基础设施提出布局及用地控制建议。

本规划依据规划背景和目标明确了规划原则，按照规划原则形成明确的规划思路，制定可行的规划方案。

以交通发展趋势为导向——通过对厦门现状交通问题的剖析和城市交通发展趋势的判断，确定未来厦门市正确的交通发展方向和适宜的发展目标。

以区域协调发展为背景——充分考虑厦门在闽东南沿海和海峡西岸经济区建设中的作用，以协调共进的区域一体发展为背景，强化综合交通枢纽地位，组织一体化交通运输体系。

以构建厦门“海湾型”城市布局为基础——基于厦门城市发展空间的战略转移和岛内外的共同发展，确定与城市布局结构和功能组织协调的交通运输模式，合理构建骨干运输网络系统。

以城市土地利用为依托——以交通体系建立和运输组织服务引导城市土地开发，形成与城市土地利用密切结合的综合交通运输系统。

以提高交通运输效率为根本——确定不同运输系统的功能定位，综合规划各交通运输网络，合理布局交通设施，有效组织不同运输系统的衔接，以高效率的运输系统保障城市交通出行需求。

以规划的操控性为前提——规划注重交通发展的前瞻性和战略性，更注重配合城市总体规划目标的操作性以及交通设施控制的有效性。

厦门市城市综合交通规划的整体技术路线遵循从宏观到微观，区域到局部，定性与定量相结合，充分反映厦门城市社会经济发展目标方向和个性交通特征，强调规划编制的前瞻性、系统性和操控性的协调统一。

（四）方案简介

（1）构建厦门枢纽型、开放性对外交通体系。在突出厦门航运中心地位的基础上，整合与协调发展各交通运输方式，形成以航运（港口、机场）为龙头，公路为基础，铁路为走廊的重要交通枢纽城市，强化和彰显海峡西岸经济区中心城市地位（图3－19）。

图 3-19　综合交通系统规划图

(2) 建设与城市布局相协调的道路系统。依托跨海通道建设，构建“环状放射式”的快速道路系统，形成岛内外联系的快速机动车走廊（图 3-20）；加强道路建设与用地开发相协调，预留和控制关键截面联系通道等重大设施用地空间；针对海湾型城市特征，建设富有厦门滨海特色的道路景观（图 3-21）。

(3) 创建厦门特色的公共交通引导城市发展模式（TOD）。建设“轨道交通为主走廊，快速公交（BRT）为次走廊，片区公交为基础，出租车与轮渡为补充”的公共交通运输体系，以“走廊+枢纽型”的运输组织模式，形成“珠链式”土地开发布局

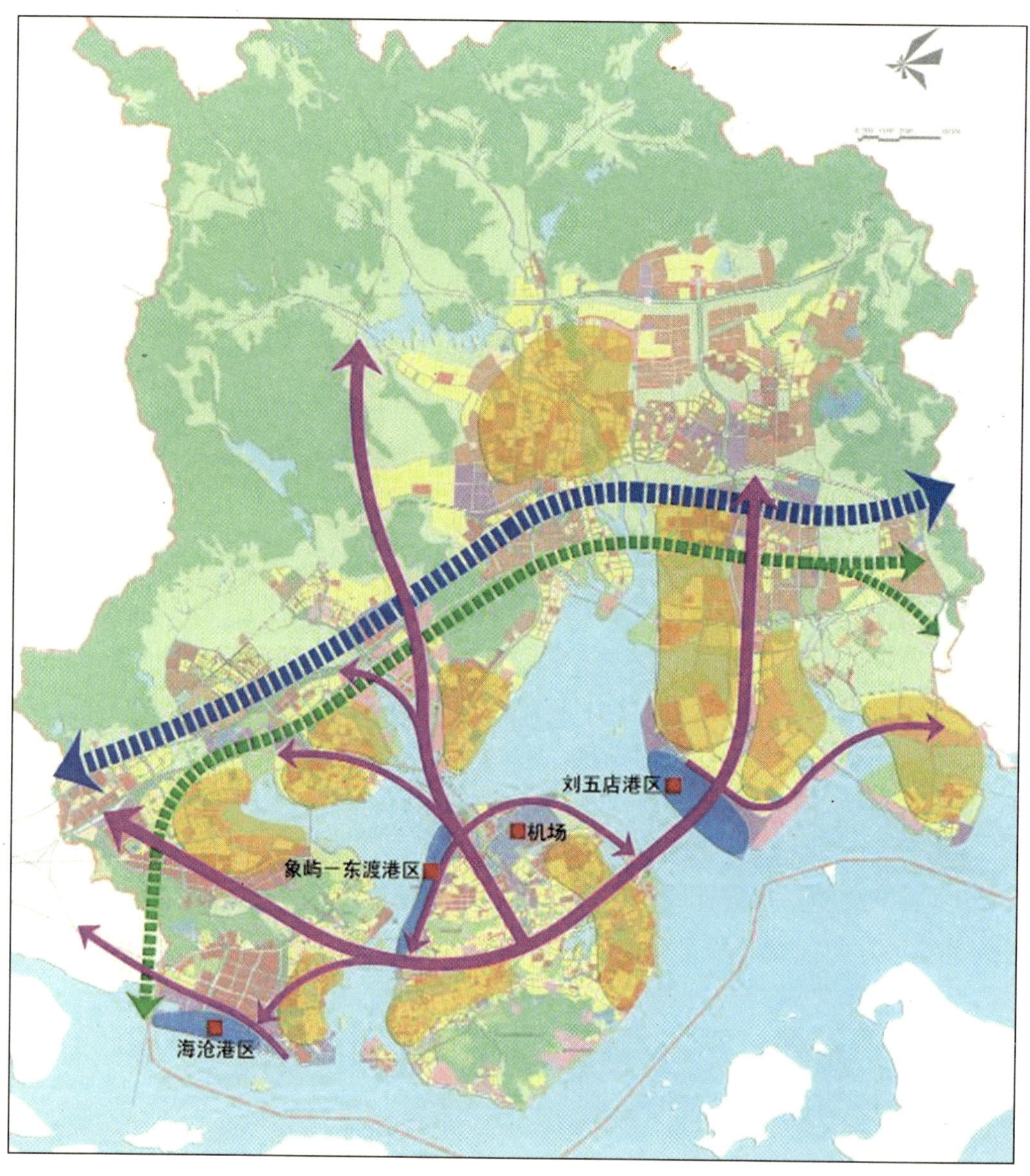

图 3-20 机动车联系走廊布局图

形态（图 3-22），促进交通与用地间良性互动发展。

（4）组织一体化的高效运输系统（图 3-23）。按照“区域交通一体化、内外交通一体化、城乡交通一体化”原则不断完善交通系统组织，提高整体交通运输效率。以厦门为中心，以厦泉漳一体化发展为背景，建设便捷高效和“区域交通一体化”的交通走廊。协调对外交通网络与城市发展方向和城市功能组织，组织换乘和多方式联运的衔接系统，构建“内外交通一体化”综合交通枢纽。构建分级交通枢纽体系，推进市级、区级和农村客运枢纽建设，形成以枢纽为中心的“城乡交通一

图3-21 道路系统规划图

体化”运输网络①。

（5）建立智能化、高效率交通运行体系。建立智能化、现代化的交通管理体系，构建交通信息平台系统，运用科学的交通管理手段，发挥交通设施功能和提高交通运

① 丁明. 构建海湾型城市协调发展的综合交通体系［J］. 福建建筑，2008（8）。

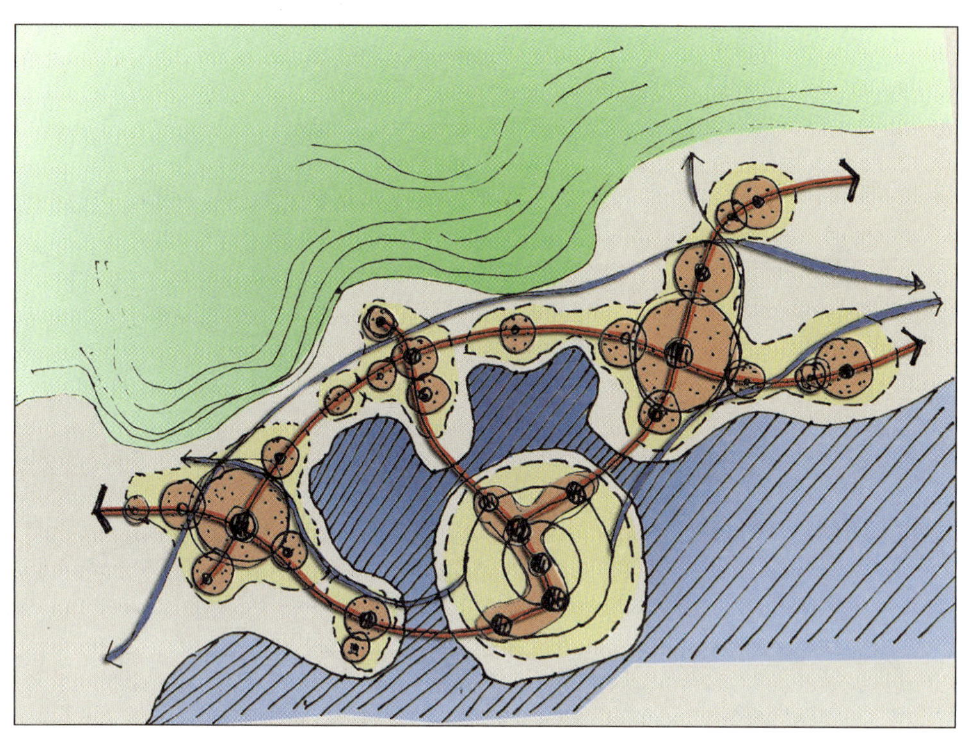

图 3－22　骨干客运系统引导“珠链式”发展模式示意图

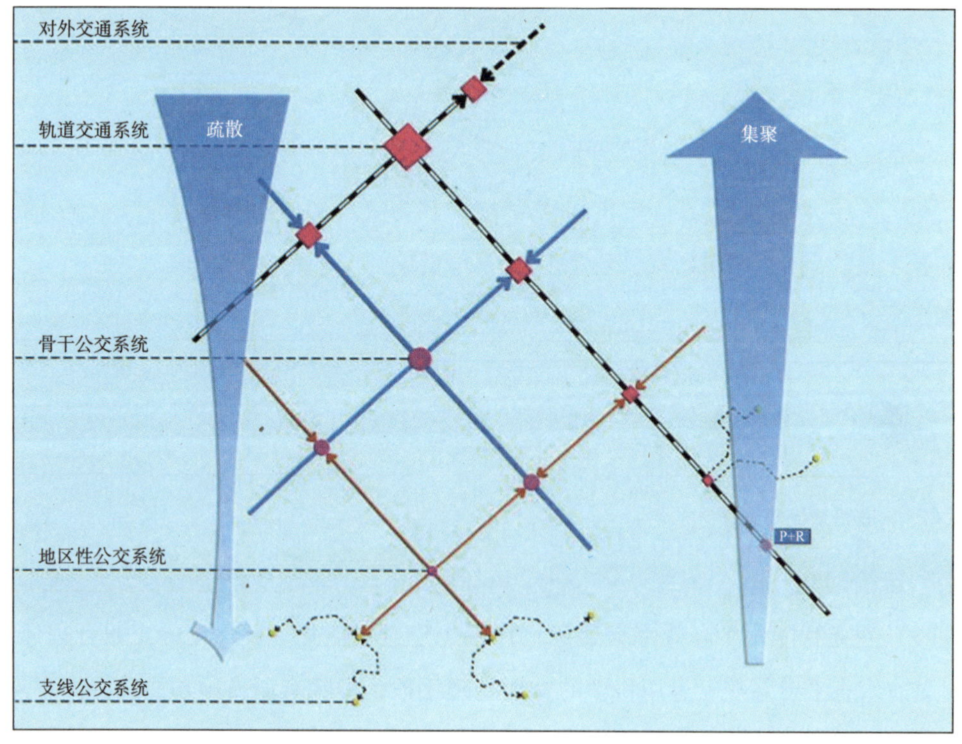

图 3－23　一体化运输系统组织模式

行效率。合理制定停车政策及供应策略（图3－24），完善停车规划布局，实现动静态交通发展的平衡。

（五）创新与特色

编制过程和内容遵循从宏观到微观，区域到局部，定性与定量相结合，充分反映厦门城市社会经济发展目标方向和个性交通特征，强调规划的前瞻性、系统性和操控性的协调统一。重点体现为：

（1）以交通发展趋势为导向——通过对厦门现状交通问题的剖析和城市交通发展趋势的判断，确定未来厦门市正确的交通发展方向和适宜的发展目标。

（2）以区域协调发展为背景——充分考虑厦门在闽东南沿海和海峡西岸经济区建设中的作用，以协调共进的区域一体发展为背景，强化综合交通枢纽地位，组织一体化交通运输体系。

（3）以构建厦门“海湾型”城市布局为基础——基于厦门城市发展空间的战略转

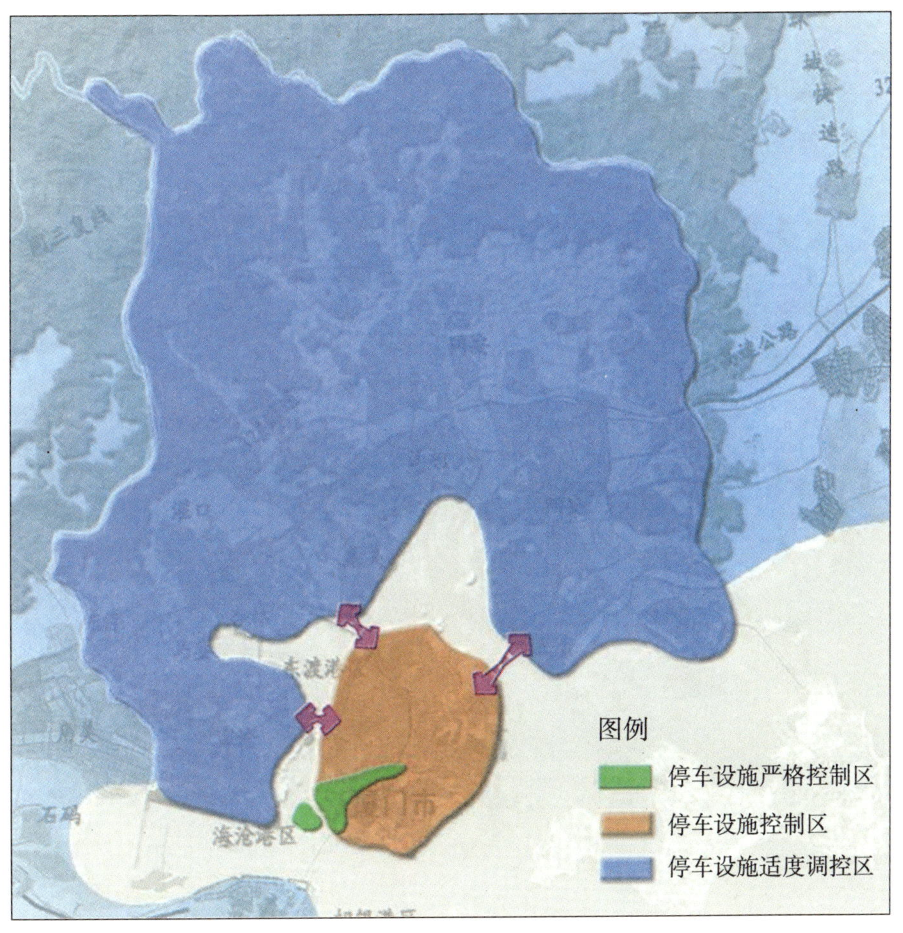

图3－24　停车设施供应策略分区示意

移和岛内外的共同发展，确定与城市布局结构和功能组织相协调的交通运输模式，合理构建骨干运输网络系统。

（4）以城市土地利用为依托——以交通体系建立和运输组织服务引导城市土地开发，形成与城市土地利用密切结合的综合交通运输系统。

（5）以提高交通运输效率为根本——确定不同运输系统的功能定位，综合规划各交通运输网络，合理布局交通设施，有效组织不同运输系统的衔接，以高效率的运输系统保障城市交通出行需求。

（6）以规划的操控性为前提——规划注重交通发展的前瞻性和战略性，更注重配合城市总体规划目标的操作性以及交通设施控制的有效性。

第四章　城市交通网络规划

第一节　城市交通网络规划概述

城市交通网络是城市进行生产和生活等经济活动的动脉，是实现交通的主要设施，由城市道路网络、公共交通线网、慢行交通网络等共同组成，城市交通网络规划的好坏直接决定了城市运行的效率。

城市交通网络是客流、货流、车流运行的基础设施，城市交通网络规划的目标是对各个网络设施进行科学布局、合理组织，实现客货分流、快慢分流、人车分流的安全、快捷、环保和高效的运行网络。

城市交通网络规划是对城市交通的各个子系统，包括轨道线网、干线道路、公共交通、慢行交通，分别进行长远的专项发展规划，制定各交通系统的发展目标和发展策略，确定各交通系统的功能、结构、布局、规模，提出各系统设施用地规划，同时做好各网络系统之间的衔接组织，并提出近期发展建议等。

第二节　城市干线道路网络规划

一、基本概念

城市干线路网是城市交通运输的主骨架，它使城市的各个组成部分相互联系，构成有机整体，同时它与对外交通相互衔接，使城市融入区域之中。因此，城市干线路网应将城市主要功能区联系起来，包括市中心、工业区、生活居住区、对外交通枢纽以及文化教育、风景旅游、体育等活动场所，并与郊区公路、铁路场站、港口、码头、机场相衔接。

城市干线路网不仅是组织城市交通运输的基础，而且是布置城市公用管线、街道绿化，组织沿街建筑、划分街道和分隔用地的基础，同时它还要满足城市救灾避难要求。

城市干线路网规划是城市规划的重要组成部分，应能适应今后城市用地的拓展、交通结构的变化和快速交通的要求。城市干线道路系统必须功能清晰、系统分明，以满足城市交通运输要求为首要目标。城市干道网络专项规划具有总体规划的宏观性和协调性，又达到控制性详细规划的深度，是在城市总体规划、交通规划研究指导下的专项规划工作。

二、规划思路与方法

城市干线道路系统是城市的骨架，其网络规划是否合理，直接影响到城市的经济发展和居民的生活质量。而影响城市干线道路系统布局的因素，主要是城市的自然地理条件、城市的用地布局、城市对外交通的联系及市内交通体系。干线道路网络专项规划工作应力求做到道路规划与土地利用相结合，交通规划研究与控制性详细规划相结合，理想目标与可操作性相结合，规划研究与规划管理相结合，近期建设与远期控制相结合，规划主要思路如下：

（1）根据城市发展形态、规模和空间布局，把握城市结构与发展趋势，根据土地利用，客货交通源和集散点的分布，以及交通流量流向分布与构成特征，并结合地形、地物、河流走向、铁路布局和现状道路系统，确定城市干线路网规划的布局模式，特别是交通走廊和通道规划的构想（包括过境交通走廊和城市客货运输交通走廊）。

（2）由外到内，以快速路为骨架，构筑片区机动车交通走廊。在区域交通规划的基础上，正确处理好城市道路与公路的衔接关系。一般以城市为目的地的到达交通，其线路宜与城市干路直接衔接。对于城市过境交通，为避免其直接穿越城区，宜设置环路。

（3）应根据交通需求，结合城市结构和土地利用加密干线路网，完善路网结构。在道路功能分级体系下，合理确定道路功能、性质和各级路网指标，注意城市干道网络的结构性、层次性和合理衔接，主骨架路网应具有稳定性和可操作性。

（4）城市干线路网应留有余地，能适应城市用地的扩展，并有利于向机动化和快速交通的方向发展。

（5）城市干线路网规划应与城市市政基础设施规划相结合，既要满足地上的交通需求，又要满足地下市政管线的要求，同时还需满足城市环境保护、城市景观及防灾救灾等要求。

城市干线道路网络规划技术流程如图 4－1 所示。

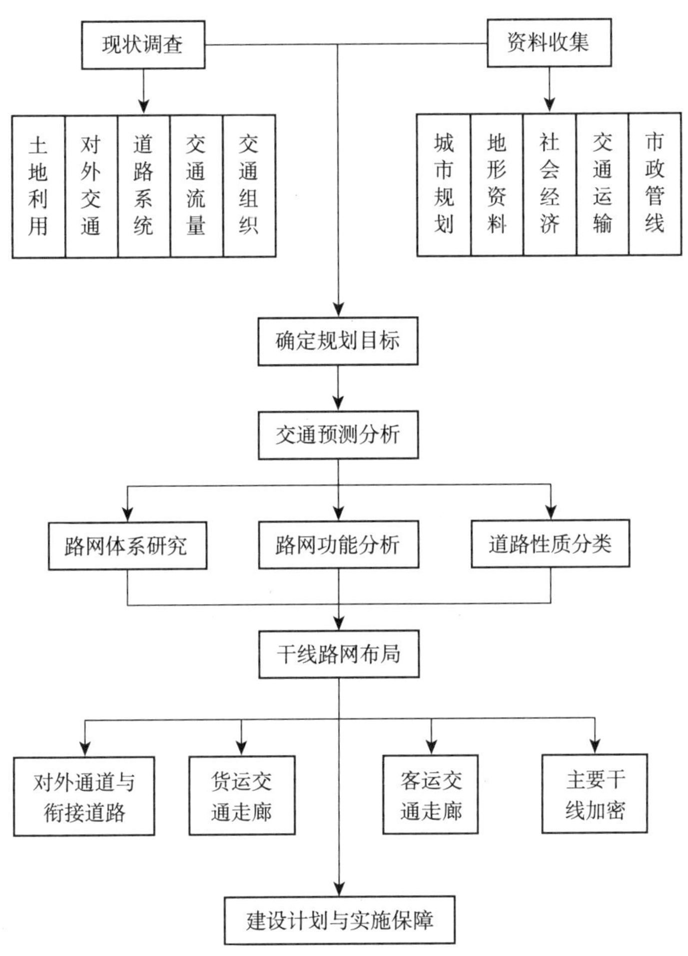

图4－1　城市干线路网规划技术流程图

三、主要任务与内容

（一）规划目标

城市干道网络规划主要目标是结合城市未来发展形态，构筑城市结构性网络，确定干道系统空间布局，以加强城市空间结构的整体性和路网结构的完整性；结合周边地区公路网发展，合理布局城市对外出入口，协调对外公路与城市道路的衔接，使城市空间向外延续，增强城市对外吸引力和辐射力；进一步完善城市道路系统功能分级体系，明确界定城市道路等级、功能，提高路网容量，减少道路交通瓶颈，并协调路口与路段能力的匹配，合理确定道路等级比例关系，以提高路网整体交通效能；确定道路技术标准、线路走向、红线宽度和交叉口控制形式，并以图则形式加以明确，提供给规划管理和规划编制使用。[①]

（二）规划内容和深度

依据工作目标，城市干道网络专项规划的对象包括城市主骨架道路（高速公路、快速路、区域性主干路）、二级主干路和主要次干路，规划深度包括道路网络布局、道路等级、线路走向、红线宽度和立交用地控制等。

（三）主要工作内容

（1）现状调查与问题分析识别。对城市客流出行、货运出行、道路交通以及对外交通等方面展开全面系统的调查和资料收集，分析、识别城市干线路网现状存在的主要问题，并剖析主要原因。

（2）交通需求分析与预测。依据相关调查数据，结合城市交通发展趋势，建立客运及货运交通预测模型，对未来的道路交通需求总量、交通需求走廊等进行预测、分析。

（3）城市干线路网布局规划。结合区域与城市发展规划，研究相适应的路网组织体系。在一体化道路功能分级体系的基础上，从区域协调发展的角度出发，制定高速公路网与快速路网规划方案，从城市空间结构发展的角度出发，制定干道路网的规划方案。

（4）重要设施与节点规划。对于重大工程设施，如特大桥梁、隧道、大型立交、高架桥、快速路等，进行线位比选和工程方案初步论证，并在模型测试的基础上进行交通组织设计。

（5）近期建设计划。利用交通预测近期交通需求和近期路网的规模测试，确定近期道路的合理发展规模，通过对近期建设项目的重要度测试，确定各建设项目的实施序列。

（6）实施保障措施。研究、制定与一体化道路交通规划相协调的投资政策、交通管理政策和收费政策，以保障道路规划功能的实现。

第三节　城市公共交通规划

一、基本概念

公共交通是城市综合交通体系的核心部分，为城市居民和游客提供基本的客运服务，实现高效、安全和舒适的移动。公共交通的最大特点是公共性，任何人只要遵守

① 邓毛颖，蒋万芳．城市干道网络专项深化规划研究［J］．中华建设，2007（11）。

客运规则并支付一定的交通费用，就可以自由选择公交方式出行。公共交通系统包含公共汽（电）车、轨道交通、快速公交系统（BRT）、出租汽车、轮渡等交通方式，通常狭义的公共交通主要针对地面常规公交汽车交通方式。

城市公共交通规划是指根据城市发展规模、用地布局和道路网规划，在客流预测的基础上，确定公共交通方式、车辆数、线路网络、换乘枢纽和场站设施用地等，并应使公共交通客运能力满足高峰客流的需求。

二、规划思路与方法

公交线网布局的好坏直接关系到公共交通系统运行的效率，必须利用科学的手段和方法合理进行线网布局，以满足日益增长的交通需求，促进城市交通的合理转化，最大限度地发挥公共交通的运输效益。

公共交通规划在详细调查和模型分析的基础上，进行公交线网的规划，其目标是紧紧围绕城市居民的实际需求，在以乘客为中心的理念指导下，为乘客量身订制合理的公交服务网络。针对城市社会经济的发展与城市空间布局的特点，构建符合居民出行需求的多层次的公交网络系统，以着力改变公交线网功能层次单一、服务单一的问题症结。推荐适宜的线网功能组合结构方案，研究在合理车辆规模条件下的网络规模，提出公交线网系统优化和分阶段的线网优化调整实施办法。

公交线网的形成有一定历史原因，而且一旦形成，其走向、站点和服务时间等会使一部分客流的出行依赖此公交线路，同样新的线路也有一个乘客宣传、认识和接受的过程。在考虑现状及规划道路网络、快速公交网络、公交枢纽及保养场设施的条件下，公交线网系统优化布置方案的编制既要考虑目前的运营管理模式，同时又必须要进行创新，最终形成符合城市发展特点的公交网络系统。

城市公共交通规划技术流程如图 4－2 所示。

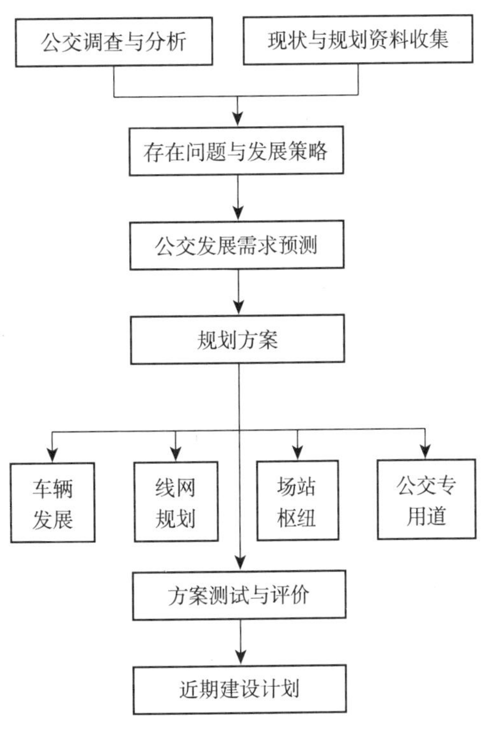

图 4－2 城市公共交通规划技术流程图

三、主要任务与内容

为达到改善城市公共交通运营环境，逐步吸引城市其他交通方式的客流向公共交通转化，公共交通规划包括以下内容：

（一）现状城市交通资料收集

城市土地开发、公共交通发展、运营状况、线路布局、车辆、交通网络、交通投资、居民出行等方面的资料收集，作为公共交通研究的基础。

（二）现状公共交通发展及运营分析

根据交通研究的需要，对现状公共交通的运行和客流进行调查；根据现状资料和交通调查，分析现状城市公共交通政策、线路布局、运营、管理、投资等方面存在的问题，以及公共交通发展与城市土地开发的协调性，城市公共交通经营策略与城市交通发展策略的关系等。

（三）公交客流分析

在公交客流调查的基础上，建立公交客流预测模型，预测不同发展阶段公共交通客流需求状况，以及主要客流的分布特征。

（四）城市公共交通发展策略分析

根据城市总体发展战略，确定公共交通在未来城市交通中的地位，制定城市公共交通发展与管理政策以及公共交通与土地开发协调发展的策略，包括车辆发展、线路布局、公共交通投资、运营策略、机构改革等方面。

（五）城市公共交通线网模式研究

建立适合客运需求的公交服务网络模式，提出适合城市布局的公交换乘模式，考虑对外交通枢纽与市内公交线网的衔接关系，以及公交与城市轨道、轮渡、出租等各种交通方式的换乘关系，解决好中心城区与新城区的联系。

（六）公共交通线网规划

在公交客流分析的基础上，依据城市土地开发规划，按照公共交通的发展策略与线网模式，制定公共交通网络规划方案，并根据公共交通网络的层次、客流的分布进行线网的结构性调整。

（七）公共交通场站用地规划

建立各级场站体系，确定其功能、规模及用地标准。对城市交通规划中提出的公共交通用地进行进一步研究，提出城市公共交通用地的规划。

（八）近期建设计划与保障措施

根据近期城市建设规划与公共交通客流分布特征，提出近期公共交通建设实施计划，并提出相关保障措施。

第四节　城市轨道交通规划

一、基本概念

随着城市经济的发展，城市交通的需求不断增长，城市轨道交通已成为解决当今世界各国大城市客运交通的一种十分有力的运输工具，同时，城市轨道交通方式对城市土地利用有积极的引导作用，因而城市轨道交通的建设成为我国大城市目前和未来的一项交通发展战略。

轨道交通系统通常包括地铁和轻轨两个系统，与常规地面公共交通系统相比，轨道交通系统具有运能大、速度快、安全、舒适、环保等诸多优势，是解决大城市交通拥挤的有效方式。但轨道交通系统又存在初期投资大、工程复杂、建设周期长、灵活性差、自身效益差等缺点，因此，必须重视轨道交通的前期规划研究工作，避免因线路规划失误而造成运营亏损。

城市轨道交通规划属于城市交通专项规划的一个分支，是在城市交通规划的基础上，科学分析客流发展趋势和不同交通方式在城市中的发展比例，同时结合城市的自然地理条件来规划轨道交通线网，确定轨道交通发展规模，控制轨道交通场站设施用地，并制定相应的实施对策以及交通政策。

二、规划思路与方法

（一）规划原则

城市轨道交通线网规划是在城市总体规划完成之后，土地控制详细规划开展之前，对城市交通体系进行的专项规划。对于轨道交通线网实施规划，应具备“可实施性”，既保证线网在工程、运营、经济等方面切实可行，关键位置要进行详细的土地规划，并为下阶段详细土地控制规划和工程设计提供翔实全面的规划要点，应遵循以下原则：

（1）在城市总体规划指引下进行：线网规划应依据总体规划、支持总体规划、超前总体规划、回归总体规划，和谐融合于城市规划体系，并成为城市总体规划重要组成部分。

（2）适度超前性：线网规划属于宏观规划层次，因此规划的视角强调宏观性、多策略的适应性和适度的超前性。同时应特别注意“以人为本”，从使用者的角度决策功能配置。

（3）应具备的三个基本特点：线网规划要体现稳定性、灵活性、连续性的统一。稳定性是指在城市中心区和近期需要建设的线网规划要稳定，灵活性指在城市中心区以外地区以及远景需要建设的线网要为发展变化留有余地，连续性指线网规划应随城市总体规划的调整扩展而不断调整发展。

（4）构建一体化综合交通体系：尽管轨道交通是独立的客运系统，但其效益的发挥依靠整个城市客运交通体系的整体协调。因此线网规划要特别注意与其他交通方式的合理分工、合理布局和合理衔接以及交通一体化政策的制定。

（5）注重与土地发展的互动影响：线网布局应支持城市总体规划的土地发展目标，利用快速轨道交通可以大幅度改善城市交通供给水平，从而引导土地发展方向和强度的功能，按总体规划意图改善旧城中心交通供给和带动新区发展建设。

（6）注重可实施性：快速轨道交通作为一种专业要求很高的系统，能否实施存在较大的专业技术制约和风险，线网可实施性水平直接决定了线网规划生命力，因此必须对线网的专业可实施性进行深入研究。

（二）工作方法

城市轨道交通线网规划是一项涉及多个研究范畴的系统工程，研究理论涉及城市规划、交通工程、建筑工程及社会经济等多种学科理论，在各子系统中又包含各自的内容和方法，线网规划将其统一为一个整体。工作方法如下：

（1）交通分析为主导——以交通模型为基础、交通预测为核心的交通规划工作方法，从交通规划入手，以交通引导城市土地利用和工程方案进行。

（2）定性分析和定量分析相结合——线网规划既有规律性，又有前提条件和边界条件的不确定性，因此规划过程既需要定量数据分析提供丰富的参考依据，又要根据实际经验对城市发展作出定性判断。

（3）静态和动态相结合——交通规划实际是出行需求与交通供给这一对矛盾因素的动态平衡过程，规划与城市交通发展密切相关，又是侧重远期的长远规划，在这一过程中又有许多因素彼此影响，因此在进行方案研究中，应特别强调根据前提条件变化对结果进行动态分析。但动态规划仍然存在规律性，这为静态前提下的宏观分析计算提供了可能，因此在规划方法上应注意静态和动态相结合。

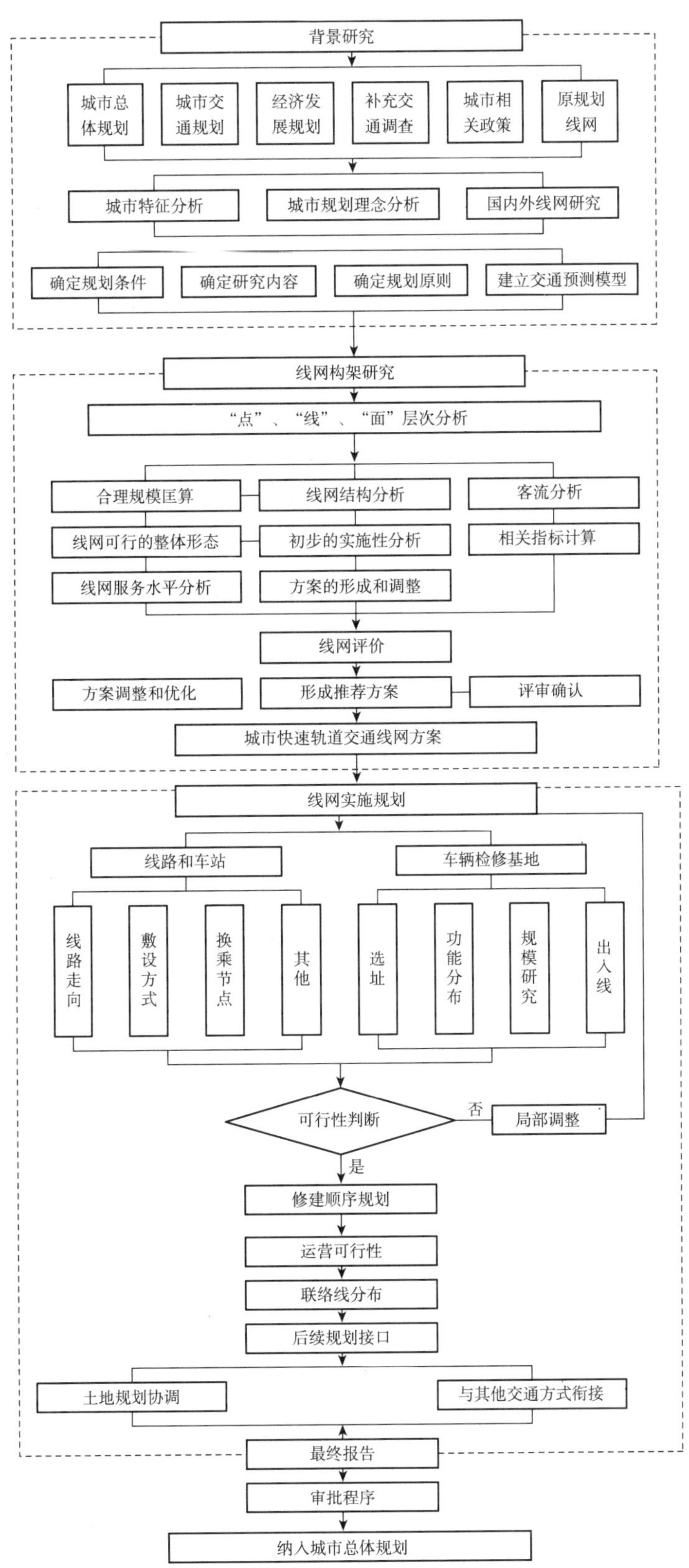

图 4－3 城市轨道交通规划技术路线框图

（4）近期规划与远景方案相结合——规划主要目的是勾画远景，可操作性是规划成败的关键，因此要考虑设计的阶段性和连续性，因此必须进行科学的近期实施规划，并使近期实施与远期规划之间有科学合理的过渡和延伸，才能保证远景规划的实现。另一方面，近期的工程建设，都应在远景规划指导下进行，脱离远景目标的建设往往是没有生命力的。

城市轨道交通规划技术路线如图 4－3 所示。

三、主要任务与内容

城市轨道交通线网规划工序全过程大致可分为四大部分，即背景研究、线网构架研究、可实施性规划和规划接口，如图 4－4 所示。

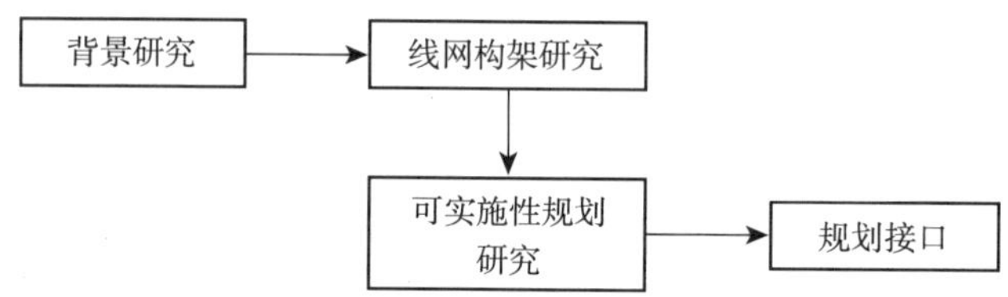

图 4－4　规划过程示意图

（一）背景研究

背景规划研究又称为基础研究，是对线网规划的前提条件、影响因素、背景环境进行研究。主要内容包括城市自然、人文、规划、政策等。通过归纳总结这些规律性的城市特征，提出指导线网规划的原则和要点，并对城市线网的模式划分、合理规模、线网评价体系进行专题研究。

（二）线网构架研究

线网构架研究是线网规划的核心部分，主要是方案构思、交通模型测试和方案评价三个工序的循环过程，其目的是推荐优化的线网方案。受多种不确定因素的影响，定性分析和定量分析都是必不可少的。在这个过程中，过分依靠定性分析容易造成主观臆断，过分依赖模型又容易受模型成熟程度和可靠性的影响造成宏观失控。整个过程是一个模糊的决策过程，是规划师和模型师的密切合作过程。

（三）可实施性规划

可实施性规划是线网可行性的保证。城市轨道交通系统专业性很强，线网是否可行受很多工程和经济条件的限制，往往一个条件不满足就影响整个系统建设的可行性，因此，必须以方案规划的形式提出具体的安排。这部分研究主要针对影响线网可行性的几个主要专项：车场设置、线路走向、线路敷设方式、主要车站分布、换乘站分布和形式、联络线分布、运营管理模式、分期建设计划等。由于规划可实施性研究是保证线网可行性的重要因素，因此这部分研究与前面方案构架研究也是一个循环过程。

（四）规划接口

规划接口主要承担线网规划与后续规划的衔接任务。线网规划在城市规划体系中处于承上启下的位置，在线网规划完成后，将马上进行以下规划项目：轨道交通近期建设规划、轨道交通线网的土地详细性控制规划、线网的沿线土地利用调整规划、快速轨道与城市交通其他方式的衔接规划。

第五节 城市慢行交通系统规划

一、基本概念

随着城市规模的扩大，机动车的快速发展，城市交通建设越来越偏重于机动车运行空间的改善，不断拓宽道路，建设大型立交设施，而原有的非机动车和行人空间不断受蚕食和隔断，导致出行环境逐步恶化，安全性和舒适性降低，慢行交通在全方式交通出行结构中的比重逐年下降，如厦门市慢行交通出行比例：1988 年为 85%，1995 年为 64%，2003 年为 50%，2009 年为 43%。

慢行交通是相对于快速交通而言的，有时可称为非机动化交通（Non－motorized Transportation）。慢行交通方式主要包括步行与非机动车，是人类最基本的交通方式，虽然慢行交通出行的速度较低，但具有低成本、灵活和无污染等优势，是一种绿色的出行方式，在出行方式选择中仍然占相当大的比重，在我国大部分城市的交通结构中，慢行交通仍占主要比重，上海为 60%，北京为 63%，深圳为 59%，广州为 56%，成都为 74%，厦门为 43%。慢行交通往往是出行起点始发及出行终点到达的必要方式，在出行中是不可取代的。同时，随着人们生活水平的不断提高，对休闲、健身等要求日益强化，慢行交通系统已经成为城市交通的主要系统，其运行的品质与环境越来越受到重视。因此，现代化的城市不但需要一个畅达的快速交通系统，也需要一个和谐的慢行交通系统。

二、规划思路与方法

由于城市规模的扩大，城市居民出行距离的加长，进行一定程度的城市交通快慢分离是一种必然的趋势，现代城市中机动化交通（包括公共交通）设施与慢行交通设施的专用化越来越明显，这其中必然造成一部分慢行或机动化交通的绕行。对机动化交通而言，只要通畅与出行速度有保证，少量绕行是完全可以接受的，而慢行交通由于受体力、安全、人的直接感受等因素的限制，其所能忍受的绕行距离受出行习惯、气候、环境等多方面因素的影响。

慢行交通网络规划是对城市的慢行交通系统设施进行规划与建设，以提高城市居民的生活品质，充分体现“以人为本”的思想，从而大力提升城市的形象。通过慢行交通设施的规划与建设，能增进各种交通方式之间的衔接与配合，提高综合交通系统的运行效率，为实现一体化的城市交通模式创造条件，并能对中心城历史文化的保护以及商业、旅游、创意产业的发展起到促进作用。

慢行交通系统规划主要为慢行活动提供的空间设施，可按慢行交通的性质划分为：

（1）交通功能：是短距离出行的主要方式，提供与其他交通方式的接驳。

（2）休闲功能：包含休闲、旅游、观光、健身以及公共活动的场所。

（3）商业功能：为商业区设施提供舒适的慢行交通环境。

从空间角度，慢行交通系统由平面设施和立体设施组成；从交通分隔角度，分为专用、混行、独立式、依附式等。

慢行交通网络系统规划技术流程如图 4－5 所示。

三、主要任务与内容

慢行交通网络规划的主要任务是在分析检查现状问题的基础上，制定慢行交通系统的发展目标与发展策略，确定系统的功能定位，构建系统模式与布局及其他系统衔接的方式，提出慢行交通设施的规划控制要求，以及近期实施策略。慢行交通网络规划的主要内容如下：

（一）慢行交通系统现状调查

对慢行交通设施的现状、慢行交通特征与需求进行系统调查与深入分析。对发展现状、路权分配、人车矛盾、设施缺陷、慢行交通特征等进行现状分析。

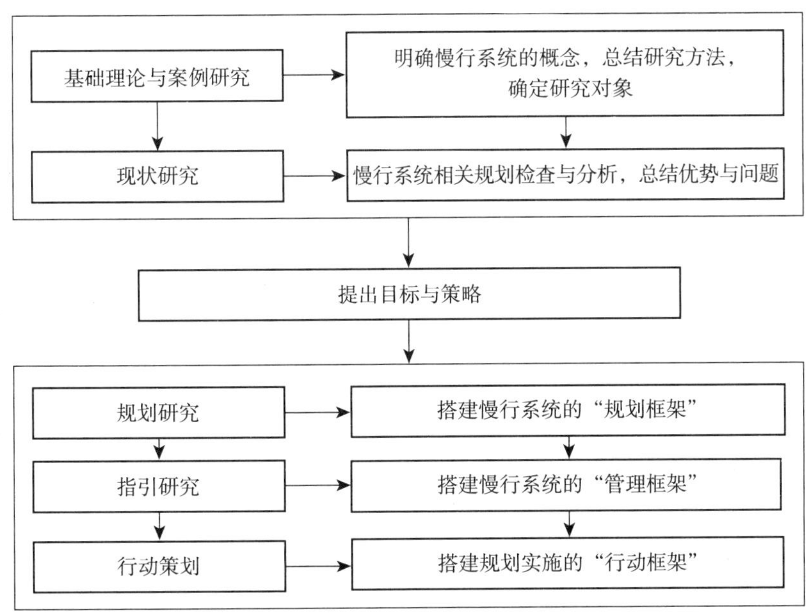

图 4 –5 慢行交通网络系统规划技术流程图

（二）相关分析与功能定位

对城市发展、土地利用、道路建设、交通需求进行分析，提出慢行交通系统在城市综合交通体系中的功能定位、发展目标与策略，主要功能有四类：一是短途交通出行方式，二是作为大运量公共交通系统的接驳方式，三是满足居民休闲的功能，四是服务于商业功能。

（三）慢行交通网络系统规划

从宏观、中观和微观等层面分析确定慢行交通系统的模式与布局，提出规划方案，并协调与其他交通系统的衔接方式。慢行交通安全是城市交通安全的“重中之重”，应从设施、路权、管理等内容，在时间、空间、平面、立体等方面着手，合理布局保障安全，并充分体现人性化，与城市风貌、景观及城市教育、创意、休闲、观光、旅游以及商业紧密结合。

（四）慢行交通系统管理框架

为使规划便于操作，应搭建慢行系统的“管理框架”，提出慢行交通设施的规划控制要求，以及各典型案例的建设模式。

（五）慢行交通系统行动框架

提出近期发展建议与相关的保障措施。

第六节 规划案例

一、厦门市城市骨干路网规划[①]

（一）规划背景

2004年厦门市依托现状厦门大桥、海沧大桥跨海通道，城市干道网络总体呈现以厦门岛为中心的放射式布局形态。厦门岛道路系统基本构架已形成，尤其是建成区的干道系统基本形成网络化布局，但东部区域干道还有待于进一步完善，而岛外地区则呈现依托放射联系通道或国、省道的枝状布局，总体上体现了干道系统滞后城市扩展建设过程中用地开发的现实状况（图4－6）。

图4－6 厦门城市道路系统现状图

① 厦门市城市规划设计研究院．厦门干道网整合规划［R］．厦门：厦门市规划局，2005。

（二）定位

厦门市正处于跨越式发展的阶段，目标是建设“海湾型”城市，依据远景城市用地发展规划，厦门市要建立多中心的组团式城市，要实现这一目标，需要跨组团联系的骨干道路网系统的支撑。构筑干道网络系统布局规划的重点在于尽快构筑市域的快速路网络系统，完善本岛主干道系统，加快岛外主干路网的建设。

（三）规划思路和目标

厦门道路网体系要适应城市用地规划、公共交通优先、适度的汽车化水平、高效化交通组织等要求。应继续坚持重视道路设施建设，以适应不断增长的交通需求，支撑经济的发展。

(1) 完善本岛主干道系统，促进形成本岛主干道路网络的形成，避免城市交通过度集中于几条干道，以缓解中心区城市交通的拥堵。

(2) 加强岛外地区主干道系统的规划，促进各片区之间的联系，促进居住区、商业区、文体中心、各产业区、物流园区的联系。

(3) 加强城市客运交通枢纽（机场、火车站、汽车站、轨道交通换乘枢纽等）与城市快速路和重要主干道的衔接，发挥干道网络系统疏解城市交通的作用。

（四）规划方案

远景依据城市总体规划，厦门市将形成“一主四辅八片”的城市空间格局，城市骨干路网的规划建设应与城市的空间布局相协调，主要做好快速路系统和主干道系统的规划建设。骨干道路网络系统的布局规划重点在于尽快构筑市域的快速路系统，适时完善本岛主干道系统，加快岛外主干路网的建设。

(1) 根据厦门城市特点和发展需要构筑城市快速路系统，为有效快速疏解过境交通、对外交通和片区间长距离机动车出行，为促进岛外新区的建设和开发，增强本岛中心区的辐射力，构筑“一环三放射”的快速道路系统（图4－7、图4－8）。

作为大运量的交通系统，城市快速路会在很大程度上提高地区的交通供给水平，由此刺激交通需求的增长，服务地区呈现人口增加、土地开发强度增大的状况。往往是快速交通系统延伸到哪里，就带动片区的快速拓展。因此，无论国内外的旧区改造或新区发展项目，往往需要修建快速路或快速轨道交通进行支持，这已经成为实现城市规划发展意图的一种有效手段。

(2) 加强全市干道网络系统（图4－9），完善本岛干道网，适时建设岛外主干道网络。为适应未来适度的汽车化水平、交通流组织和公交线网布设的要求以及用地调

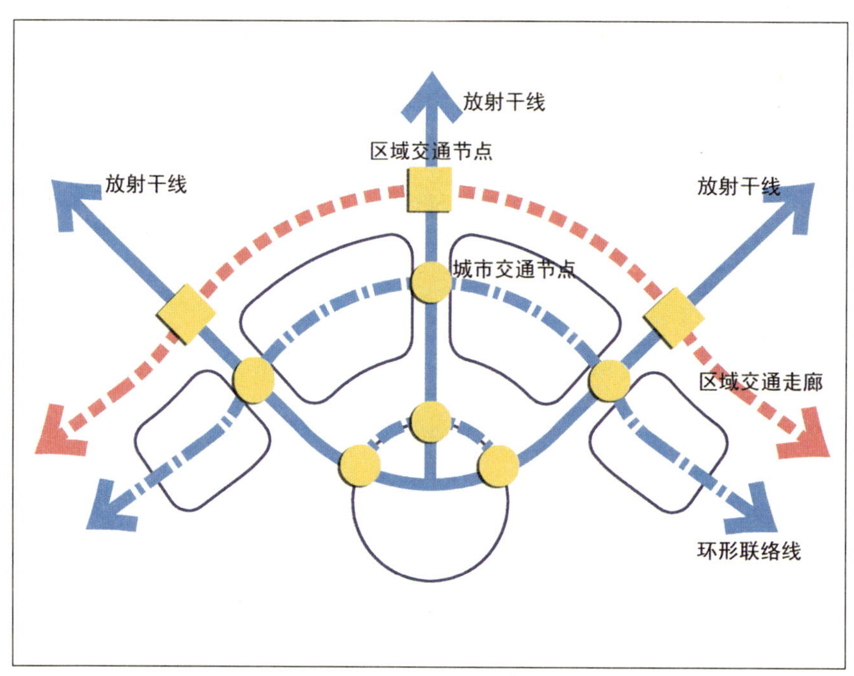

图 4 -7　快速道路整体交通组织示意

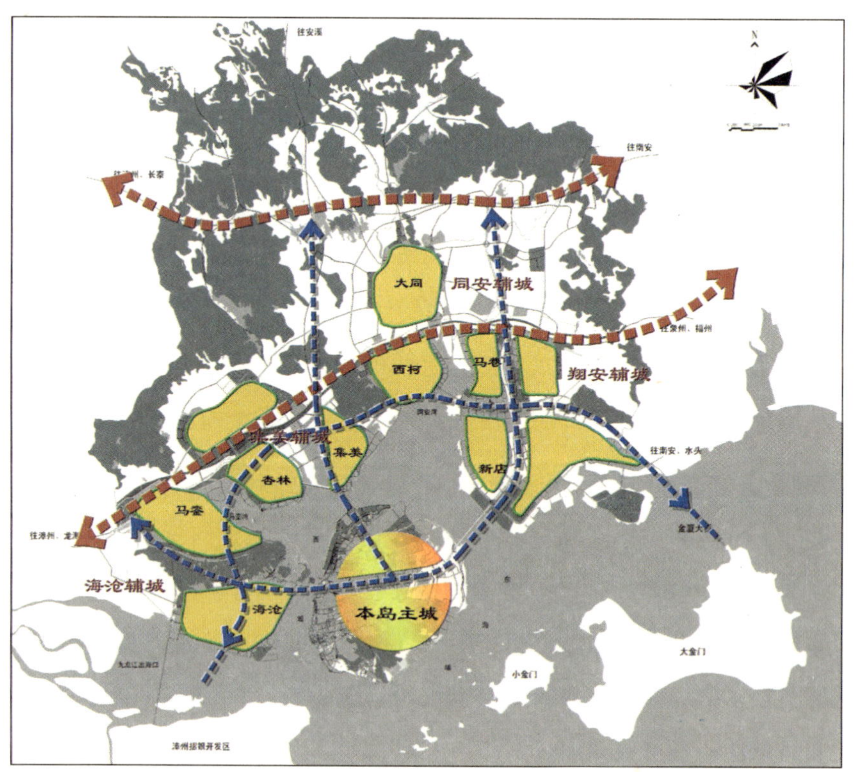

图 4 -8　快速道路网布局形态

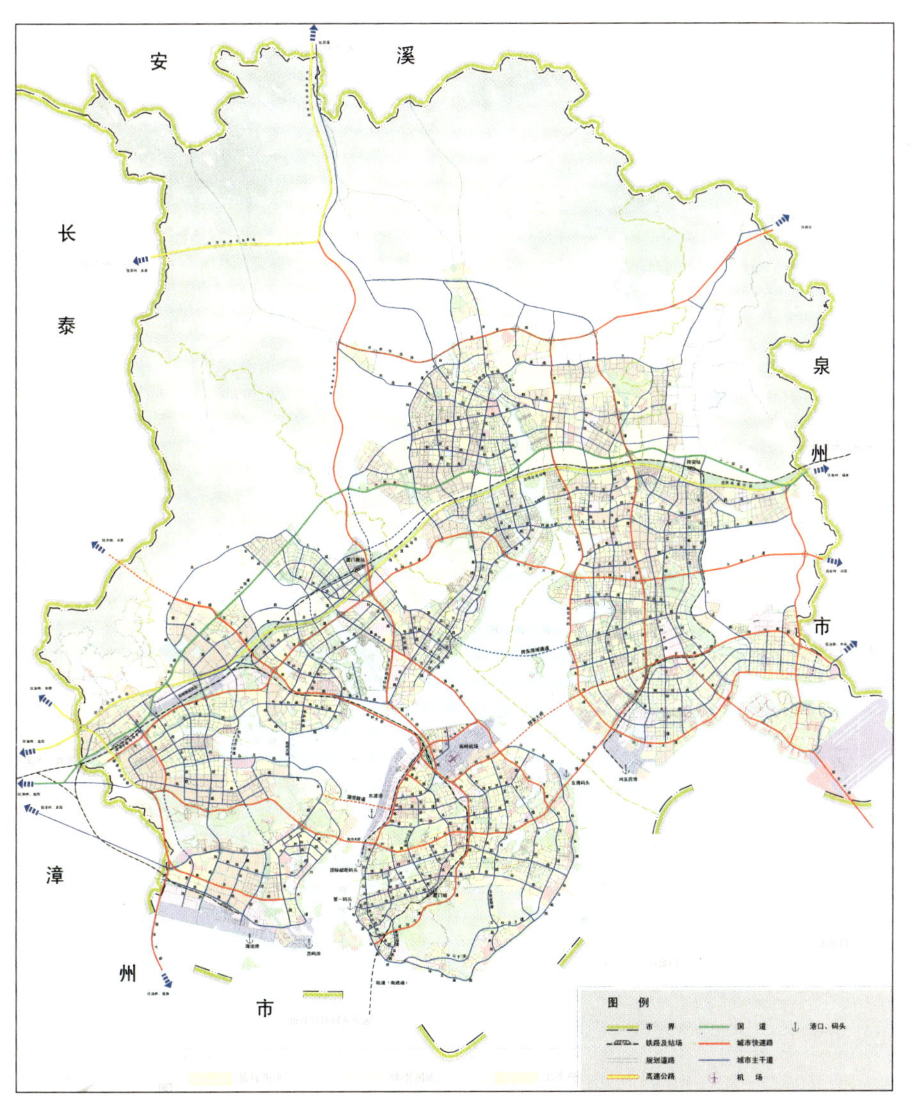

图 4－9　厦门城市干线路网系统规划图

整开发的需要，须对既有规划的干道网规划作必要的调整和完善。主次干道至少要分别满足六车道和四车道的要求，必须预留港湾式公交车停靠站，提供公交优先通行条件。新增主次干道主要区域包括：本岛东部片区、新店片区、西柯片区和马銮片区。

（五）规划创新点

厦门市干道网络系统规划的特点是结合厦门的城市空间布局，主要的特色体现在以下几点：

（1）根据城市空间布局形态，构筑主城与四个辅城之间的快捷联系通道，缩短岛内外的时间距离，凸现本岛的中心功能，促进城市副中心、辅城中心的形成。

（2）加强辅城之间的快捷联系，促进岛外区域的发展；促进产业区与居住、城市商业中心的联系。

(3) 与高速公路（沈海线和沈海复线）、城市重要对外交通枢纽（厦门新站、港区等）形成快速衔接。

以快速道路为骨架，构筑主城机动车交通走廊。截流并快速疏解主城过境交通；适应机动化和城市周边开发、用地调整和功能疏散，快速疏解片区间长距离机动车交通；有效疏解中心区穿越性交通，保护主城中心、副中心区健康有序发展；快速疏解主城对外交通，推动都市圈城市镇发展，加强区域联系，增强厦门中心城市功能地位。

二、厦门市快速公交系统（BRT）规划①

（一）规划背景

近年来，在厦门市政府大力扶持下，公交运营市场逐步实现多元化，有力地推动了公交的发展。但日益提高的居民生活水平和日益增长的城市交通需求，以及机动车辆的迅猛增长导致交通日益拥挤，公共交通的运行环境日趋恶化，厦门市公交发展亦面临着严峻的挑战。厦门市实施新一轮跨越式发展，海岛型城市向海湾型城市的转变，对公交发展策略提出了新的要求。

随着城市的拓展，客流走廊已经由旧城区转移至新城商业中心区，2006 年厦门市主要走廊高峰小时的客流量达 6000 ~ 7000 人次，走廊内由于线路重复严重，公交列车化现象严重，公交候车亭也十分拥挤，超出常规公共交通设施的服务能力。相对于机动车的快速增长，公交发展已经滞后，公交系统以常规地面公共汽车为主，受到交通拥挤的严重影响，高峰期运行速度下降至 16km/h。厦门公交运输的增长速度放缓，线路重复严重，场站设施不足，进出岛运力效率低下，运输服务结构单一，无法应对海湾型城市拓展的大运量、长距离出行需求，急需调整运输网络结构，建立大运量快速的公交系统。

当前厦门正处在城市快速扩张的启动时期，进入新一轮跨越式发展期，由“海岛型”中等城市向岛外快速拓展，初步形成“海湾型”大城市的格局。政府已经意识到，在快速机动化和城市郊区化背景下，城市用地的开发模式必须尽快转型。不能走先用地蔓延，再被动配套交通的传统发展模式，而应该形成公共交通为导向型的发展模式（TOD），必须先建设大运量快速公交系统，再沿着走廊布

① 厦门市城市规划设计研究院．厦门市快速公交系统规划［R］．厦门：厦门市发展与改革委员会，2008。

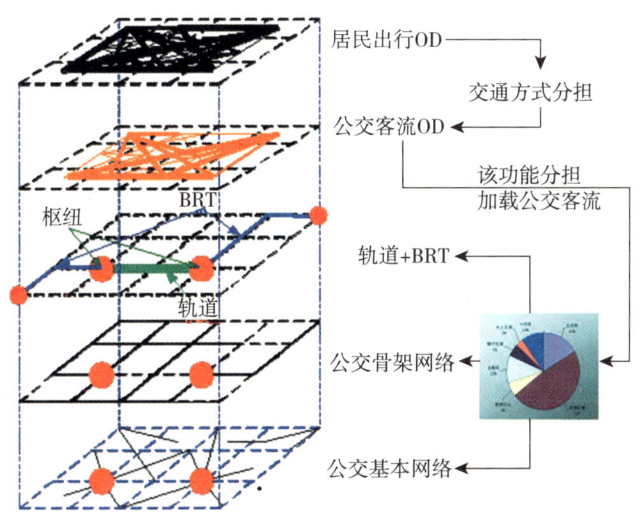

图 4－10 BRT 系统在公交网络中的定位

置高密度的居住、商业和其他就业用地，从而使城市依托公共交通线路有机地集约式拓展。

（二）定位

厦门快速公交应作为城市公交主骨架网络的重要构成部分，覆盖岛内的主要公交走廊，衔接岛内外主要枢纽，并连通岛外组团间的主要通道，与未来的轨道交通网络相衔接、补充，并发挥为其培育客流的作用。快速公交在城市公交网络中的定位如图 4－10 所示。

灵活性是 BRT 较轨道交通最为突出的优势，不同城市或城市的不同区域及不同道路都可以选择形式不同的建设模式，因此在布设 BRT 网络之前要先明确 BRT 系统的发展模式。厦门市在近期可以先建设几条 BRT 线路担当城市公交网络的主体，而在中远期多元化的公共交通系统中，厦门市 BRT 网络既可以与轨道交通配合使用，共同构建骨干客运系统，又可作为轨道交通的过渡方式。当轨道线路在近期不能实施时，完全可以通过先行 BRT 的实施解决交通问题，并培养客流，当客流达到一定水平且在建设费用容许的条件下再升级为轨道交通。BRT 也可以作为轨道交通的延伸，在客流相对较少的轨道交通延伸线上采用。

（三）思路

从当前厦门城市所处的发展阶段来看，经济快速增长将导致机动车如潮水般涌入家庭，过度机动化将带来交通拥堵、事故频发、环境污染、土地紧张和能源危机等问题，并且将导致城市的无序蔓延，而优先发展公共交通可以达到改善城市交通、增强城市功能、优化城市环境和引导城市可持续发展的多重目的。因此，必须在小汽车涌入家庭导致全面交通拥挤之前，坚持公交优先的发展战略，加快建设快速公交系统，迅速提高公共交通的竞争力，形成公共交通导向型的城市发展模式，保障城市交通的可持续与和谐发展。

优先发展公共交通运输是厦门海湾型城市交通发展的核心目标，逐步建立起以骨干客运系统为主体，功能层次分明、线网布局合理、换乘衔接方便、多方式协调利用的综合客运交通体系，骨干客运交通系统主要由轨道交通和 BRT 共同承担。

厦门 BRT 建设采取升级的策略，近期在规划轨道线路上先行建设 BRT 网络系统，形成以 BRT 为走廊，常规公交为基础的公交网络，满足城市拓展的客流需求，并为升级轨道交通培育客流。远期随着城市规模扩张、客流增大和经济增强，在客运主要走廊上 BRT 逐步升级为轨道交通，形成以轨道交通和 BRT 为骨干，常规公交为主体的公交网络，BRT 将作为次要走廊的公交系统，作为轨道补充和延伸与快速轨道系统衔接。

（四）方案

1. 线网功能布局

BRT 线网作为城市轨道交通、BRT 和常规公交三大公交线网之一，其网络布局主要由城市客运走廊来决定。而城市客运走廊反映了城市主要客流集散点和城市发展重点地区的分布与格局，是引导城市公共交通发展的重要依据，最终决定 BRT 线网的社会效益和经济效益。因此，准确把握公交客运走廊的发展对建立高效城市公交系统具有重要意义。

城市客运交通走廊主要通过城市现状及未来的人口和就业分布状况，以及城市未来主导发展方向的延伸来确定。结合城市交通发展战略、道路网结构、合理的交通结构、交通枢纽布局、公交网络等进行 BRT 线网构架规划。

2. 线网构架

根据 BRT 系统的服务需求，厦门市 BRT 线网构架应由不同功能的线路组成，规划 BRT 线网主要由“骨干辐射” +“区内支线” +“辅助联络” +“站点连接”的模式构成。

（1）骨干放射线：主要依托集美大桥、杏林大桥、海沧大桥和翔安隧道形成 4 条放射线，四条线由城市中心区延伸至岛外各分区。

（2）区间支线：分为岛内和岛外区间线，经过各分区之间以及内部的客流走廊，串接各放射线，通过放射线上的换乘枢纽，便捷地换乘进入城市中心区。

（3）辅助联络线：充分发挥 BRT 系统灵活的特性，实现多线路、高密度行车组织，设置部分联络线连接两独立运营线，实现线路串联，可有效提升系统服务功能。

（4）站点连接线：为连接 BRT 站点与周边居住小区之间的短途公交线路，为 BRT 输送客流，拓展 BRT 的服务范围，实现“门到门”的运输服务，提高公交竞争力。

3. 线网规划

线网结构：“四射 + 八联”为主的构架（图 4 – 11）。“四射”放射线为本岛向岛外的 4 条指状放射线，对应于市域客流走廊；“八联”区间线为本岛 2 条，环东海 3 条，环西海域 1 条，环海湾 1 条和片区间联系 1 条，对应于组团间联系走廊。

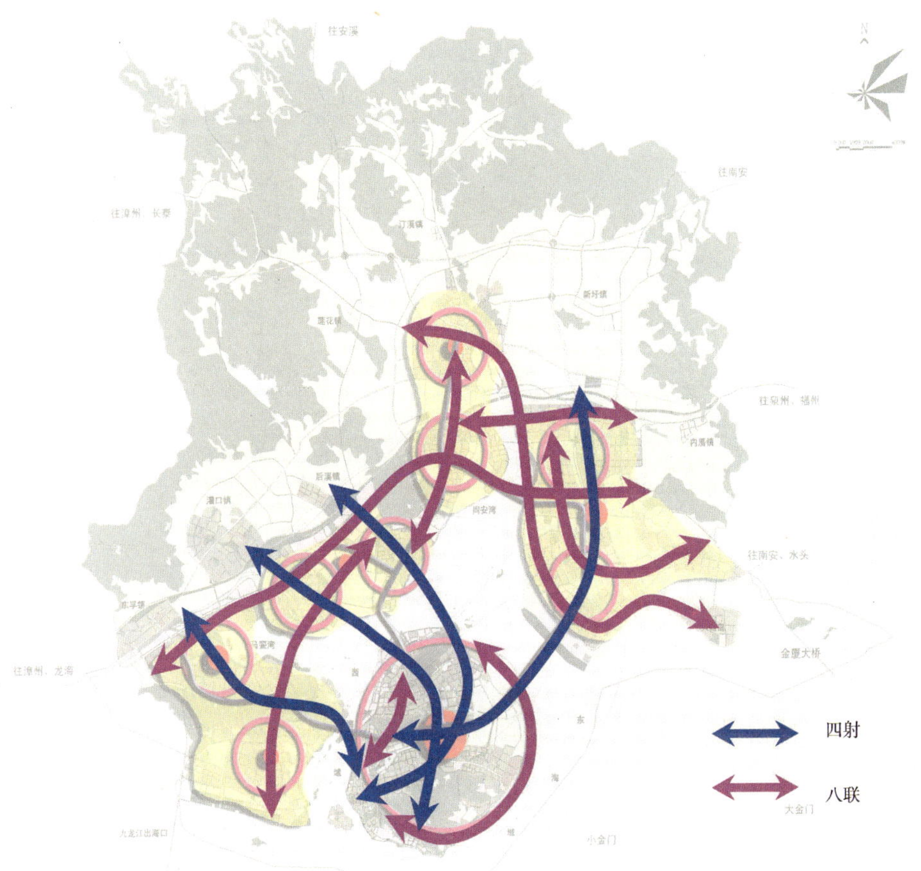

图 4 – 11 “四射 + 八联”线网结构图

BRT 线网由 12 条主要线路组成，线路总长为 369.8km（含支线和联络线），规划站点 243 个（图 4－12）。BRT 线网密度为 1.0km/km^2。线网总体上形成 1、4、5 和 6 号线为本岛向岛外的放射线，3 和 9 号线为岛内区间线，2、7、8、10、11 和 12 号线为岛外区间线。

4. 站场设施规划

本规划场站设施分为 BRT 车站和 BRT 车场（图 4－13）。车站是以乘客服务为主要功能的场站，主要包括综合换乘枢纽、换乘中心和一般站。车场是以车辆运营、保修、调度为主要服务功能的场站，主要包括“P&R”换乘中心、车辆停保场和控制中心（综合办公等功能）等。

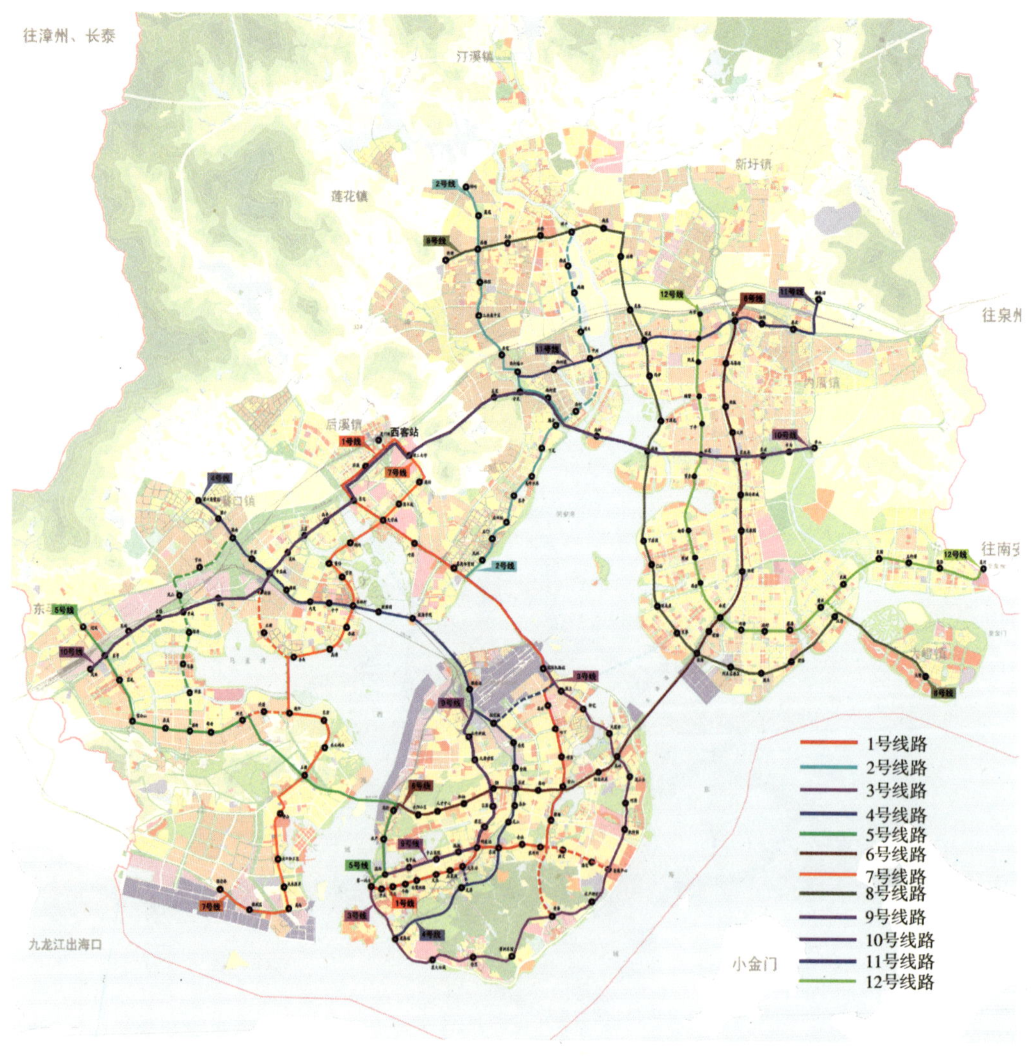

图 4－12　厦门市 BRT 线网规划图

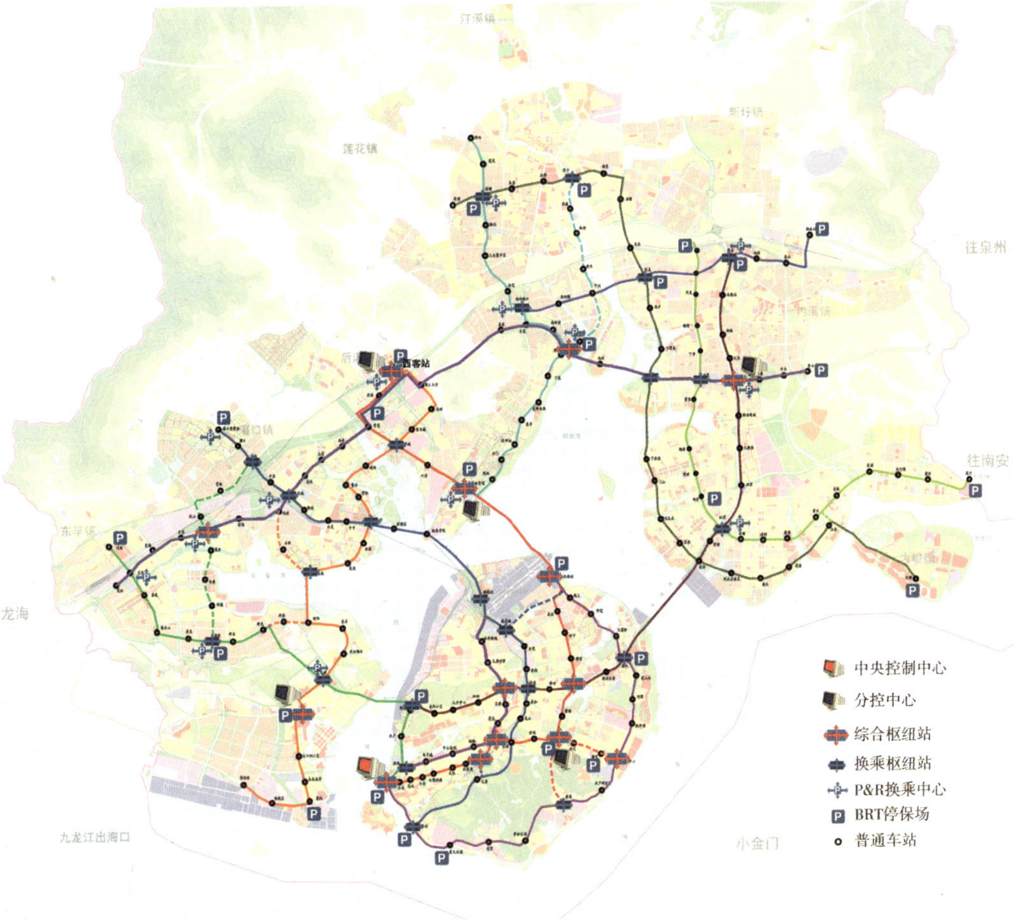

图 4－13 BRT 场站设施规划图

5. BRT 路权模式

BRT 路权模式一般有两种主要模式：一种为独立路权模式（图 4－14），另一种为专用路权模式。专用路权模式有三种布置形式：①设置在道路中央（图 4－15）；②设置在道路两侧（图 4－16）；③设置在道路一侧（图 4－17）。

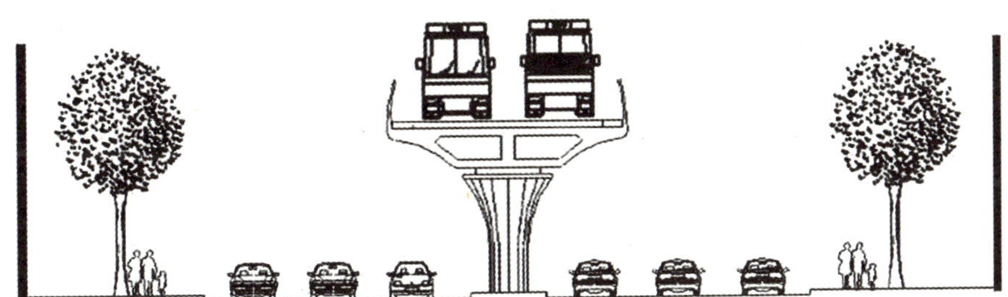

图 4－14 独立路权模式的高架 BRT 系统

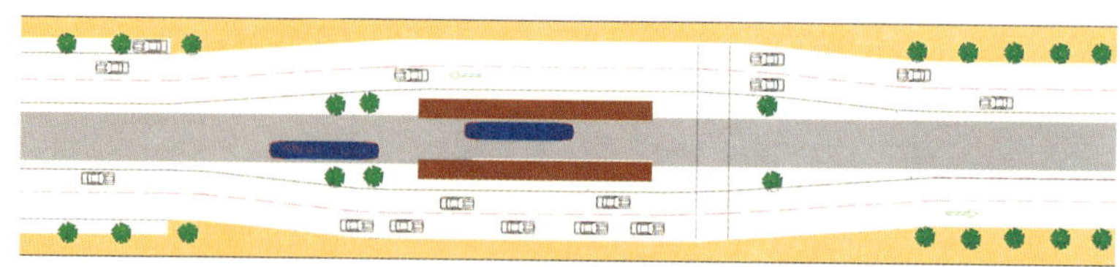

图 4－15　道路中央式专用车道

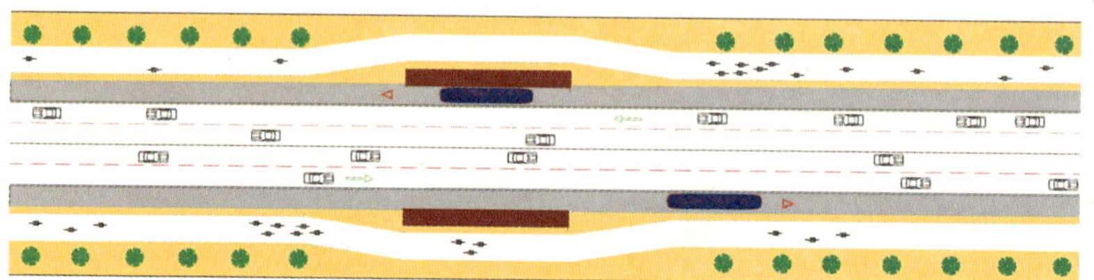

图 4－16　道路外侧式专用车道

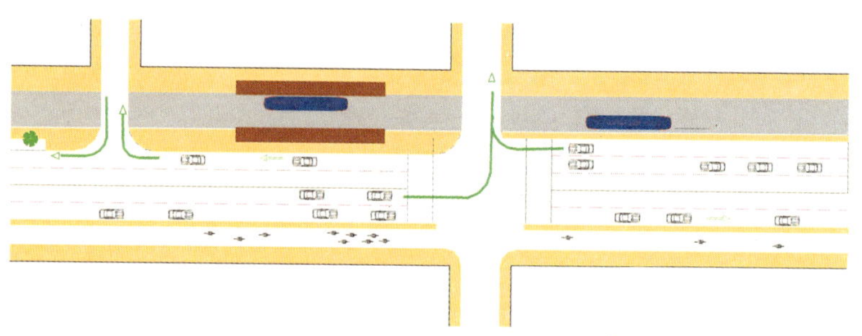

图 4－17　道路一侧式专用车道

从公交大系统的包容性、开放性、便捷性、经济性等方面综合考虑，未来厦门的 BRT 系统以独立路权和专用路权为主，优先路权模式为辅，既有独立路权模式，也有专用路权模式，既有封闭式车道，也有专用道、优先道甚至混行道，既有多辆编组运行，也有单辆运行，主要在 BRT 走廊上运行，也可在普通线路上运行。但车辆、站台、售票、信号、维护等方面必须统一，是一个完整系统。

6. 近期建设线路方案

快速公交系统近期建设策略：在市级客流走廊先行建设快速公交网络，关键线路为将来升级成轨道系统培育客流和预留建设条件。快速公交近期线网由 6 条线路构成，总长度约 150km（图 4－18）。快速公交近期线网按交通需求由岛内向岛外延伸，形成覆盖本岛和集美、杏林、海沧三个发展轴向的放射线骨架线网，实现海湾辅城与本岛中心城区方便、快捷、高效的快速公交系统（BRT）联系，引导城市实现城市近期的空间发展战略；同时缓解本岛中心区交通拥挤，改善城市道路供需矛盾。

图4－18　厦门近期BRT线网规划图

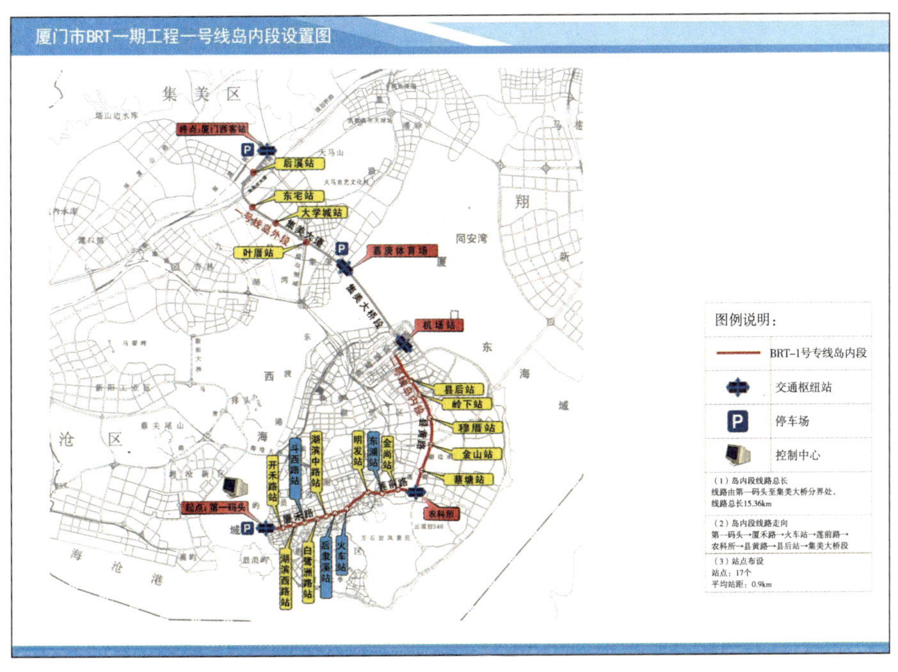

图4－19　厦门BRT 1号线建设规划图

7. BRT 1号线建设规划

BRT 1号线由本岛的轮渡往集美火车新站，线路总长32.6km，成为厦门城市的南北发展主轴（图4－19、图4－20）。线路与规划的轨道交通1号线线位重合，作为轨道1号线的过渡形式，为轨道培育客流，并有效缓解现状交通压力。沿线道路均为城市主干路，红线宽度约44m，双向六车道。线路经过城市密集区，道路交叉口众多。受到土地紧张、建筑密集、交通复杂和道路红线等因素制约，采用高架独立的专用路权，可以保障BRT快速、准时和安全运行，减少对社会车辆的影响，有效地避免信号灯、非机动车、行人等的干扰，实现高速运行，缩短出岛及整体运行时间。

8. BRT站点连接线规划

规划结合BRT站点设置了20条连接线（图4－21），主要功能是为BRT喂给客流，于快速公交站点之间运送周边乘客来回，并提供短途出行服务。BRT连接线的线路长度控制在3km左右，发车频率较高，票价仅为一般公共交通的1/4，大大增

图4－20　厦门BRT 1号线照片

图 4－21 BRT 站点连接线规划

强了 BRT 的客流吸引力，有效扩大了 BRT 的客流覆盖范围，实现公交的“门到门”服务。

（五）创新点

1. “规划导向型”的整合式规划模式

应对快速化建设要求，改变了以往的“工程导向型”设计方式，引入“规划导向型”设计流程，在建设前期重视规划研究工作，开展了 BRT 各层面的规划，规划与工程设计实现了良好的互动和相互整合，避免规划与设计相脱节的矛盾，确保了规划理念在工程上的体现。

2. 以“SOD”与“TOD”模式实现与用地良性互动

线网建设强调满足交通需求（SOD）和引导城市发展（TOD）的功能并重。线路直接进入城市中心区，缓解交通压力，同时带动近期重点开发片区，依托 BRT 站点调整周边土地利用，进行综合性、高强度开发，实现交通与用地的良性互动，引导围绕站点形成“珠链式”发展模式。

3. 以“网络化”建设实现“门到门”服务

结合厦门城市发展与客流分布形态，创新性地提出了“骨干辐射”+“区内支线”+“辅助联络”+“站点连接”组合的网络结构模式，实现“门到门”的服务，拓展了BRT的服务范围。

4. 以“立体型、一体化”构建“和谐”综合交通体系

突破了传统地面车道的单一形式，创新性地提出了高架专用路、隧道、桥梁和地面车道等多形式、立体化的建设模式，协调了公共交通与小汽车、非机动车和步行等个体交通的一体化衔接，有效解决了中心区建设BRT的难题。BRT线网串联了火车站、国际航空港和客运码头对外交通枢纽，推动内外交通一体化建设，以各级换乘枢纽统筹城乡一体化发展。

5. 以“预留轻轨”的升级模式满足长远发展

提出在主要走廊上近期建设BRT，远期预留升级为轨道交通的策略。初期建设快速公交系统可以降低投资门槛，在较小的财务风险的前提下，提前实现交通供给，提高公共交通的竞争力，优化城市交通结构，缓解交通拥挤，并引导城市朝公共交通导向型发展转型。结合客流需求，做好轨道线路与设施的预留，满足长远发展。

三、厦门市轨道交通规划①

（一）规划背景

对比分析国内多数城市现状交通特征，厦门城市道路交通设施水平和交通运行状况基本处于良好状态。随着厦门城市向岛外地区扩展和海湾型城市的构建，城市交通发展呈现如下趋势特征：

（1）交通需求持续增长。在城市规模扩大和机动化快速增长情况下，城市交通需求持续增加，交通供需矛盾加剧。

（2）跨海通道是城市扩展和交通组织的“瓶颈”。一定时期内岛外地区的开发建设仍将依托厦门本岛的辐射与服务，随着岛外人口及用地规模的增加，跨海交通联系更加频繁。

（3）优先发展和发挥公共交通的运输骨干作用。2003年厦门公共交通承担的客运比例为27.5%，厦门公共交通发展在全国虽然处于领先水平，但仍表现出公交线网结

① 边经卫．大城市空间发展与轨道交通［M］．北京：中国建筑工业出版社，2006。

构不合理，出入岛线路运输效率低下，主要走廊线路过于集中，运输服务层次单一，公交设施有待强化等诸多不协调的矛盾。随着公交出行需求增加，着力推进公交优先措施的落实，以快速公交运输（BRT）整合公交网络结构，组织不同层次的运输服务与衔接，适时建设轨道交通运输系统，以继续保持和不断完善厦门公交发展的良性环境。

（4）以岛外地区配套建设的完善调节跨海交通出行需求。现状岛外地区呈现明显的“产业开发带动”的阶段特征，片区内和片区间的道路交通系统尚未建立，更需从配合城市扩展和协调用地布局等方面进行交通系统的组织建设。同时通过不断提高岛外地区城市服务功能的配套完善程度，实现“平衡交通”和减缓跨海交通出行的压力，以骨干客运走廊和枢纽布局组织岛内外客流联系的换乘与集散。

（5）应对机动车的快速增长。机动车已呈现出快速增长的趋势，私人小汽车的拥有和使用将在城市交通需求、道路交通设施供应、城市环境质量保持、土地资源利用等众多方面产生巨大影响，特别是要从建设厦门风景旅游城市和“海上花园”的战略目标出发，分析机动化趋势对城市的影响和城市的适应程度，逐步建立起一系列应对策略及调控措施。

（6）区域协调发展与一体化交通组织。随着厦门、漳州、泉州区域协调发展的推进，城际交通联系将更加频繁，借助厦门完善的对外交通设施增强对外交通中心枢纽的地位，以提高中心城市的辐射及竞争能力。以一体化发展的思想，合理组织城市对外交通体系，从城市、区域不同的层面研究重大的交通基础设施的布局与功能优化，以此带动城市及区域的共同增长。

（二）建设的必要性

厦门海湾型城市发展的长远目标促成了厦门由“海岛型”向“海湾型”城市的战略转移，城市形态、城市规模、布局结构也将是一个“巨变”的过程，发展公共交通运输和建设轨道交通系统将是支持与保障城市规划目标实现的重要手段。加快厦门轨道交通线路的实施，对实现厦门海湾型城市建设蓝图具有重要的现实意义和长远的战略意义。

（1）支持厦门海湾型城市规划与建设。厦门作为依托“海岛”发展和成长起来的城市，在“跨出本岛，走向海湾”的趋势下，更需城市交通系统的扩张与支持，以轨道交通为骨干的运输系统组织，可有效加强城市功能的聚集与完善，引导城市开发，促成客运系统整合和土地利用优化，实现城市布局与交通运输的协调发展。特别是在推进交通运输系统与城市协调发展的导向策略中，轨道交通系统的规划建设将有力支持城市规划目标的实现。

（2）利于建立协调的公共交通运输体系。城市布局由“海岛型”向“海湾型”转移，城市规模由百万人口的大城市发展成为300万人以上的超大型城市，城市交通运输发展的关键策略在于构建整体协调的综合交通运输体系，优先发展和发挥公共交通运输系统的骨干作用；厦门分散组团式布局和主副中心结构呈现强烈的放射式交通需求联系，组织放射交通走廊的快速轨道交通运输是保障岛内外及组团间交通联系的积极手段；通道是厦门海湾型城市扩展的“门槛”，更是交通系统组织的“瓶颈”，提高跨海通道及组团联系通道运输效率是支持海湾型城市发展的根本。快速轨道交通在城市关键通道上的布局，将为海湾型城市组团间出行提供更加快速、便捷和高效的交通联系，以轨道交通提高城市关键通道的运输效率。

（3）促成对外客运交通体系整合。在厦泉漳区域范围内，厦门对外交通系统相对完善，中心城市地位明显，城市对外客运系统不但承担了城市自身的对外联系，同时航空、铁路等还担负着闽东南地区对外交通联系的部分功能。随着厦门“海湾型”城市目标推进和对外客运交通功能完善，对外客运联系需求和枢纽布局模式将随之发生根本性改变。在城市布局功能调整下，对外客运枢纽布局向岛外优化调整已成为必然趋势，通过轨道交通系统的建设和与对外客运枢纽的衔接，将为客流集散奠定基础。快速轨道交通连接对外客运枢纽及城市主要功能区，并以一体化的客运系统组织向东西两翼城市群辐射，促进厦、泉、漳区域城市一体化的发展进程。

（4）超前控制轨道交通设施用地，引导城市合理发展。依据轨道交通线网组织和轨道交通设施布局，在城市开发建设中超前控制轨道交通系统走廊、换乘枢纽及车站用地布局，为未来轨道交通系统的实施创造条件。同时，优先轨道交通沿线城市用地的集中开发，控制和提高轨道交通车站及枢纽周围的土地利用，形成高效率的集散服务，以促进区域协调发展和城市用地布局的优化调整。

（5）利于提高城市环境质量，彰显风景旅游城市特色。面对快速机动化的发展趋势，优先发展公共交通运输，特别是建设大运量快速轨道交通骨干运输系统，将极大提高城市公共交通系统的吸引力，形成与其他交通出行方式的竞争优势，从而减少对小汽车的使用。高效率的轨道交通运输系统与海湾型城市用地布局相协调，支持高强度土地利用，减缓道路交通设施的供需矛盾，服务风景旅游城市职能，建立以人为本的绿色交通体系，突出绿色、环保的发展目标。

（三）轨道交通规划功能定位

1. 区域轨道交通发展功能定位

1）区域轨道交通发展功能定位（图4－22）

（1）区域快速轨道交通是远景厦泉漳区域客运发展的主要方向，在区域客流联系中发挥主轴型运输骨干作用，满足都市圈内外大量、快速、准时的出行需求。

（2）依托区域快速轨道交通，促进区域发展一体化和厦门海湾型城市完善，引导区域性功能中心形成，提升厦门区域中心城市的地位和职能。

（3）依托区域快速轨道交通，促成区域重大基础设施资源的合理配置，有效发挥厦门高崎机场面向区域的服务功能。

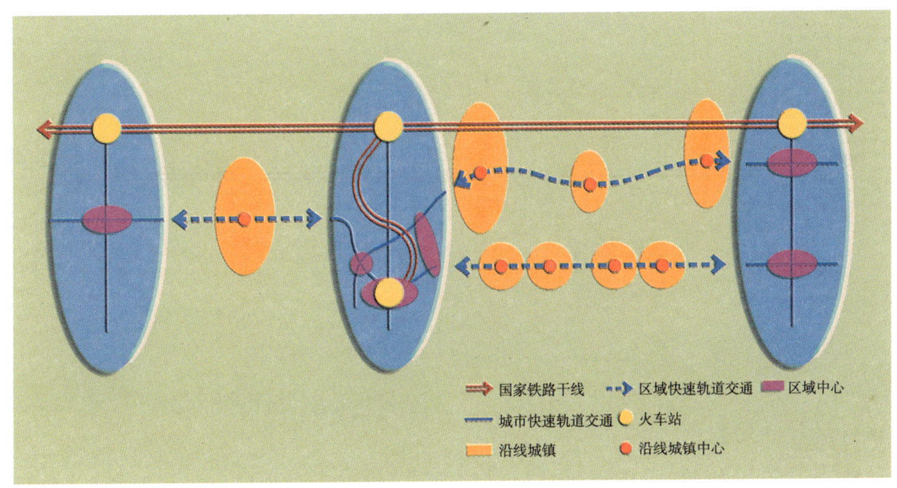

图4－22　区域快速轨道交通发展定位图

2）区域轨道交通发展思路（图4－23）

（1）结合区域一体化发展的不同阶段，针对不同的客流联系特征，协调国家铁路、高速公路、水运与区域快速轨道交通发展的关系，利用国家铁路大力开展城际列车运输服务，适时推进区域轨道交通建设，构建合理的区域客运交通发展模式。

（2）结合城市总体规划，面向区域，合理布局大型区域客运换乘枢纽（如在马銮、翔安等），整合与优化城市土地利用，建立区域快速轨道交通与城市快速轨道交通的有效衔接；发挥机场、火车站等对外客运枢纽作用，方便对外交通与城市交通的换乘与集散。

（3）构建区域重要功能中心间快速轨道交通的直达服务，形成厦泉漳一体化可达性较高的通勤圈。

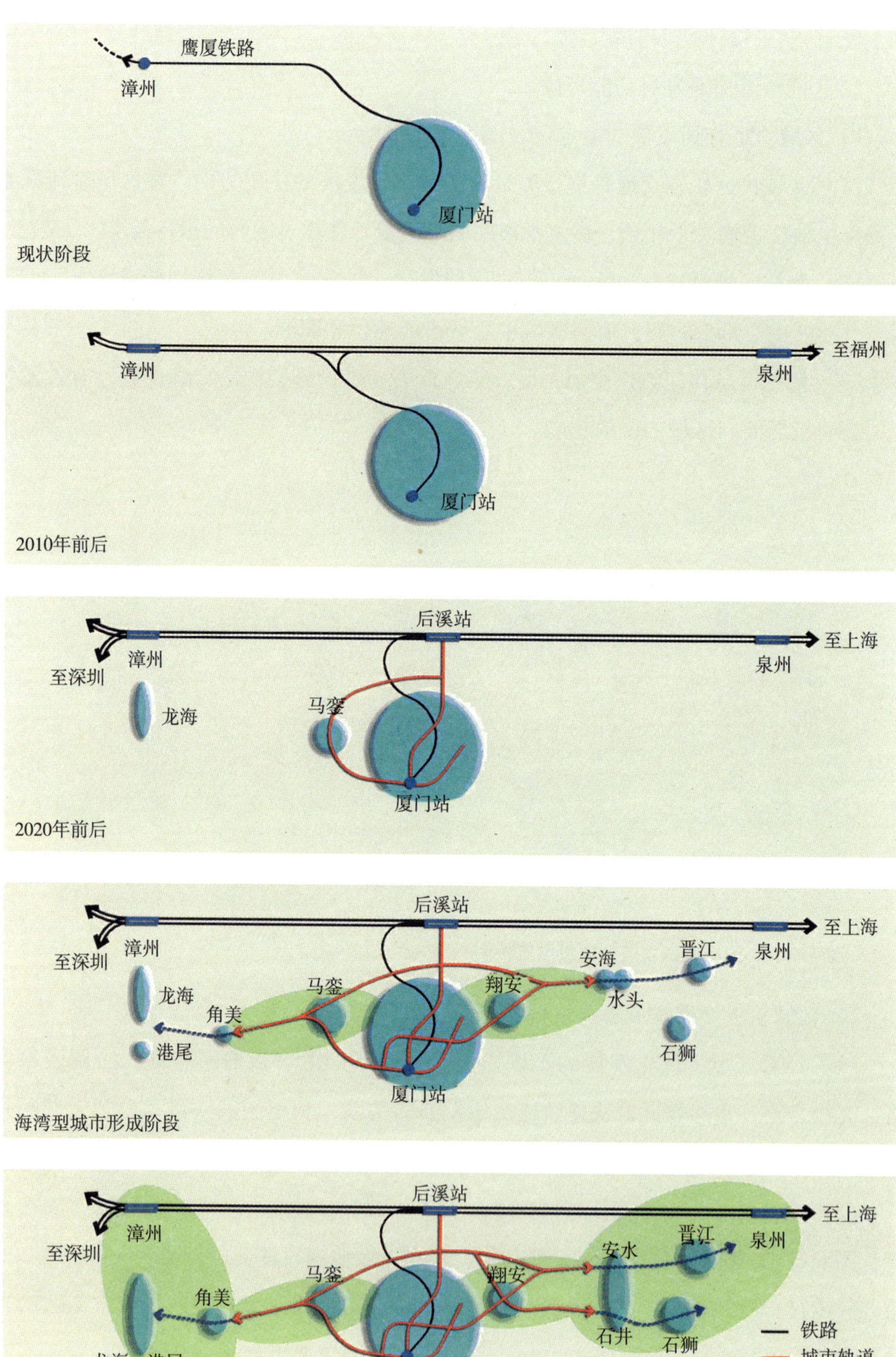

图4－23　区域轨道交通系统发展进程示意图

2. 城市轨道交通发展功能定位

1）城市轨道交通发展功能定位

（1）以轨道交通为基础，引导城市向岛外有机扩张，实现海湾型城市规划布局。

（2）实现与城市重点地区开发相协调，轨道交通有机引导的土地利用优化与整合（TOD 开发模式），促进集约化土地的利用效率，提高城市重点开发地区的聚集力和活力。

（3）以轨道交通为基础，构建以枢纽为核心的一体化城市综合交通体系。

（4）轨道交通作为城市客运交通发展的主要方向，在未来厦门城市客运交通系统中发挥走廊交通的骨干作用，形成主辅城间、片区间联系的快速交通运输方式；

（5）适应公共交通发展多样性需求和市民出行距离增长，保障城市交通可持续发展及合理交通模式构建。

（6）轨道交通有效发挥对城市道路交通的调节作用，平衡交通供需，利于合理有效的交通需求管理措施实施，构筑方便舒适的交通环境。

2）城市轨道交通发展思路

（1）轨道交通配置于城市发展轴上（图 4－24），体现城市发展的主要结构。

（2）贯彻公交优先政策，实施公共交通逐步升级发展策略，保持公交枢纽、客运走廊建设的连续性，有效控制轨道交通发展所需用地。

（3）优先建设城市主要发展方向上的轨道线路，促进城市向岛外扩张。

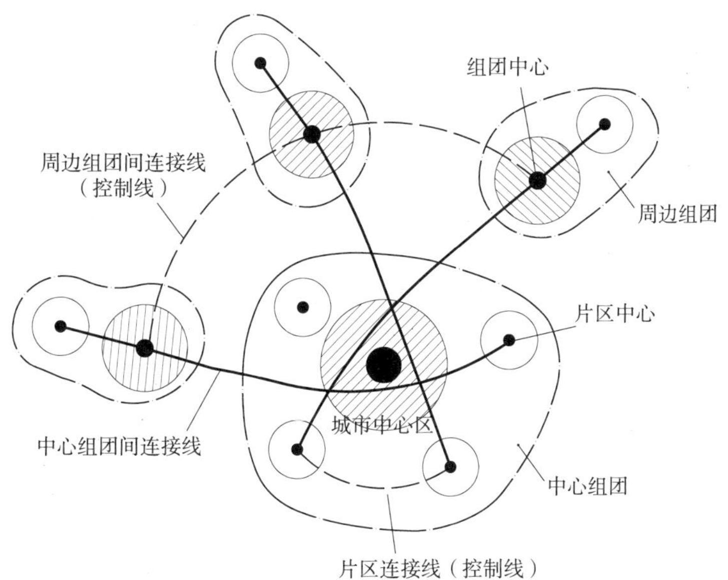

图 4－24 城市轨道交通线网模式

（4）与用地布局紧密结合，合理布局轨道枢纽，建设与城市开发有互动作用的轨道交通线网，形成土地利用优化与轨道发展相协调的模式。

（5）以轨道交通为枢纽，公共汽车、出租车、长途车等有机结合，构筑多方式协调发展运输模式，整体提高交通运输效率，实现交通发展一体化。

（四）轨道交通规划方案

1. 区域快速轨道系统规划方案

基于对对区域发展一体化的支撑，与城市发展的协调性，便于和城市轨道的衔接及区域枢纽布局的合理性，与国家铁路功能发挥的协调，实施难易性及工程量，系统发展的连贯性等六个方面的分析，从促进区域发展一体化，保持区域轨道发展与城市规划发展的高度协调性，便于区域轨道和城市轨道的衔接，合理布局区域轨道枢纽，较好协调区域轨道发展与国家铁路的功能发挥，规划区域轨道交通系统发展方案。针对厦泉漳区域一体化的发展态势，充分依托区域轨道交通的“脊椎”作用，形成厦泉漳城市发展走廊，沿线建设厦泉漳城市群的城镇密集区和经济繁荣带（图4－25）。

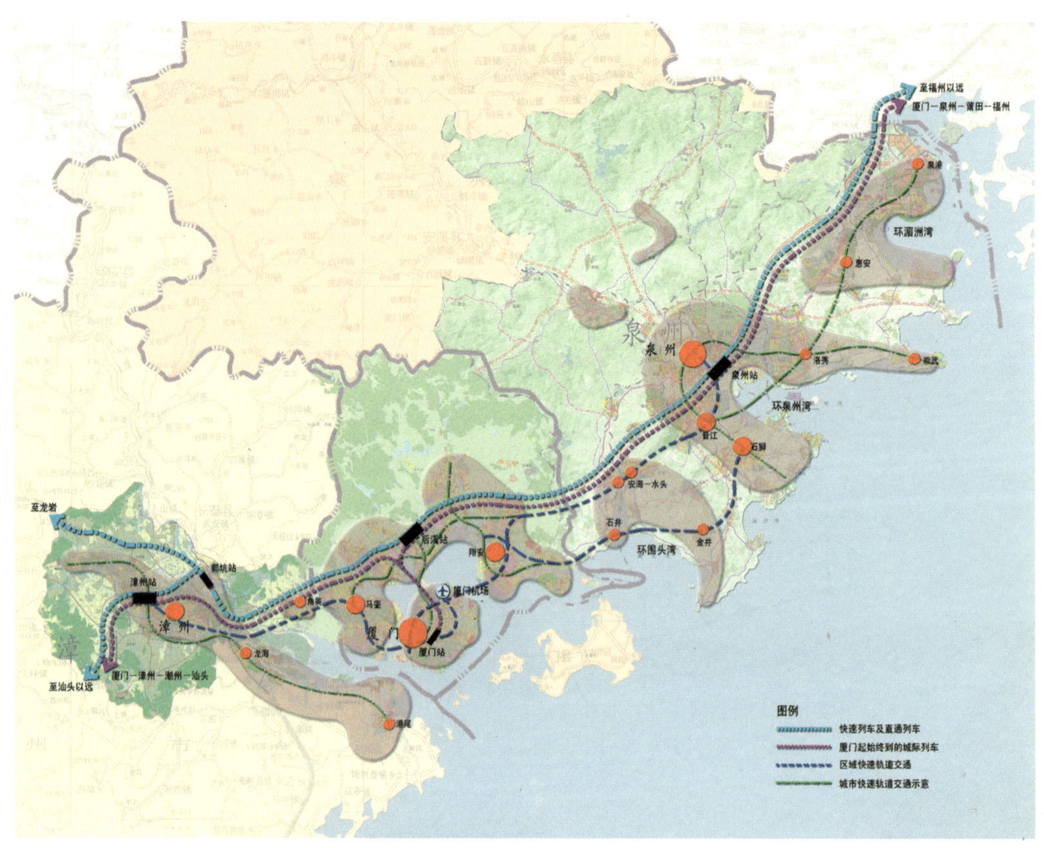

图4－25　区域快速轨道交通系统发展结构示意图

2. 城市轨道交通线网规划方案

轨道交通建设对城市土地利用、交通结构、经济发展以及城市环境均产生重要影响，而轨道交通线网是保证轨道交通建设的科学性、合理性、经济性及可操作性的关键环节。轨道交通线网构架应串联城市主要客源点，按客流主方向（出行期望线主导方向）进行布设，以此体现轨道交通线网在城市客运交通系统中的骨干地位。

结合城市空间发展与线网结构的互动关系分析，厦门轨道交通采用放射状基本线网，以放射状线网在城市中心区相交，并依据城市中心城区主导交通流形成轨道网络，在中心区形成高密度并且相互衔接的轨道网络，疏解中心城区交通压力；同时，依托中心城区的辐射作用，利用放射状轴向轨道线与周边城市组团取得快捷交通联系。达到了轨道交通既促进中心城区繁荣又带动城市有序发展的双重效应。轨道交通线路与站点设置充分考虑与周边土地利用的结合，并以轨道交通带动城市土地的有效增值。周边组团之间是否需用轨道线进行交通联系，应根据组团间的客流量能否达到轨道交通的设置要求确定，可作为远景研究控制轨道线予以预留（图 4－26）。

图 4－26　厦门城市轨道交通线网规划图

（五）创新点

规划轨道线网形态为枢纽型、轴状辐射和网络化特征兼备，表达“面向区域，以换乘枢纽为中心，客运走廊为主体，以城市发展方向为视野”的规划理念，构筑轨道线网与城市用地布局发展相互促进，以轨道为骨干的交通的一体化协调发展模式。

1. 面向区域一体化

轨道线网面向厦泉漳城市群，体现“一主两副”，面向厦、泉、漳城市群区域一体化的城市空间结构。

2. 以换乘枢纽为中心客流“稳定空间”

通过轨道枢纽合理分级，优化并整合城市土地利用；整合城市交通体系，构筑以轨道交通为骨干的交通体系，最大限度地发挥轨道交通的大运量功能；以轨道枢纽为平台，运用“无缝连接”及“整合线网”实现交通换乘无缝化，以保障线网功能的连贯性和通达性。

3. 以客运走廊为主体

利用轨道交通的轴向作用，获取最大客流；合理划分线网功能层次，相对均衡线网布局，有效连接城市各个片区及现状与规划大型客流集散区、客流集散点。

4. 以城市发展方向为视野

促成城市发展目标实现，利于城市化扩张及区域一体化发展过程的需要；辐射状的网络主体构架，利用TOD的发展模式，促进本岛人口的有机疏散和中心职能的优化，引导岛外中心地区的有效开发。

四、厦门市步行系统规划研究①

（一）规划背景

厦门市目前正经历机动化快速发展的时期，为适应日益增长的机动车出行需求，城市交通建设主要集中在车行道路和大型交通设施的建设方面，而忽视城市的步行系统和行人、非机动车等弱势交通系统的建设。在城市空间被汽车占据的同时，交通问题愈发凸现，城市步行系统的不完善，造成市民步行交通的不便，城市公共空间的吸引力逐渐降低，传统的多样化、富有活力的市民活动空间被机动化交通分隔，厦门市

① 厦门市城市规划设计研究院．厦门市步行系统规划研究［R］．厦门：厦门市规划局，2007。

良好宜人的城市生活特质正在丧失。

（二）定位

针对于机动化快速发展以及人们日益增长的安全、健康、绿色出行需求，厦门市陆续开展了健康步道、步行商业街、人行立交等相关规划，将步行系统、自行车道与城市公共空间、公共设施建设以及城市公共交通体系等有机衔接，构建完善的慢行交通系统。

《厦门市步行系统规划研究》的目的是：通过对步行系统理论与案例的梳理，结合厦门现状对厦门重点片区和重要节点步行系统进行分析与评价，并针对性地提出发展目标、策略、具体的规划控制对策和行动计划，推动步行系统的整体水平提升，使厦门步行系统逐步走向系统化、舒适化和有序化。

（三）规划思路

步行系统的物质空间要素主要包括：步行路径和网络、步行设施和环境。

（1）步行路径和网络：通过步行方式可以联系不同地点的路径和网络。城市中的步行路径和网络绝大部分是依托道路形成的人行道，只有少数的步行路径和网络是独立存在的，是在用地地块内部和相邻地块之间形成的，包括绿地与商业区内部的步行路径。

（2）步行设施和环境：围绕或分布在步行路径和网络上的各种设施和环境。一是步行路径和网络上存在的服务于步行者的主要物质要素；二是步行空间周围的城市空间要素，称为步行相关要素。

《厦门市步行系统规划研究》着重于城市整体层面的步行系统研究，研究重点为第一方面；第二方面的研究主要是从规划指引的角度来表达。

规划依附于城市的自然格局和空间形态，根据步行活动特征将整个城市从结构上划分为三个基本分区。

（1）绿色区域：指城市建成区外围的背景山体，是城市重要的开敞空间，主要承担市民非日常的登山、休闲、运动等步行类型，整体的使用频率相对较低，内部步行系统相对独立，其主要的出入口应与城市公交和城市重要的步行通道有方便的联系。

（2）橙色区域：指城市建成区，是市民日常生活的主要区域，步行系统的使用频率最高，是本次规划重点研究的区域。

（3）蓝色区域：指临海城市道路外侧的城市公共活动区域，是城市建成区中体现厦门滨海城市特色的标志性地区，主要承担市民非日常的观海、娱乐、休闲等步行类型，使用频率高于绿色区域。步行系统设计应沿城市生活岸线保持延续性，并建立与城市的橙色区域步行系统的便捷联系，方便市民的使用。

（四）方案简介

城市步行系统的宏观层次、中观层次、微观层次的规划布局按其在城市的位置、服务范围可划分为城市级、组团级、地块级三个层次，《厦门市步行系统规划研究》针对这三个层次提出了厦门市步行系统的规划建设方案。

1. 步行系统宏观结构规划

确定具有城市特色的步行系统整体结构，制定城市步行系统的整体发展策略和发展指引，根据厦门市是典型的绿心楔状发展模式，规划采用在城市范围内的中心山体、城市内湖、海湾开辟城市绿心，形成绿心—城市环—海湾环的绿心环形结构，并在此基础上以绿地、海湾将城市片区分隔开，形成放射状的连接绿心与海湾环的绿楔，布局城市山海步行通廊和依托城市道路的重要步行通道。

1）城市山海步行通廊（图 4－27）

在城市橙色区域中主要依托城市绿地公园、公共开敞空间与河流水系等天然的绿化条件，进一步强化山海之间的步行联系，形成城市结构性的绿化步行通廊。对这些通廊应严格控制机动车交通，依托良好的绿化条件进行详细的步行环境设计。

城市山海步行通廊是步行优先发展的区域，应严格限制这些山海通廊周边的开发建设，保证步行环境的整体性和延续性，最大可能地减少机动车交通对步行的干扰，完善通廊的步行配套设施，避免部分路段的设施盲点。在不同的区段根据实际情况适当增加商业服务设施，提倡周边土地的混合使用，以活跃其步行活动的多样性。最大限度地发掘山海景观的潜质，在景观通廊末端设置公共开敞空间，形成具有良好景观的高品质步行空间。

2）依托城市道路的重要步行通道（图 4－28）

在城市橙色区域中，市民的交通性步行活动主要沿城市道路展开，规划综合考虑城市的主次干道、主要的公交通道、主要的公共活动中心、地下公共设施和人口分布等要素确定城市重要的步行通道。重要步行通道主要由城市道路两侧的人行道系统构成，以步行交通、交通换乘和向次级通道疏散为基本功能，因此必须首先保证系统的延续性和畅通性。

图 4－27　城市山海步行通廊分布图

2. 步行系统中观层面规划

根据居民日常步行活动范围划分城市的步行单元，确定城市重要的步行活动单元，明确城市需要重点建设步行系统的区域，将厦门市城市建成区共划分为 96 个步行单元。根据各区域内步行活动的特征对步行单元进行类型划分，包括城市中心区、居住区、工业区及其他功能区，分别提出相应的规划控制要求。

1）城市中心区（图 4－29）

以轨道交通为主导的城市中心区：依托车行交通形成中心区网状步行系统；有效组织车行和步行交通，过街通道（天桥、地道）采用立体交叉和平面交叉两种方式；步行网络与轨道站点、公交车站联系紧密，其步行进出口距站点的距离不宜大于

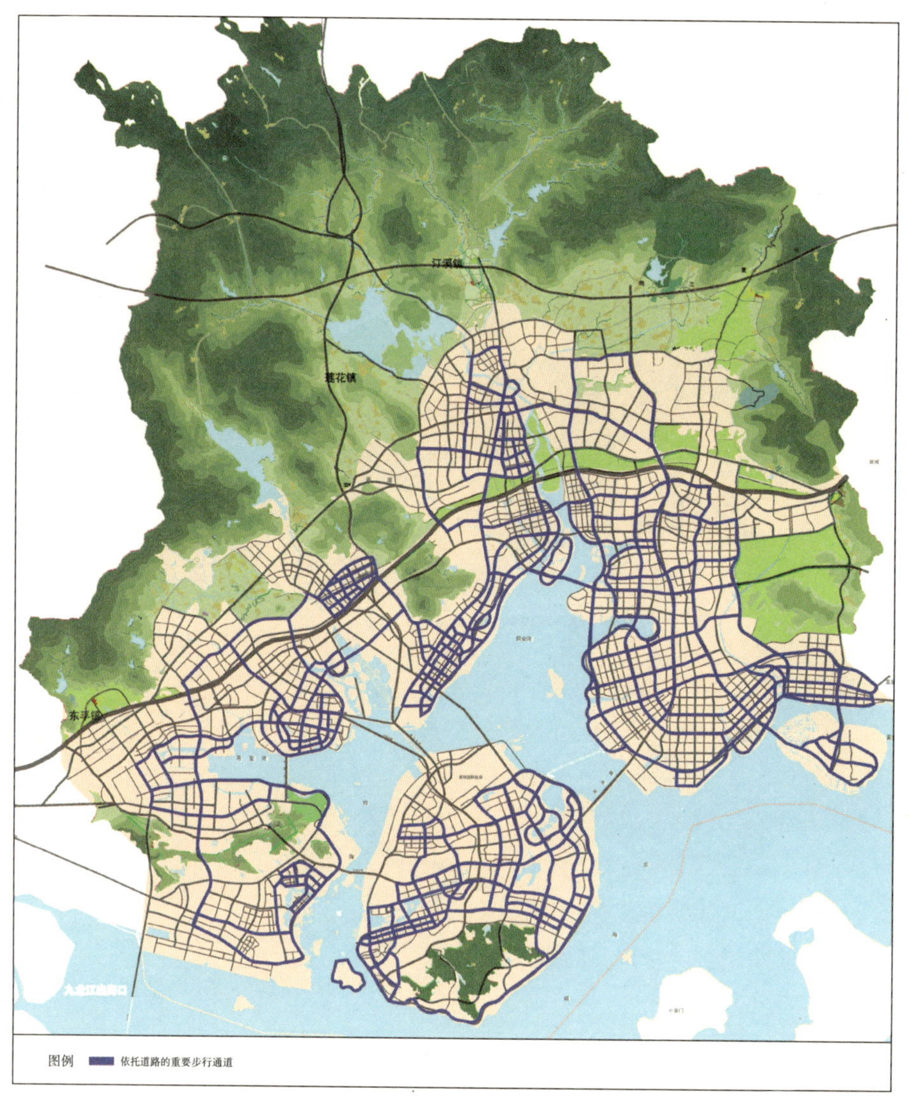

图 4－28　城市重要步行通道规划图

100m；把交通分流到临近街区，用干道把中心商业、绿地地块围合行成完全步行区域，并在周围设置大量停车场；结合公交系统，步行区内限制私人、单位车辆，放宽通行公交车。步行区在任何方向上的长度一般不超过 500m；采用立体步行区，强调结合轨道站点进行周边地区的整体地下空间开发；利用立体连廊联系主要的公共设施建筑，实现中心区的立体空间综合开发。

常规公交为主导的城市中心区：依托车行交通形成中心区网状步行系统。通过立体、平面交叉两种方式（天桥、通道）解决步行与车行的衔接；步行网络与公交车站联系紧密，其步行进出口距公交站点的距离不宜大于 100m；结合中心商业、绿地形成完全步行区域，并根据情况实行中心区的立体空间综合开发，空中连廊、地下空间、

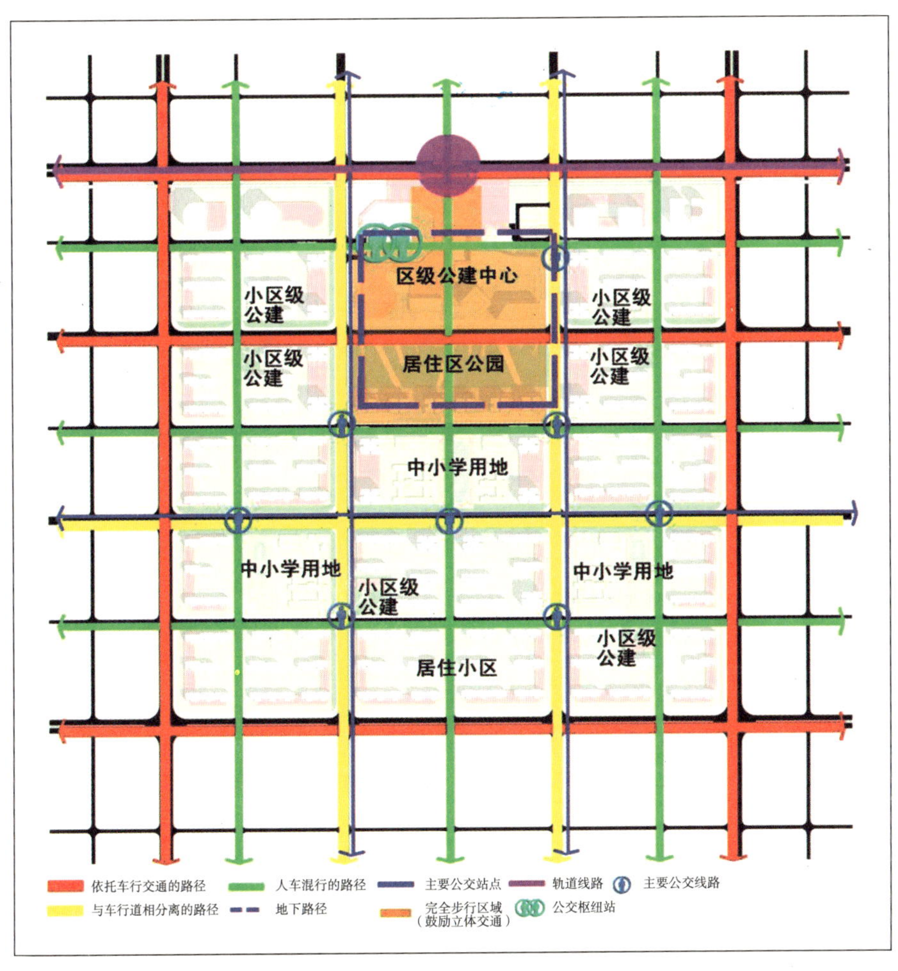

图 4－29　轨道交通为主导的城市中心区步行系统

地面步行路径三位一体。

2）居住区（图 4－30）

轨道交通为主导的居住区：依托车行交通形成网状步行系统；以轨道站点为核心组织步行空间；在站点地区设置公交枢纽站，步行网络与公交站点联系紧密，其步行进出口距站点的距离不宜大于 100m；步行路径以轨道站点区域为中心，向纵深联系各居住组团，并强调与居住小区级公建、中小学用地的连接；结合中心商业、绿地行成完全步行区域，组织地下路径。

BRT 为主导的居住区：依托车行交通形成网状步行系统；以 BRT 站点为中心组织步行网络；步行网络与公交站点联系紧密，其步行进出口距站点的距离不宜大于 100m；步行路径围绕 BRT 站点区域（居住区公建中心），纵横联系各居住组团，并强调与居住小区级公建、中小学用地的连接；结合居住区公建中心、绿地形成完全步行

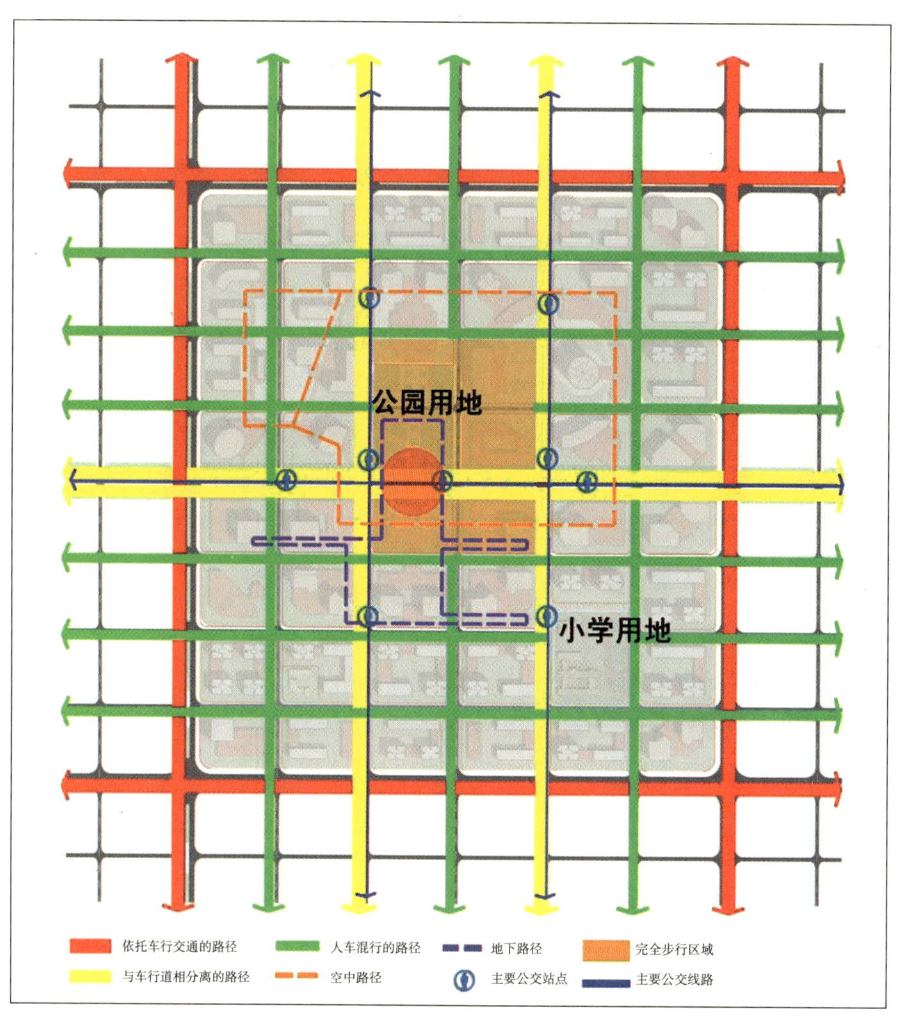

图 4 -30　轨道交通为主导的城市居住区步行系统图

区域。

常规公交为主导的居住区：依托车行交通形成网状步行系统；步行路径注重结合常规公交线路，步行进出口距公交站点的距离不宜大于 100m；结合居住区公建中心、中心绿地形成完全步行区域，建立独立于道路系统外的休闲步行路径。

3）工业区（图 4 -31）

强调步行空间，完善人行道系统，依托车行交通形成贯通工业区的网状步行系统，联系工业用地与工业邻里中心；重点以支路为主导设置贯通工业用地的步行路径，并在人流集中的地方局部拓宽人行道；步行网络与公交站点联系紧密，其步行进出口距站点的距离不宜大于 100m；结合工业邻里中心、绿地形成完全步行区域。

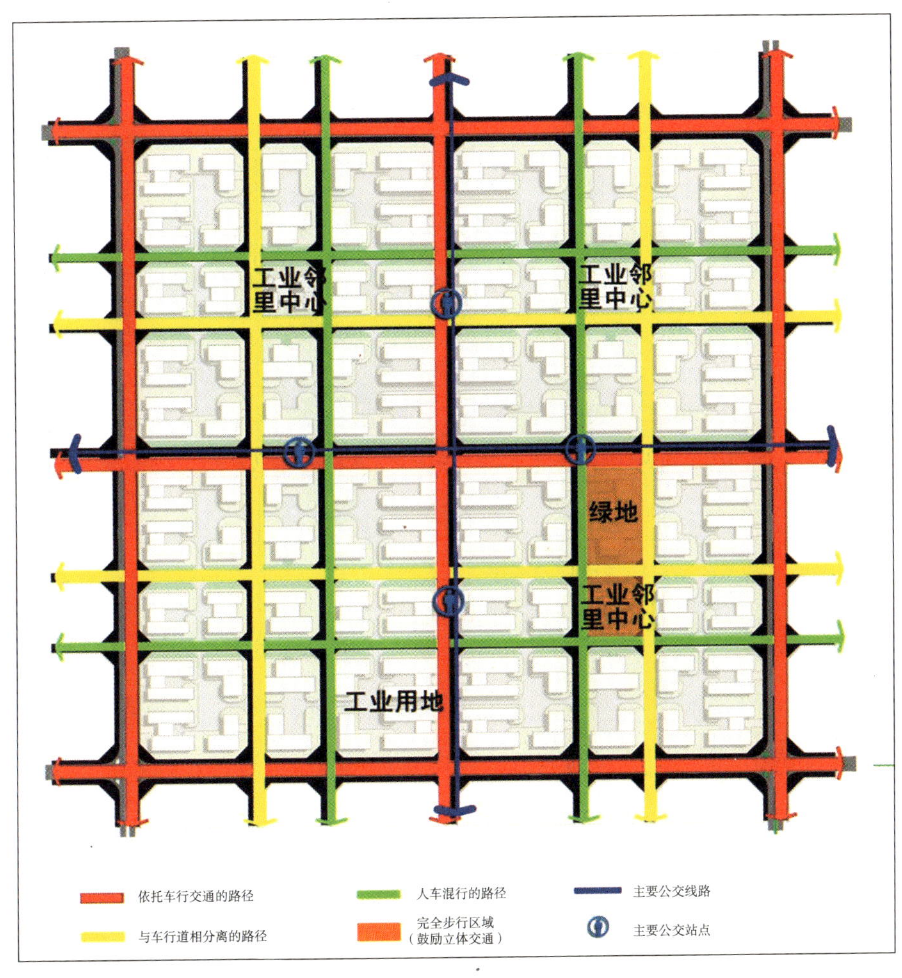

图 4－31　工业区步行系统图

4）其他功能区

其他功能区的步行系统规划应在保证城市步行系统整体构架的基础上，参考相似功能的步行单元设计要求进行控制，保证主要人流集散点之间的步行联系。

3. 步行系统微观层面的控制规划指引

通过对具体步行单元的案例分析，研究步行单元内步行系统的设计要素、设计方法和设计指引，建立相应的标准，作为控制性详细规划和修建性详细规划步行系统设计的基本要求和目标（图 4－32）。

（五）创新与特色

通过步行系统规划和行人立交研究，建设一个适宜步行的城市，为市民提供一个安全、便捷、舒适、优美的出行环境，建设一个绿色、健康、可持续发展的“宜居厦门”，厦门的步行系统规划体现了以下创新和特色。

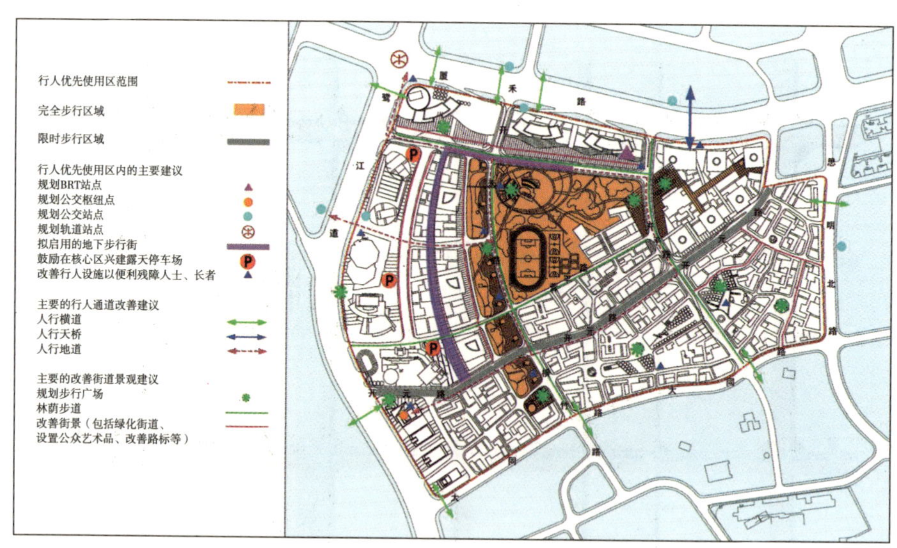

图 4－32　步行单元步行环境设计指引图

1. 创新性

国内外对步行系统的研究和设计工作大多数是局限于中心区、重点街区等局部空间，在整个城市的范围内研究步行系统，国内只有深圳经济特区，具有一定的创新性，且把慢行系统的各个点、线、面的规划成果进行了衔接和融合。

2. 层次性

步行系统不同研究层次的研究内容差异较大，与绝大多数步行系统的研究不同，本项目研究着重于对应各个层次的综合规划，宏观层面与总体规划对应；中微观层面采用选取分区层面和典型地段对应。

3. 突出行动计划

通过一系列的项目策划与政策建议研究，突出该项目的行动计划，促进规划的宣传与实施。

4. 实用性

明确指出本规划可纳入对应各个层次综合规划的内容，便于规划管理与衔接；编制设计指引，作为日常规划行政许可的依据之一。

第五章　城市交通设施规划

第一节　城市交通设施规划概述

交通设施与各种交通线路共同构成了城市综合交通体系，交通线路为各种交通工具的动态运行服务（如轨道线路、道路网络等），而交通设施则是为各种交通工具及其运输的客与货提供停靠、等候、装卸、转换、加油及提供服务等各种静态的交通设施，交通设施主要分为对外交通设施（机场、码头、长途车站、铁路场站等）和城市交通设施（轨道站、公交场站、停车场、加油站等），同时对外交通设施必然与城市交通设施发生联系。

城市交通设施规划是对各种设施进行专项的长远发展规划，制定各交通设施的发展目标和发展策略，确定交通设施的功能、结构、布局、规模，提出各设施用地规划，同时做好各设施之间的衔接组织，为交通一体化发展创造条件。

第二节　城市交通枢纽规划

一、基本概念

市内交通与对外交通之间，市内不同交通方式，不同交通线路之间相互衔接，共同构成了交通枢纽系统，它具有独立运行的特征，同时对促成综合交通系统具有支柱性的重大作用。交通枢纽是城市交通系统中的主要节点，连接着城交通系统中各个子系统以及子系统内部的关节。可以说，没有交通枢纽就构不成完整的出行行为[①]。

交通枢纽是城市集聚辐射功能的基础性设施，是乘客集散、转换交通方式和公交线路汇集的场所，是运输网络布局和客运系统组织的控制“节点”，是人流、车流、物流和信息流的会聚中心，也是土地集中开发、高效利用、提升城市土地价值的重要

---

① 陆锡明．大都市一体化交通［M］．上海：上海科学技术出版社，2003。

地区，对带动地区开发和商业发展都有极其重要的影响，因此，近来兴起的“城市综合体（商业综合体）”开发概念也多依托于交通枢纽建设。

组织方便快捷的枢纽系统，不仅能引导与整合运输网络系统，发挥交通运输综合效益，支持不同地区发展功能和交通流集散，更为重要的是，建设停车换乘枢纽（P+R）系统，与骨干交通系统相结合，是平衡机动化快速发展、缓解城市道路交通压力的有效措施。加强城市交通枢纽规划建设工作，可以充分利用枢纽的交通可达性条件优化周边城市土地利用，形成以公交为导向的城市空间结构①。

从交通枢纽空间的角度分析，交通枢纽主要有三大功能：交通功能、交流功能、景观功能。交通枢纽根据其主要功能的不同，可分为公共客运枢纽、对外交通枢纽、停车换乘枢纽及货运物流枢纽等；根据规模大小，又可以分为大型交通枢纽、中型交通枢纽、小型交通枢纽。

1. 公共客运枢纽

公共客运枢纽是交通枢纽系统的核心，是城市公共交通网络的重要组成部分，合理布局公共客运枢纽对提高公交网络运营效率，优化公共交通线网，引导客运走向和合理转移有着十分重要的作用。公共客运枢纽作为大城市交通系统的一种重要组成形式，是大城市内部交通与对外交通的重要衔接点，有多条公路和城市道路的运输线路，多种交通方式，具有必要的服务功能和控制设备，为大城市的内外交通转换提供场所，是集交通、商业、休闲于一体的综合性基础设施。

2. 对外交通枢纽

对外交通枢纽是城市对外交通的门户，代表了城市的交通形象。便利、快捷、安全的对外交通枢纽有利于城市内外人流的输送和运转，保证了城市生产和生活的正常进行。对外交通与市内交通既相互独立又相互联系。对外交通系统主要解决大都市与其他城市之间的交通联系，而市内交通系统的对象是大都市范围内的交通活动，因而两者之间分工比较明确，各成系统。对外交通枢纽要实现对外交通与市内交通的无缝连接。

3. 停车换乘枢纽

停车换乘一般指个体交通与公共交通之间的一种换乘方式，是构成大都市出行方式链的必要条件，是减少交通拥挤的一种战略性交通规划设计。停车换乘对外围区尤其是人口密度很低不足以开辟郊区公共交通线路的地区是十分重要的。

---

① 丁明．快速机动化背景下的城市交通发展战略——以厦门为例［J］．交通标准化，2009（12）。

4. 货运物流枢纽

物流枢纽是城市货物流通的中心，可分为综合性物流中心和专业性物流中心。综合物流中心是多种货物的流通节点，同时也是多种运输方式的衔接点。专业性物流中心主要提供某一类货物，或者以某一种运输方式为主，如钢铁物流中心、化工物流中心，港口物流中心、航空物流中心等。

二、规划思路与方法

人口密集、城市用地紧张是国内大城市的普遍特征，合理的城市交通枢纽规划对改善城市交通系统，提高运输效率和解决出行换乘问题具有重要的意义，是城市交通设施一体化的关键。交通枢纽规划是城市交通一体化衔接系统的核心，通过枢纽系统将各种交通方式内部及各种交通方式之间，私人交通与公共交通，市内交通与对外交通有效衔接，发挥交通体系的整体效益。通过客运枢纽设施和紧凑站点设置，提供公交乘客方便的换乘条件；通过综合性枢纽连接市内的道路、轨道，将航空、港口、火车站和公路客运站等对外交通设施与市内交通紧密相连；通过“停车＋换乘”实现公共交通与个体交通的有效转换；通过物流中心，对货物流程重新进行组合和调配，提高货运效率和效益。

1. 公共客运交通枢纽规划

公共客运枢纽规划是轨道交通网络、公共交通线网规划的重点，枢纽点在网络上的布局决定了公共交通线网的结构特征，对城市公共交通线网编织起着“锚固”的作用，引导了公共交通线网的扩展。交通枢纽规划包括枢纽在网络上的分布及枢纽内部不同线路之间换乘的规划设计。枢纽在网络上的布局决定了线路的走向和格局，引导了客流的转移与出行分布的改变，枢纽内部间的换乘设计则是发挥公共交通系统运营效率的关键，实现不同方向不同线路之间的“零换乘”。

公共客运交通枢纽涉及轨道交通、公共汽（电）车、出租车和步行等不同市内交通方式之间及市内交通与铁路、公路、航空、水路等对外交通的衔接换乘，其规划的关键是减少换乘步行距离，减少地面交通的相互干扰，使枢纽内各种交通保持畅通。

公共客运枢纽的规划、选址及设计体现了基本的交通流、公共交通的运营及选址规划原理。相关因素包括：公交线路，乘客换乘需要，乘客到达及离开的方式，中心区公交线路布设的条件与限制，所需土地的可利用性和周边土地的影响及成本。

2. 对外交通枢纽规划

对外交通枢纽要实现对外交通与市内交通的无缝连接，在规划布局及运营管理上应做到：保证市内交通设施与对外交通出入口之间具有较短的换乘距离；通过合理的运营组织使市内交通与对外交通在时间上保持紧密联系，减少换乘等候时间；在内外交通衔接点提供动态和及时的服务信息。

3. 停车换乘枢纽规划

停车换乘枢纽规划的目标是尽可能减少高峰时段进入中心区的汽车交通流量，使人们转换出行时间或交通方式。停车换乘枢纽点适宜位置的选取与市中心的地形特征、道路网结构、快速公共交通系统结构、土地开发密度、土地的可利用性和市中心的停车成本等方面的因素有关。停车换乘设施与城市干道应有良好的衔接，应设置于主要道路交会集中点或堵塞道路节点的周边，对交通流进行截留。

4. 货运物流枢纽规划

综合物流中心一般布置在城市外围区快速路系统附近，与城市快速路系统有方便的出入口联系，与城市对外交通系统有便捷的交通联系。专业物流中心一般靠近相关的工业基地或对外交通系统，如钢铁物流中心靠近钢铁企业基地，化工物流中心靠近化工基地，港口物流中心靠近海港，航空物流中心靠近机场。

交通枢纽规划技术路线如图 5－1 所示。

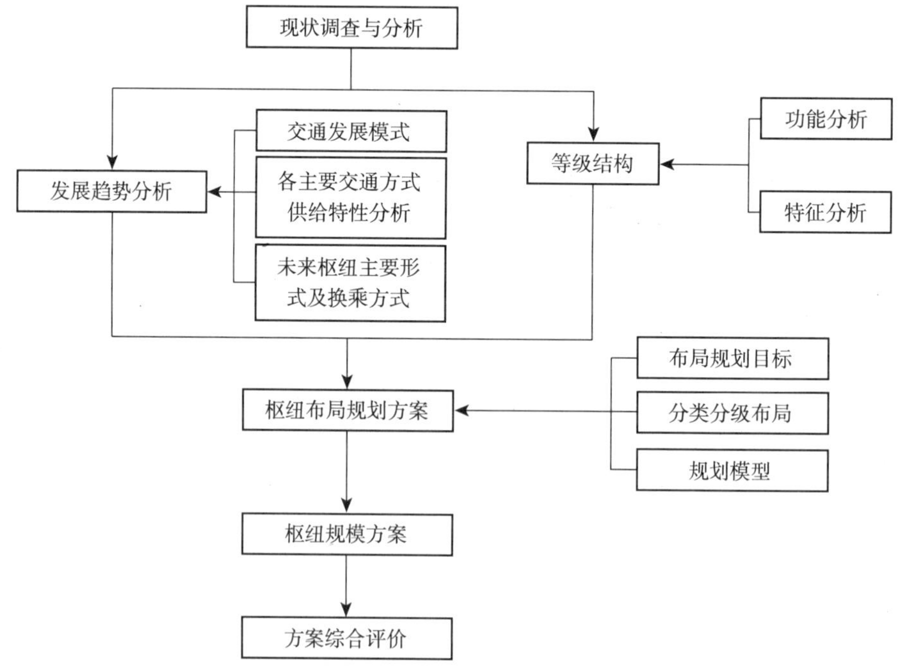

图 5－1　城市交通枢纽规划技术框图

三、主要任务与内容

交通枢纽规划是在区域社会经济发展规划、城镇体系规划、城市总体规划以及土地利用规划等上级规划基础上进行的专门规划。规划的主要内容包括枢纽的总体布局规划和枢纽的规划设计两大部分。枢纽的总体布局规划属于长期发展规划，对客运枢纽的建设、运营和管理起宏观指导作用。客运枢纽的总体布局必须服从社会经济发展的战略目标，符合规划地域的总体规划和生产力布局，满足社会经济发展产生的运输需求。同时，枢纽的总体布局还充分适应交通运输发展的需要，考虑各种运输方式之间的有效衔接，实现信息互通、能力匹配，使多方式联运保持连续、高效。枢纽与交通运输网络布局以及与城市布局的协调性，枢纽规划布局中各种运输方式之间衔接是否合理紧凑，各站点布局分工协作是否恰当，旅客转运换乘、货物中转是否便利等是城市交通枢纽规划与布局中需要重点解决的关键问题。①

城市枢纽总体布局规划的主要内容包括：社会、经济与交通运输的调查分析及发展预测，客货运枢纽场站布局优化，枢纽系统设计，社会经济评价，建设项目实施序列计划和资金筹措等工作。

交通枢纽规划一般应把握以下内容：

（一）现状调查于分析

理清现状枢纽情况，指出现状枢纽的特点及存在问题。

（二）交通枢纽的发展趋势分析

针对不同城市，分析枢纽所在城市的发展趋势，如大城市客运交通枢纽是以轨道交通枢纽为主要形式，还是以常规公交枢纽为主，不同组合的枢纽有不同的换乘形式。

（三）交通枢纽的等级结构划分

枢纽的等级划分并无统一标准，一般按规模可划分为大型、中型、小型等三个等级，或者按区域划分为区域级、市级、片区级等，也可按性质划分为对外型枢纽、综合型枢纽、单一型枢纽等。

（四）交通枢纽的需求分析

分析枢纽需求产生的因素，进行交通生成预测、交通分布和方式划分及交通分配，完成需求分析。

---

① 韩印，范海雁．公共客运系统换乘枢纽规划设计［M］．北京：中国铁道出版社，2009。

（五）交通枢纽的布局规划

根据前面的调查，采用不同方法进行规划布局，有简单数学解析法、运筹学模型、交通配流法等。

（六）交通枢纽规模分析

枢纽内的设施空间与枢纽规模、功能、容量相适应，保证各种车辆的停放空间，使车辆进出通畅、停放有序，还要满足客流与货流集散需要。枢纽规模应留有容量扩大的余地，包括对新的交通车辆尺寸、类型和技术等变化的适应。

（七）方案评价

根据方案评价方法对方案进行评价，不满足要求的进行调整。

（八）近期建设计划与保障措施

根据城市的建设发展趋势，提出近期交通枢纽建设计划，并提出相关保障措施。

第三节　公共停车场规划

一、基本概念

公共停车场是指为从事各种活动的出行者提供停车服务的场所。公共停车场大多设置在城市商业区、城市中心、分区中心、交通枢纽点及城市出入口干道上过境车辆需求集中的地段，服务范围广，主要弥补配建停车场的不足，调节城市停车场的布局。公共停车场按照设置地点可分为路外公共停车场、路内公共停车场。

路外公共停车场位于城市道路系统以外，通常由专用的通道与城市道路系统相联系。路外公共停车从提高城市道路行驶效率的角度来看值得提倡。我国许多大城市由于体制和管理的原因，路外社会公共停车场使用效率不高。

路内公共停车场（点）是指道路的一侧或两侧划定的供车辆停放的场地。这种停车场一般设在交通流量较小的街巷，或利用高架道路、高架桥下的空间停车，也可以布置在交通量较小的城市支路上。

路内停车场对于使用者而言，是一种方便的设施，对停车的吸引力往往要高于路外停车，但是路内停车将使路段的通行能力大大下降，并且给交通安全带来了隐患。因此，路内停车适合于城市外围地区和非交通高峰时段，如夜间停车。

此外，公共停车场还有其他许多的分类方法。如按建筑类型，可分为地上停车库、地下停车库、地面停车场、多用停车库以及机械式停车库等；还有的研究按使用对象分类，分为居住地停车、工作地停车、路内停车和路外公共停车等。①

二、规划思路与方法

公共停车场作为城市交通提供服务的基本设施之一，其规划设计是否合理直接影响到道路交通的管理和经济效益。在机动车量迅速增加，城市道路资源有限增加，两者难以协调发展的情况下，如何以静制动，调控汽车的出行量，是一个科学性和政策性较强的课题。

公共停车场规划应从规划布局、规模大小、停车设施类型等几个方面来考虑，规划布局应与城市的车辆保有量、停车需求、交通发展政策、城市用地条件等综合研究确定。各停车设施首先要考虑现状的停车需求和远期需求量两个方面，考虑白天和夜间两种需求，还应该考虑周围土地利用、道路交通状况和停车设施的供需关系，保证停车设施被充分利用，同时使道路交通与停车拥有状况保持在一个合适的允许水平，使停车容量与路网交通容量保持平衡。公共停车场的布局规划尤其要考虑与公共交通的衔接，与公交首末站、地铁站、大型交通枢纽等设施配合，考虑设置在商场、宾馆、公园和娱乐场所等。停车设施应方便出入和停驻，临近主干道，靠近次干道，并尽量避免穿越道路。

在考虑布局时，还应考虑合理配置临时占路停车位。在停车位短缺、停车设施用地可得到、与周围道路系统协调、靠近出行目的的地方考虑设置配置临时停车场。

公共停车场规模大小应通过停车需求预测来确定。在城市中心区，受停车设施用地的限制及停车管理控制的限制，可能不能匹配。一般情况下，停车需求大，停车场规模需求就大。

停车需求预测通常采用两种方法：

一是交通出行 OD 法，也叫出行吸引量模型。根据城市交通规划研究预测的出行资料，分出不同车种不同出行目的的分区出行数据，特别是 D 点吸引量数据，得出机动车停放次数需求，要求在城市交通规划有比较完整的未来机动车 OD 数据，适用于停车场的中长期规划。

二是土地利用分析法，根据现有机动车的拥有水平和现行交通政策下所产生的停

---

① 徐家钰．城市道路设计［M］．北京：中国水利水电出版社，2005。

车需求与不同性质的建筑面积之间的关系和未来的用地发展规模，确定土地利用影响函数，同时考虑未来城市机动车的拥有水平和道路交通量的增长情况，确定高峰停车需求的交通影响函数，综合土地利用影响函数和交通影响函数，推算机动车高峰停车需求量。建立在停车特征调查和土地利用性质调查的基础上，需要完整的用地性质和建筑规模的数据，较适合于近期停车需求预测。

公共停车场的建设类型应因地制宜，充分考虑用地情况，利用建筑物布局的剩余空地进行修建。不同类型的停车场造价相差大，用地紧张的地方多建地下停车库和停车楼，用地宽松的地方建地面停车场，两者相结合，同时考虑临时停车的需要。

公共停车场规划技术路线如图 5－2 所示。

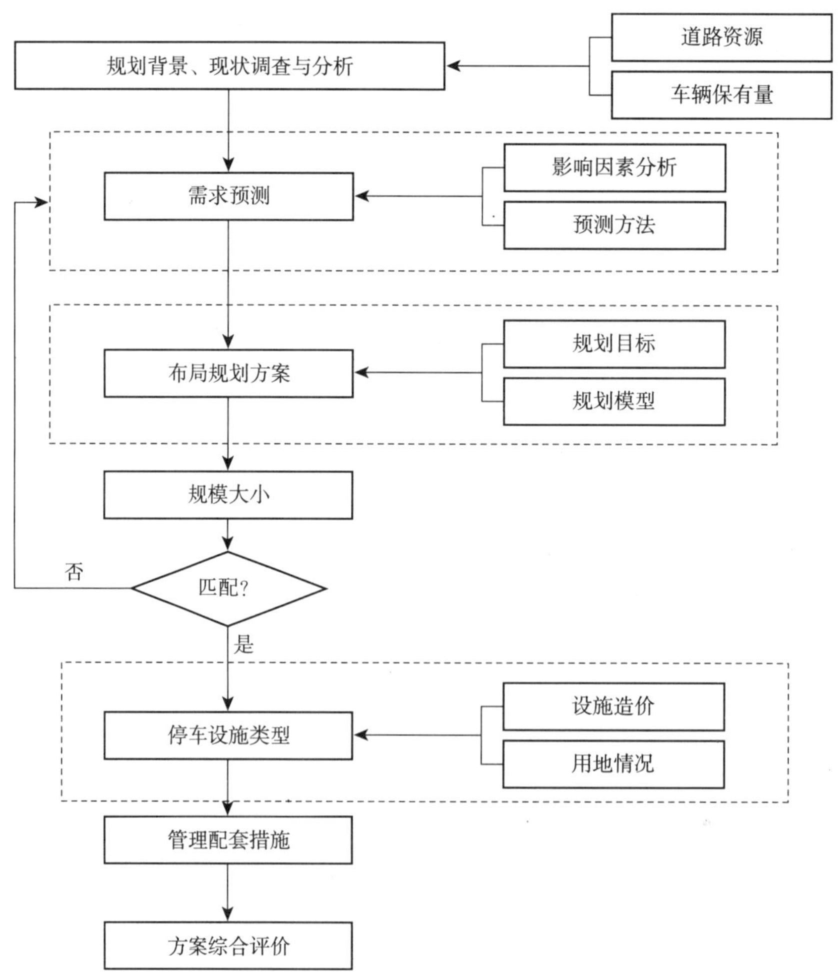

图 5－2　公共停车场规划技术路线框图

三、主要任务与内容

（一）现状调查分析

进行现状调查与分析，指出现有公共停车场情况及存在问题；

（二）分区停车规模确定

对分区公共停车场规模需求进行预测，预测得到的分区公共停车场泊位需求，在规划区内交通小区划分水平上进行社会公共停车场用地与需求泊位之间的平衡，每泊位规划用地约30m^2。

（三）分区停车规划布局

对于布局合理且能基本解决停车需求的现状停车场加以保留，不能完全满足停车需求的停车场在用地允许的情况下适当扩大规模；分区规划、控制性详细规划中规划的公共停车场用地布局合理能够满足需求的加以确定，用地不足的在尽可能布局均匀合理的基础上调整用地性质，局部部分需求由于用地非常紧张无法落实的，用建立地下停车场、停车楼或立体机械停车库等形式加以弥补。

（四）停车场容量确定

将预测的公共停车泊位划分到各个交通小区，根据土地利用规划进行合理调整，确定各个停车场合理的规模。

合理确定公共停车场容量是停车场规划的一个重要内容。若停车场容量过大，会造成利用率低、停车场浪费、经济效益低；若停车场容量小，满足不了该区域停车需求，影响城市交通系统的正常运转。一般经济停车数量为200pcu左右。停车场容量根据城市人口、规模、地区特点和车辆拥有水平而定，其确定主要考虑以下因素：

（1）停车需求的预测结果；

（2）停车场服务半径；

（3）用地条件和环境要求；

（4）周围道路的交通条件。

（五）停车场类型选择

停车设施类型的选择一般结合前面步骤进行确定，在选址和规模确定的时候就考虑停车设施类型的可实施性加以确定。

（1）综合开发地块，停车设施和经营性商业场所相结合，形成配建停车场；

（2）结合公共绿地、广场、学校操场设置地下停车场；

（3）机械立体停车楼；

（4）独立地面公共停车场。

第四节　公共交通场站规划

一、基本概念

公共交通场站（以下简称公交场站）按其功能一般分为枢纽站、首末站、综合车场（含调度中心）、公交修理厂四类（表5－1）。前两类（首末站、枢纽站）属服务于公交运营的场站，后两类（综合车场、修理厂）属服务于公交车辆的场站。随着公交车辆大修逐步社会化过程，公交修理厂的规模也随着各个城市的发展情况有所萎缩。

公交场站分类表　　表5－1

名称		主要功能
车场	公交停保场	用于公交车辆的夜间停放、保养和维修服务，兼有管理指挥功能，承担运营车辆的保养及相应的配件加工、修制和修车材料、燃料的储存、发放等任务
	综合车场	除停保功能外，同时兼作公交企业的行政管理中心、营运指挥调度中心，需要较大的规模和功能齐全的设施
车站	枢纽站	通常为多条公交线路的交会处和集散点。是城市客运交通体系的重要组成部分，是联结城市对外和市内客运、私人交通和公共交通以及公共交通内部转换的重要环节，是若干种交通方式连接的固定构筑物（有固定位置或固定换乘设施）
	首末站	公交首末站即每条公交线路的起点和终点站，用于线路的发车调度、折返，夜间可用作部分公交车辆停放。一般包括线路的发车和停车位、调度室、乘客候车廊道等基本设施
	中途停靠站	供线路运营车辆中途停靠，为乘客上下车服务

公交首末站和枢纽站区别主要在用地规模、客流集散量、换乘能力等方面，在公交线网中体现出功能上的差异。

公交车场是公交公司运营管理的基层单位。车场的主要技术业务是：①组织车辆运行；②当客运高峰过后或夜间车辆不需要运行时，车场又是车辆停放保管的场所；③对车辆执行预防性技术保养，使车辆始终处于技术完好状态。

二、规划思路与方法

公交场站不同类别功能不同，其影响因素也不同，因此，规划思路及方法也有所不同。枢纽的规划在上一节公共交通枢纽规划已有叙述，其余公交场站的规划思路如下。

（一）公交首末站

公交首末站与公交线路的布设、客运发生量和吸引量密切相关，城市客运发生量和吸引量的分布对首末站布局的影响十分重大。根据 OD 客流调查，尽量使线路的始发站、终点站与城市各交通区之间主要客流流向的 OD 点重合，避免不必要的两端短距离换乘；其次在规划新的首末站时，要考虑与原有首末站的布局衔接，合理利用现状首末站，但不能完全受现有首末站的限制，而应该在规划范围内有一定的覆盖程度，每个首末站应该有一定的服务半径，首末站服务半径覆盖范围占城市规划范围用地的比例应达到规范的要求。

首末站的分布可以用线路条数约束法和容量限制法来综合确定。

1）线路条数约束法

线路条数约束法的基本思路是：若规划年共需 N 条公交线路，则必须在规划区域内布设共约 $2N$ 个公交首末站点（先不考虑多条线路共用一个首末站的情形），而各个交通区内所分布的公交首末站点数与该交通区的区位、面积、人口、公交出行需求量的大小等密切相关。

2）容量约束法

容量约束法的基本思路是交通区内是否有必要设首末站点要看区内总的发生量或吸引量是否大于某一个设站标准。一般交通区内的发生量、吸引量超过该交通区内公交线路中间站点的运载能力时，仅靠中间站点不能运送完这些发生量、吸引量，则该交通区就需要设置首末站点，以增加运载能力。因此，可取中间站点的极限运载能力为首末站点的设站标准，当某交通区的发生量或吸引量超过此值时，需设首末站点。

（二）公交中途站

对公交中途站点的规划主要是对中途站点间距的研究。一般而言，较长的车站间距可提高公交车的平均运营速度，并减少乘客因停车造成的不适，但乘客从出行起点（终点）到上（下）车站的步行距离增大，并给换乘出行带来不便；站间距离缩短则反之。最优站间距规划的目标是使所有乘客的“门到门”出行时间最小。

公交路线站间距的优化还与车辆性能及运营要求有关。对于大容量的公共交通

（BRT）系统，车站的造价也是一个重要的影响因素。此外要考虑站间距对需求的影响和各种客运交通方式之间的协调。从长期看，增大站间距会减少乘客短途出行量，吸引长距离的出行。

（三）车辆保养场和停车场

从公交停车场所承担的功能看，应布置于分片区域公交首末站的中心地带，使此区域内公交车辆需要停放时，行驶距离尽可能短，以降低运营成本。由于公交停车场适宜平面停放，占用土地资源亦较多，与市区土地资源供应产生矛盾。因此中心区不宜设置过多公交停车场，其重心应趋向于外围地区。考虑城市范围不断扩大，以及城市综合经济效益和社会效益，公交停车场应在外围分散布置，并且保证城市的每个发展方向上都应存在公交停车场。

公交停车场和保养场合并成综合车场，提供大部分公交车夜间停放场所、营运车辆的维修保养任务，以及材料、燃料的储备和发放。综合车场集行政管理、停车、维修保养等功能于一体，需有较大规模和功能齐全的设施。综合车场应尽可能靠近服务车辆的行驶路线，基本上是设在公交服务区域的中心地带。

公交维修保养场要考虑高级保养作业相对集中，低级保养作业相对分散的特征，这样既能提高高保装备的水平和综合维修能力，又能及时、就地进行车辆的日常维护和检查，同时还可以节省一次性投资和经营费用。公交维修保养场要与公交网络的布局相适应，保证网络的覆盖水平，与运营管理相适应，方便调度管理，合理布设保养场，有利于减少车辆的空驶里程，提高运输效率。在规划期内，使车辆保养工作量与保养维修能力要与公交车辆的发展相适应，但有一定的超前性。场站建设尤其是大型保养场的建设周期一般较长，必须保证场站规划和建设的超前性。

目前城市公交车的维修保养趋向于具有综合功能的车场，维修、保养通常功能二合一。因此根据满足其功能所需的用地规模，在城市各个发展方向上均分别布置维修保养场，且用地面积最小不低于 5000m^2，现状已经有维修保养场的方向不必重复设置。

公共交通场站规划技术路线如图 5 -3 所示。

三、主要任务与内容

公交场站的规划主要任务是对公交场站各种类别、级别进行区分，结合城市规划

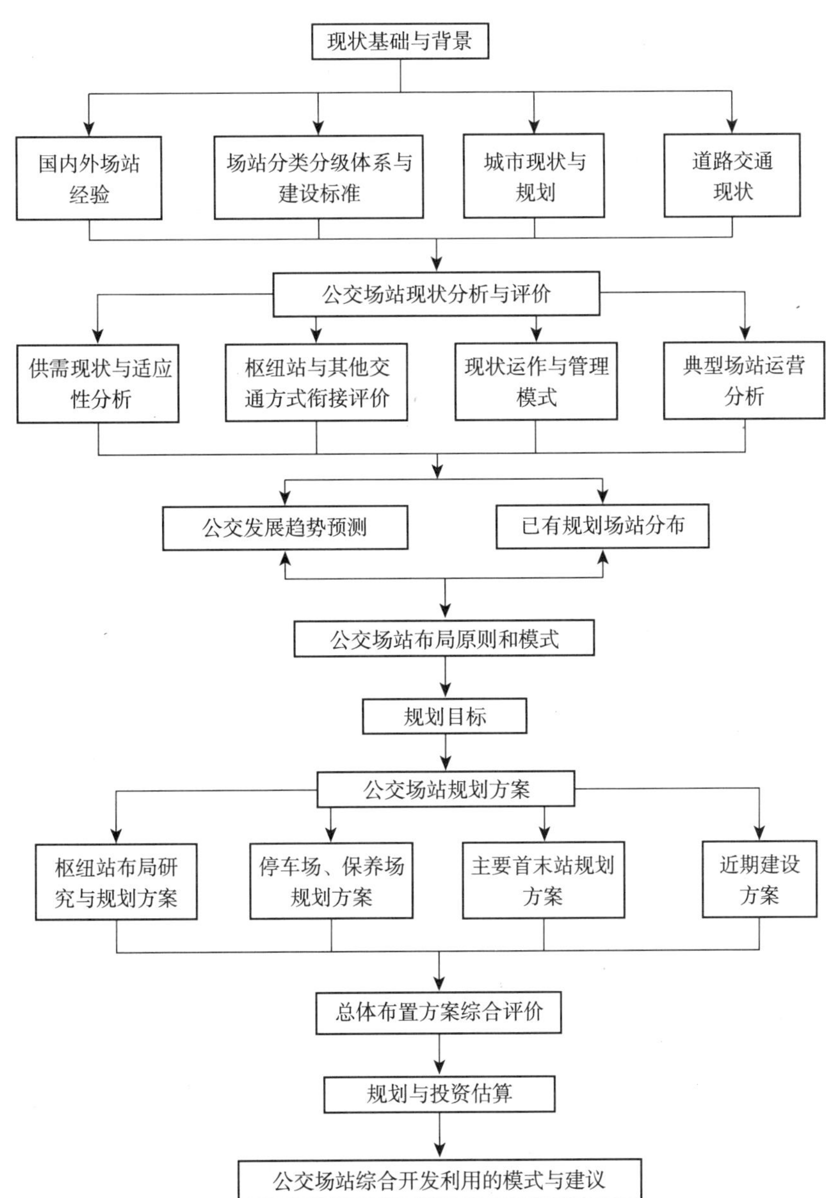

图5－3　公共交通场站规划技术路线框图

系统进行合理布局，确定合理规模，使其与公交线路系统相互配合，满足城市公共交通畅通安全、使用方便、经济合理的要求。

公交场站规划以城市总体规划、地区交通规划及公共交通规划为依据，在把握城市发展趋势的基础上，对公共交通进行系统分析，明确公交场站的发展思路，并依据总体规划、分区规划、控制性详细规划及批地情况确定公交保养场、专用停车场、枢纽站及首末站的位置与规模。通过规划保障城市公交场站用地充足，提出公交场站的综合开发措施，充分发挥公共交通整体系统效益，促进公交企业的良性循环和自我发展。公交场站规划工作包括：

（1）根据国家有关标准，结合城市发展情况，提出公交场站的分类、分级体系和建设标准，明确各自的功能和它们与公交线网、其他交通方式、客流集散点之间的相互关系，提出场站的总体布局和规模。

（2）参照城市规划、交通规划、公交规划及批地情况，提出各类场站在规划区域设置公交保养场、停车场、枢纽站和首末站的总体布局方案，以及概念性设计方案，包括场站的地理位置、平面布局设计和交通组织模式，为规划部门进行红线规划和用地预留控制提供依据。

（3）明确根据场站建设的用地规模进行投资估算，结合公交线网的优化和城市交通基础设施建设的进展，提出场站建设的分期实施计划与保障措施。

（4）提出场站建设的用地、资金、机制等的政策、经济和技术支持措施，研究公交场站与线路分离运作的建设和管理模式，提出公交场站综合开发利用的模式与建议。

第五节　公共加油（气）站布局规划

一、基本概念

公共加油加气站是为社会车辆补充能源的专用站点。根据能源的种类，可分为加油站和加气站。加油站的主要能源为汽油和柴油，加气站的主要能源为压缩天然气和液化石油气。按照国家的有关规定，加油站和加气站可分建，也可合建。但无论是分建还是合建，其建设规模应符合国家现行标准的有关规定。

二、规划思路与方法

我国目前正处于城市机动化高速发展时期，随着汽车保有量的不断增长，公共加油加气站的需求也不断加大。但由于加油加气站的建设对周边其他建筑的安全防护距离要求较高，因而加油加气站的规划数量和布局位置对城市用地的规划布局会产生较大影响。此外，随着汽车能源结构的改变，公共加油加气站的需求也会发生转变。

公共加油加气站规划应在对现状进行充分研究的基础上，针对现状存在的问题，提出规划整改措施；对城市用地拓展和机动化发展水平进行预测，结合清洁能源的使用和推广进行分析，对社会车辆加油加气需求作出科学合理的判断，从而科学地确定加油加气站的需求数量；结合城市发展趋势和土地空间布局规划，提出不同发展阶段的公共加油加气站空间布局规划方案，提出公共加油加气站安全使用的规划控制要求，使之既方便使用，又确保安全。

公共加油加气站布局规划技术路线如图 5－4 所示。

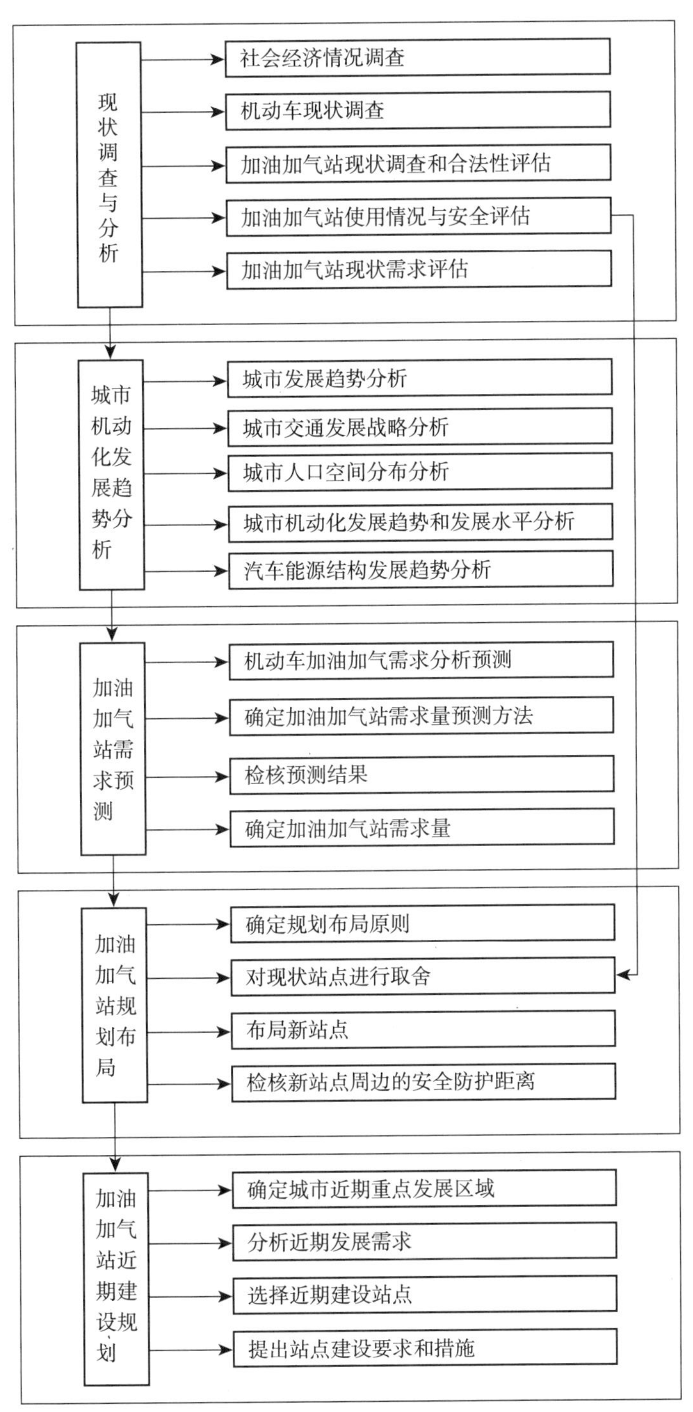

图 5－4 公共加油加气站布局规划技术框图

三、主要任务与内容

城市公共加油加气站规划的主要任务和内容如下：

（1）对城市加油加气站的现状进行综合评估和分析，对其合法性、安全性和适应性进行综合评价，对现状加油加气站进行取舍。

（2）根据城市交通发展战略，对城市机动化发展趋势和发展水平进行估计，确定城市机动化发展的合理规模和水平。

（3）提出城市加油加气站的合理需求规模。

（4）结合城市规划用地布局，在满足需求和安全使用的条件下，对加油加气站进行合理布局。

（5）提出近期建设目标和规划保障措施。

（6）提出加油加气站建设与使用时的安全规划要求。

第六节　规划案例

一、厦门市交通枢纽规划①

（一）规划编制背景及现状

城市土地发展和功能布局是城市总体规划的核心，城市交通枢纽的发展是城市新城建设、旧城改造等土地发展的要求，是城市人口、就业变化下的出行要求改变、城市交通模式改变的要求。同时，在新城开发建设中，厦门市将更多地借鉴“都市商圈”、“城市综合体”的模式，加快发展城市商务区和商业地产，将其作为新城区开发建设的主要方向。在此背景下开展《厦门市交通枢纽、商业综合体布局规划与实施策划》。

现状厦门市枢纽存在以下问题：

（1）现状枢纽不成体系，枢纽层次单一，分布不均，分布主要集中在岛内。枢纽系统对线网的引导及土地利用的引导作用十分有限，枢纽之间的层次划分也较为单一。

（2）对外交通枢纽的公交接驳显得不足。客流集散高度依赖火车站枢纽，使火车

---

①　厦门市城市规划设计研究院．厦门市交通枢纽、商业综合体布局规划与实施策划［R］．厦门：厦门市规划局，2009。

站枢纽用地不足，交通组织混乱；高崎机场公交站则服务线路少、接驳距离远，运力受到较大限制。

（3）主要市内客流集中点公交枢纽配置不够，用地缺乏。

（4）货运枢纽分布零散，与城市交通矛盾较大。

（二）定位

经济发展和城市化进程的迅速推进，使厦门市城市交通需求量剧增，而且使交通需求呈现出多元化、多层次的变化趋势。需求的变化使原来以单一的地面交通方式为主的交通系统越来越不适应发展的需要。如何把各种交通方式有机衔接，充分发挥各种交通方式自身的优势，提高其运行效率，成为城市交通枢纽的重要任务。

但商业综合体与交通枢纽联合开发的前景不容小觑。这不仅仅是城市地下空间综合开发利用的需要，更是城市现代化发展的必然需求和趋势。商业综合体与交通枢纽的联合开发，可以使两者优势资源加以互补。交通枢纽所运营搭载的大量人流是商业发展的保障。

（三）规划思路

（1）合理确定交通枢纽、商业综合体的规模及设置条件及其在系统中的地位，进行厦门市交通枢纽、商业综合体布局规划。

（2）根据规划布局方案及其他条件，确定近期实施方案，并结合近期实施方案合理确定交通枢纽、商业综合体的地块选址方案。

（3）进行项目策划，对地块选址方案提出相应规划设计条件，包括用地控制指标、交通组织等具体内容。

（四）方案简介

1. 厦门市客运交通枢纽发展模式

1）枢纽模式

主要有两种形式：轨道交通枢纽和常规公交枢纽，其中轨道交通枢纽占据优势地位，近期轨道交通枢纽以 BRT 部分枢纽代替。对于轨道枢纽而言，其主要换乘方式有六种：轨道与轨道之间、轨道与常规公交之间、轨道与小汽车之间、轨道与自行车之间、常规公交与常规公交之间、常规公交与自行车之间。

2）等级结构

根据厦门市客运枢纽所承担的功能为出发点，从服务范围、客流特征以及设施配置等角度进行枢纽等级的划分。

对外客运交通枢纽：主要功能是衔接市际与市内交通，其所承担的客流主要是火车站、机场、港口等的集散客流，而不是城市内部通勤客流。对外客运交通枢纽位置相对明确，规模主要受日均集散量决定。

市级客运交通枢纽：一般位于核心区，对保持中心区的活力具有重要作用，是本次城市商业综合体布局的重点。应具有很高的交通可达性，通常与中心组团、边缘组团的主要发展区有便捷的联系。以市级枢纽为中心，大约1h内可以覆盖全市大部分区域。

区级客运交通枢纽：是组团内部的客流集散、中转中心，为片区组团和中心组团提供便捷的联系。通常位于组团的中心区或是副中心，是新区开发的先导和依托点，对于引导多中心城市结构的形成有着重要的作用。

3）枢纽之间交通联系

根据厦门市规划城市结构，本岛仍然对各区保持强大吸引力，岛外各片区商业、商务、文化娱乐、行政办公等主要集中在片区中心，因此，城市空间距离加大，城市组团之间和本岛存在着大运量长距离的交通。一般市级枢纽位于城市核心区，区级枢纽位于片区组团的中心，它们之间依托快速轨道交通和快速公交的支持。片区级交通枢纽之间的交通联系一般弱于其与市级枢纽的联系。

2. 轨道交通枢纽布局规划

轨道枢纽站包括多条线路交会或多种交通方式换乘的综合枢纽站和轨道线路客流量大的中间站点。规划在全市范围内形成22个轨道枢纽，其中本岛10个，海沧3个，集美4个，同安2个，翔安3个（图5－5）。

3. 快速公交系统（BRT）枢纽规划

BRT枢纽站包括综合枢纽站和一般枢纽站。综合枢纽站是城市对外交通中心，是市内外交通衔接的枢纽，具有客流集中、换乘量大、辐射面广等特点。BRT一般枢纽站则指区位较为重要、客流相对集中或两条以上BRT线路之间的换乘站点。规划在全市范围内形成23个BRT枢纽站，从区位分布上看，岛内、岛外枢纽站布点基本持平，岛内12个、岛外11个（图5－6）。

4. 普通公交枢纽布局规划

1）市级枢纽

结合厦门市对外交通枢纽、城市主次中心布局和全市公交分级衔接关系，全市新规划市级枢纽10处，其中，本岛4处，海沧1处，集美2处，同安1处，翔安2

厦门市交通枢纽、商业综合体布局规划与实施策划

●轨道枢纽分布图

图 5－5　轨道枢纽布局图

处。结合现状线网和客流分布，保留梧村火车站、轮渡、会展中心的枢纽功能，继续加强江头的枢纽功能，结合对外交通和轨道交通，培育厦门新站、集美中心区、同安祥桥枢纽，结合岛外城市副中心定位，在马銮和翔安南部培育市级公交枢纽。

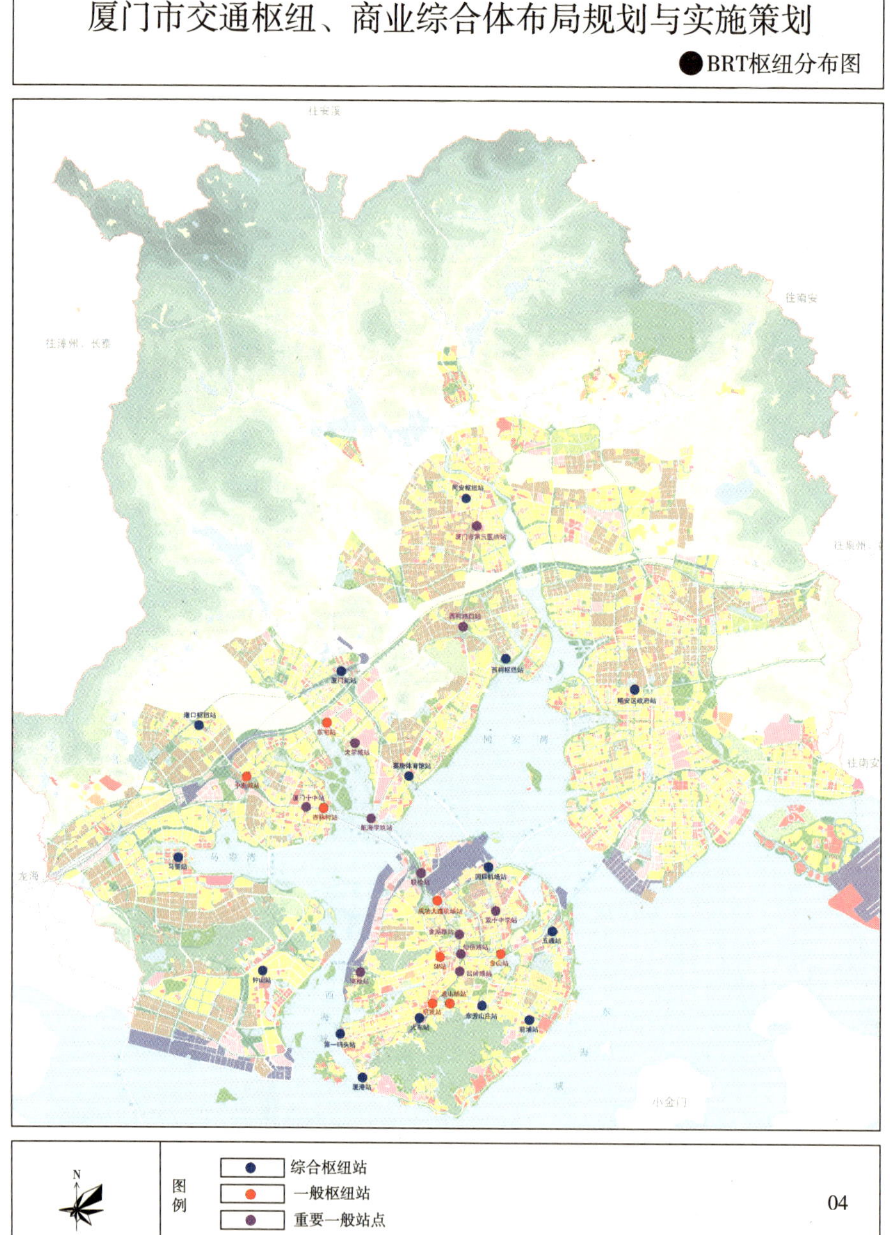

图5-6 快速公交系统（BRT）枢纽规划布局图

2）区级枢纽

结合厦门市区级中心、轨道交通节点、常规公交汇集处布置区级枢纽19处，其中，本岛7处，海沧3处，集美5处，同安3处，翔安1处（图5-7）。新增的区级枢纽岛内用地面积6000~8000m^2，岛外8000~12000m^2。

图5－7　厦门市普通公交枢纽规划布局图

5. 对外客运交通枢纽布局规划

1）公路长途客运枢纽布局规划

根据规划，未来厦门市市级长途客运站有7处：岛内2处，海沧2处，集美、同安、翔安各1处。现状厦门岛内松柏长途客运站及湖滨南长途客运站将置换用途（图5－8）。

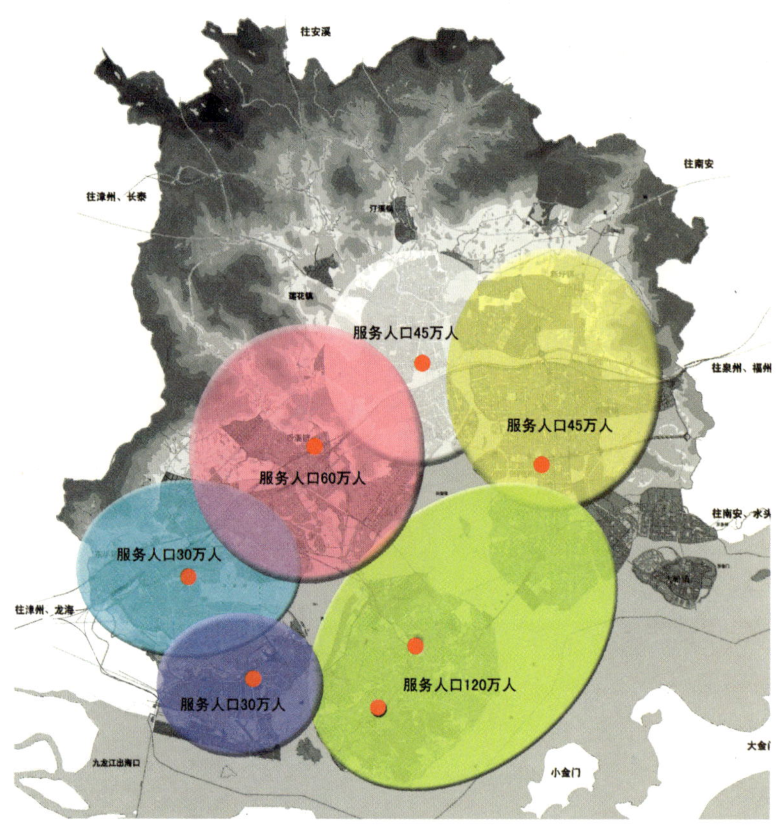

图5-8　厦门市市级公路长途客运站分布图

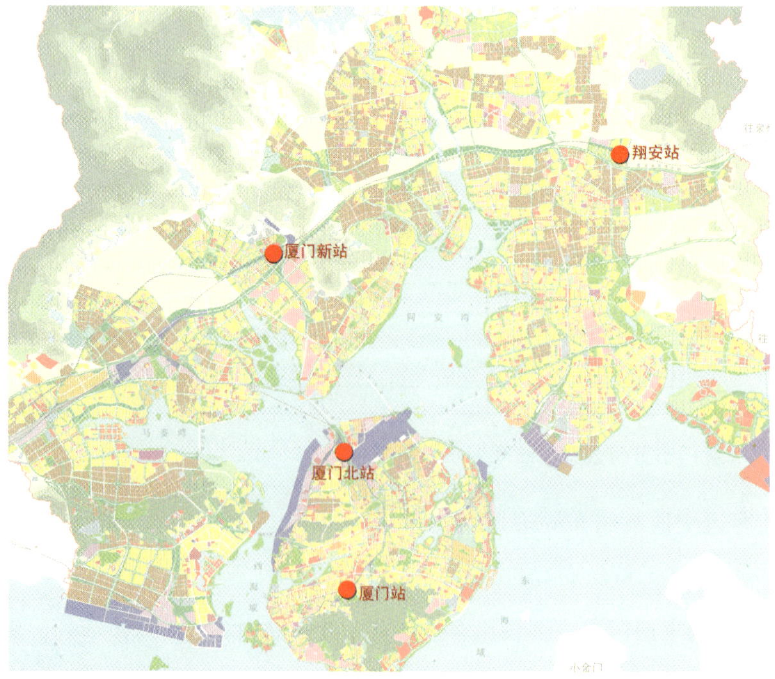

图5-9　铁路枢纽分布图

2）铁路客运枢纽布局规划

根据《厦门市综合交通规划》，未来厦门将形成“四主四支九站”的铁路枢纽格局。“四主”分别为鹰厦、福厦、厦深、龙厦四条铁路主线，“四支”分别为海沧、东渡、浏五店和招银港区疏港支线，“九站”分别为厦门新站、厦门站、厦门北站、翔安站、前场站、杏林站、海沧站、东孚站和白礁站。其中厦门新站和厦门站为客运站，厦门北站和翔安站为客货运站，前场站、杏林站、海沧站、白礁站为货运站，东孚站为编组站（图5－9）。

3）客运码头及机场

规划厦门市客运码头主要有：国际旅游码头、第一码头、轮渡码头、和平码头、五通码头。这五大客运码头均集中分布在厦门岛内，其中，五通码头在本岛东部，其他在本岛西部。

厦门高崎国际机场受用地的制约和影响，已无法再进行大规模拓展，不能满足未来长远发展要求。规划厦门第二机场位于翔安大蹬岛（图5－10）。

6. 客运交通枢纽整合

对外综合枢纽基本在各组团均匀分布，具备两种及以上交通方式综合换乘的需求。客运交通枢纽对外综合枢纽及其他枢纽进行整合。对外综合枢纽基本在各组团均匀分布，具备两种及以上交通方式综合换乘的需求（表5－2、图5－11）。

图5－10　机场港口枢纽分布图

规划对外综合枢纽一览表　　表 5－2

序号	枢纽名称	性质	位置
1	梧村火车站	铁路、公交、BRT、轨道	本岛
2	机场	航空、公交、BRT、轨道	本岛
3	钟山	公路、公交、BRT、轨道	海沧
4	马銮西	公路、公交、轨道	海沧
5	厦门新站	铁路、公交、BRT、轨道	集美
6	祥桥	公交、BRT	同安
7	新店	公路、公交、BRT	翔安

图 5－11　规划客运交通枢纽布局整合图

7. 客运枢纽近期建设实施计划

根据客运枢纽在城市交通中的重要程度，以及与商业开发的关系联系紧密程度，对客运交通枢纽进行建设实施计划排序建议。近期开发客运枢纽主要为近期可能开通的BRT线路所需枢纽及普通公交枢纽。其次，根据片区发展建设需要，对作为片区发展起极大推动作用的综合枢纽应及时建设。现状已发展较快的片区，需要交通枢纽支持的，也是近期建设交通枢纽的主要目标（表5－3）。

近期建设客运枢纽建议表　　　　**表5－3**

序号	枢纽名称	性质	位置	建设理由	备注
1	梧村火车站	铁路、公交、BRT、轨道	本岛	区域综合枢纽	
2	枋湖	长途客运站	本岛	对外交通发展需要	
3	五缘湾	公交	本岛	本岛东部片区发展	岭下
4	何厝	公交	本岛	软件园	
5	农科所	BRT、公交	本岛		在建
6	钟山	公路、公交、BRT、轨道	海沧	区域综合枢纽	
7	仰后	公交	在建		
8	厦门新站	铁路、公交、BRT、轨道	集美	区域综合枢纽	
9	嘉庚体育馆	BRT、轨道、公交	集美		在建
10	祥桥	公交、BRT	同安	区域综合枢纽	
11	西柯	BRT	同安	BRT发展	在建
12	新店	公路、公交、BRT	翔安	区域综合枢纽	
13	翔安马巷	公交	翔安	片区发展需要	
14	文教园	公交主要首末站	翔安	文教园发展需求	远期以东坑湾南枢纽替代

（五）创新与特色

1. 交通一体化

充分整合对外交通、城市客运交通以及货运交通等各种枢纽设施的布局，构建内外交通一体化系统。

2. 近远结合

规划既强调远期的超前控制性，又针对现状及近期发展提出实施策划，有效指导建设实施。

3. 交通与商业开发相结合

充分利用交通枢纽的优越条件，结合商业布局，引导城市发展。

二、厦门岛近期公共停车场选点行动规划①

（一）规划编制背景

随着厦门市机动车的快速增长和本岛东部土地开发建设的加快，机动车停车需求呈快速增长趋势，为了加快公共停车场的建设步伐，缓解厦门岛停车压力，厦门市人大提出了“关于大力实施公共停车楼建设的建议”的提案，亟须编制行动规划，指导公共停车场的实施建设。

1. 规划范围

由于厦门本岛为城市中心，停车问题日趋严峻，因此，相关部门确定在问题比较集中紧迫的本岛进行近期公共停车场选点行动规划，规划范围为厦门本岛 133km^2 的区域，包括思明、湖里两个停车区域。

2. 现状存在问题

（1）现状办公、公共服务设施配建停车场不足。大部分办公区域停车位配备不足，实际使用十分拥挤；在办公车辆配备还有较大发展空间的可能下，配备更显不足；大量现状公共服务设施由于历史原因，在高峰时段停车泊位严重不足，如医院、商业设施、会展中心、体育中心等均存在公共停车设施未配建或不足的问题。

（2）城市中心区因停车设施不足导致违章占道停车现象严重。在旧城区或禾祥西路周边区域进行交通流量及停车场分布调查时，发现违章占道停车现象严重，部分道路（如思明西路、大同路）设有明显的禁停标志，但依然存在较多的占道停车。占用道路乱停乱放，增加了道路的交通负荷，影响车流速度，引起城市路网功能紊乱，造成交通拥挤，形成恶性循环，给交通安全带来隐患。违章占道停车现象有管理不到位等因素，但最主要的还是公共停车泊位不足，以及停车诱导等设施不完善造成的。

（3）城市新开发区或新建公共设施存在社会公共停车场规划建设不到位问题。本岛城市新开发区如湖边水库、五缘湾等新区，在厦门土地利用规划中社会公共停车的规划不尽合理或是欠考虑（图 5－12），需要在专项规划中对公共停车场用地和建设模式加以落实。根据《城市道路交通规划设计规范》，机动车公共停车场的服务半径，一般地区不应大于 300m，城市中心地区不应大于 200m。

（4）社会停车场（库）的开发、经营形式仍比较单一。社会停车场（库）建设的

① 厦门市城市规划设计研究院．厦门岛近期公共停车场布点行动规划［R］．厦门：厦门市规划局．2008。

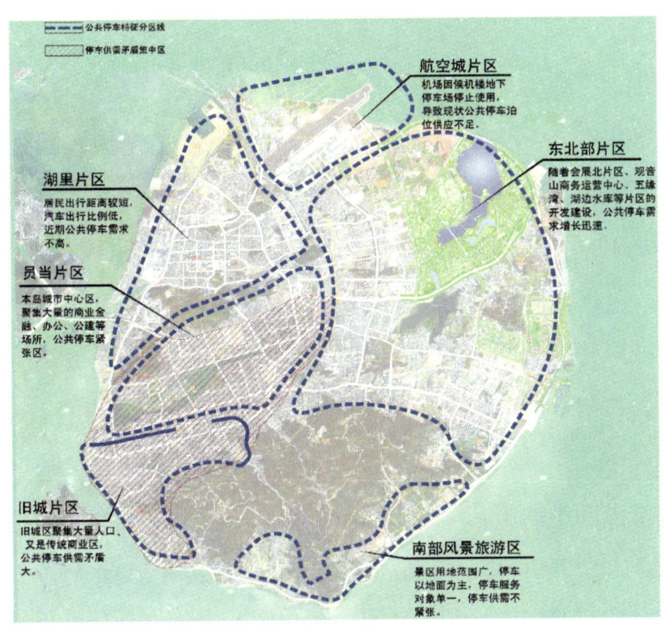

图5－12　各片区现状公共停车场问题分析图

投资主体单一，缺乏稳定、可靠的资金来源，发展缓慢。社会公共停车的建设模式研究不足，对停车场与绿化、广场、公园、公交场站或地下空间的开发结合不足，未能形成良好的开发建设模式，来保障本岛停车需求与供给的平衡。

（二）定位

厦门岛公共停车场近期实施规划首先定位于近期停车场总体布局规划，根据城市各片区的发展目标，结合近期停车需求的发展趋势，进行停车场的布局选址。

（三）规划思路

厦门岛公共停车场规划主要从规划布局、规模大小、停车设施类型等几个方面来考虑。

厦门岛公共停车场规划布局结合厦门市现有公共停车场的使用情况、近期停车需求区域的分析和其他城市公共停车场的设置经验，规划建议近期路外公共停车场主要在以下几种类型地点进行设置。

1. 大型公共服务设施

包括大型商业设施、大型体育设施或独立占地的医疗机构等。

从现状停车设施的使用情况调查来看，餐饮、娱乐等商业设施的停车利用率较高，如果再与居住、办公相结合，停车场的全天利用率都较高。因此，考虑在现状商业氛围较浓区域或结合新建大型商业设施进行停车场综合开发建设较为可行。

2. 大型交通枢纽

包括火车站用地、码头用地等。

这些点停车需求较大，停车周转率高，如梧村火车站地区，既是大型交通枢纽，又是商业集中地区，停车需求大。

3. 按片区及人口设置的配套设施

包括中小学、社区服务中心、公园及街头绿地等。

规划中小学按照片区人口等进行分布，一般配有操场，地下空间可以实施利用，但应注意车库出入口与学生、行人的关系。

根据《厦门市本岛市政及公共配套服务设施组合模式研究》以社区服务中心和社区室外活动场地作为基本的组合单元对市政及公共配套服务设施进行组合：把社区服务中心用地面积扩大到1000m^2，加上室外活动场地1000m^2，两者组合在一起，其地下部分开发公共停车场，增加土地利用效率，部分解决目前本岛公共停车难的问题。

公共绿地（广场）地下停车场建设需满足一定规模要求，以节约建设管理成本，建议停车泊位数不少于50个，地块面积至少2000m^2才考虑建设地下停车场。绿地下建设停车场，每平方米工程造价2000元以上，一个车位的造价在7万以上，工程造价较高。建设有两种方式：一是结合人防工事在新建绿地（广场）下设置停车场；二是结合现状停车位紧缺区域在已有绿地下建设停车位，该类型建设会破坏地面已有植被的生长情况，建设成本较大，并存在一定社会成本。

4. 现状旧区拥挤地带

针对现状停车需求紧张而周边地块已基本开发建设完成的区域，可以利用较小地块建设坡道式停车楼及多层机械立体停车楼。据了解，每个机械停车位的造价在3～12万元之间，具有占地小、存取方便等优点，可考虑在停车时间较短、停车位周转快、效率高的医院、商业设施附近设置。

规模大小应通过停车需求预测来确定。对当前厦门市停车矛盾相对集中突出的区域和在建或即将建设的一些交通吸引量大的工程项目，通过详尽的现状调查，研究区域特点，进行停车需求预测及公共停车场用地选址并确定停车规模。

公共停车场的建设类型应因地制宜，充分考虑用地情况。不同类型的停车场造价相差大，用地紧张的地方多建地下停车库和停车楼，用地宽松的地方，建地面停车场，两者相结合。

（四）方案简介

1. 分析近期厦门岛重点建设片区及公共停车场需求分布

厦门岛近期重点建设的服务项目有：仓储物流项目，包括国际物流中心、旗山粮食储备库、现代物流园区等；商业贸易项目，包括闽台高崎对台水产品物流中心、台湾农产品集散分拨中心、闽南果疏批发市场、台湾水果销售集散中心、闽台花卉批发物流中心、五缘湾商务集中区、观音山国际商务营运中心、帝元维多利亚酒店等；卫生设施项目，包括仙岳医院扩建、社会福利中心改建、中山医院内科综合病房楼、妇幼保健院扩建、第一医院门诊综合楼、五缘医院（一期）、医药研究所迁建、口腔医院迁建等；文化教育项目，包括五缘学村、海峡交流中心（国际会议中心）；体育项目，有工人体育馆、青少年宫扩建、东坪山体育公园、五缘湾体育中心、香山国际游艇俱乐部等。

本岛近期建设的重点区域及近期停车拥挤区域是主要的需求区域。前者主要是针对新区的需求，可以根据规划土地利用的性质及开发强度进行分析；后者主要是对已存在的停车矛盾进行补缺补漏，但同时也考虑可实施性及供应策略问题。经过调查，近期中心区内停车需求较大的主要有以下地区（图 5－13）：①旧城片区：中山路商业区、人民体育场改造、第一医院。②筼筜片区：体育中心、湖滨一里－湖滨四里。③江头地区。④东北部片区：前埔会展中心、湖边水库、五缘湾。⑤航空城片区。

2. 分析厦门停车供应策略，区别不同区域制定指导规划

本次规划针对不同的区域采取不同的停车供应策略，这是由不同地区的规划性质、土地利用情况、开发强度所决定的。停车供应策略分为 3 个层次：严格控制区、控制区、适度调控区。本岛旧城区（厦禾路以南、万石山脉以西区域）属于严格控制区，主要采用停车设施的短缺供应和高费率策略等，限制车辆进入，加强对旧城的保护。本岛其余地区属于控制区——对停车位供给适度控制，通过停车需求管理适度控制本岛机动车的使用，鼓励公共交通发展，减少机动车污染，优化本岛城市环境。

3. 停车需求总量预测

1）依据规划人口

依据《城市道路交通规划设计规范》（GB 50220—95）进行计算确定。城市公共停车场总停车面积按规划城市人口每人 0.8～1.0m^2 计算，机动车停车场的用地为 80%～90%。单个停车位面积以当量小汽车为基准，依据规范并结合厦门市实际，取为 30m^2。配建停车场与公共停车场比例为 7∶3，厦门市岛内 2013 年规划目标人口为 159.4 万人，由此计算得厦门岛公共停车场（包括路边停车场）泊位总量在 4.06 万个左右。

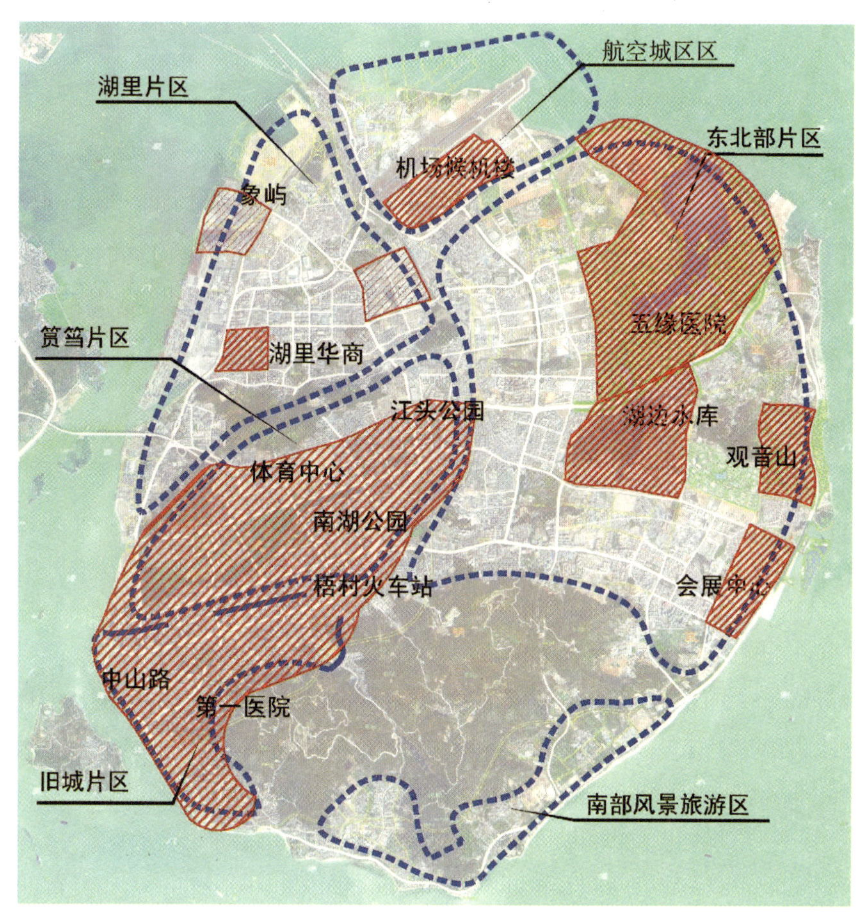

图5－13　公共停车近期需求分析图

2）依据机动车拥有量

参照国内外城市经验，汽车拥有量和停车泊位的比例为1∶1.1～1∶1.3，其中1.1～1.3中的1表示停车基本需求，鼓励购车者自备车位，通常是指建筑物的配建车位，0.1～0.3表示停车的社会需求，是指车辆在出行过程中产生的停车需求，通常是指公共停车位。2002—2007年厦门市年均汽车增长率为22.9%，厦门本岛汽车约占全市的65%，由此，预测2013年厦门本岛的小汽车拥有量预测约为27.9万辆，参照上述标准，2013年厦门本岛的小汽车总停车位36.27万个，其中配建车位27.9万个，公共停车位8.37万个。

3）参照国内畅通工程指标

畅通工程对每百辆注册汽车（折算成小汽车当量）占有的公共建筑配建停车场、社会停车场和占路停车场的车辆标准泊位（小区停车位除外）是：A类城市1等标准"车辆标准泊位/小汽车当量数"约在35%～45%之间，按2013年车辆预测水平，采用40%标准，其中路边停车位约占10%，则2013年路外公共停车场规划停车泊位为10万个。

上述三种方法计算出的停车需求总量相差较大，《城市道路交通规划设计规范》对居民机动车拥有率估计不足，故计算出停车位总量偏低，而第二种方法对停车位配备要求较严格，缺口会相对偏大，畅通工程指标则根据当前汽车发展及停车需求制定，区分了居住小区配建停车场与其余停车场，较为符合实际使用功能的区分，因此采用畅通工程指标的预测值。总体情况为：2013年预测公共停车场需求量为10万个，目前已有的停车位为68827个，近期缺口约为3.1万个。2010年路外公共停车场规划泊位为7.49万个，近三年内公共停车泊位缺口0.61万个。

4）规划选点方案

根据满足需求，形式上因地制宜，遵循规模适宜，分散布局，适应厦门市公共停车场供应策略，模式化（对有条件、有必要设置新建社区中心、新建中小学、新规划的公园等，在项目规划建设时建议统一考虑公共停车场的设置）等原则，远近结合，考虑可实施性，近期为远期考虑，为远期发展留有余地。厦门本岛公共停车场近期选点规划30处（图5-14），共有14821个小车泊位，510个大车泊位，其中公交场站综合开发的有4处，公园用地地下开发的有2处，体育设施用地地下开发的2处。

根据相关规划提出相应的模式化规划方案，共增加约8600个停车位。

（1）近期建设中、小学公共停车场规划。根据《本岛中小学专项规划》，建议在近期本岛扩建、整合及新建中小学时，结合公共停车场需求，在有条件的操场地下空间进行公共停车场开发，根据统计，约可开发4500个停车泊位。

（2）近期建设社区服务中心规划。根据社区模块组合，在近期开发的社区及室外活动场地的地下空间进行开发（图5-15），本岛约可开发500个地下停车位。

（3）公园绿地规划。根据近期公园开发及停车需求分析，本岛近期可利用公园绿地开发地下空间，约产生3600个停车泊位。

旧城片区开发建议：本岛旧城区属于严格控制区，限制车辆进入，与旧城路网容量相适应，加强对旧城的保护。本岛其余地区属于控制区：对停车位供给适度控制，通过停车需求管理适度控制本岛机动车的使用，鼓励公共交通发展，减少机动车污染，优化本岛城市环境。

路边停车及咪表路边停车是路外公共停车场的有效补充：现状路边及咪表停车占公共停车场比例偏少，根据需求，可在小区级道路适当加设路边停车泊位，弥补原有

厦门岛近期公共停车场布点行动规划

——近期公共停车场规划布点图

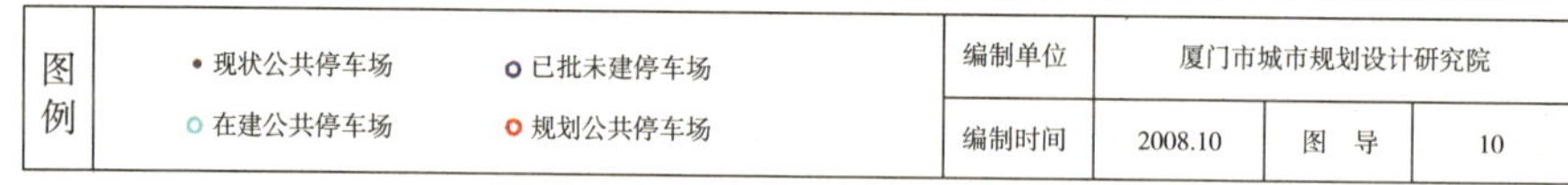

图例	• 现状公共停车场　○ 在建公共停车场	○ 已批未建停车场　○ 规划公共停车场	编制单位	厦门市城市规划设计研究院		
			编制时间	2008.10	图　导	10

图 5－14　厦门岛公共停车场选点行动规划布局图

配建停车位不足问题。

（五）创新与特色

（1）针对城市中公共停车场旧区用地缺乏，新区没有明确的用地控制规范，实施难度大的特点，本规划提出了相应的模式化规划方案，使公共停车场的规划实施与相应的用地开发有较好的衔接，可操作性也较强。

（2）停车位需求规划根据规划人口、机动车拥有量、国内畅通工程指标等三种标

图 5－15　社区服务中心布局规划图

准进行预测和校核，分析各种方法在厦门市的适应性。

三、厦门市公共交通场站专项规划①

（一）规划编制背景

在经济增长推动小汽车拥有量增长迅速，交通问题日益突出的背景下，2005 年国务院办公厅转发建设部等部门《关于优先发展城市公共交通的意见》，明确了优先发展城市公共交通是提高交通资源利用效率，缓解交通拥堵的重要手段，并指出各地要科学编制公共交通规划，重点确定公共交通结构、线网分布、场站布局、用地规模、建设计划等。

同时，厦门市提出实施“海湾型”城市的战略定位，城市土地利用需要更为有效的重组，厦门市城市建成区范围、人口规模、交通基础设施、居民出行需求、公共交通营运规模等城市公交基本要素都发生了巨大的变化，对城市公共交通发展提出新的

① 厦门市城市规划设计研究院．厦门市公交场站专项规划［R］．厦门：厦门市市政园林局，2005。

和更高的要求。

1. 规划年限及范围

规划编制范围为《厦门市城市总体规划（修编）（2003—2020）》的规划区范围，包括厦门岛（含思明、湖里）及集美区、海沧区、同安区、翔安区等岛外地区。规划编制年限与厦门城市总体规划一致，近期到2010年，远期到2020年。

2. 现状情况分析

公交首末站（枢纽站）用地不足和布局失衡：岛外公交首末站（枢纽站）密度低，岛内密度相对较高。公建集中区域及大型住宅区的公交首末站（枢纽）配置不够，近期重点发展区域急需补缺补漏。目前新开发的许多小区、大型公建都没有建设或预留相应的公交首末站，公交线路停靠常常东挪西借，也使现有站点超负荷承接公交线路。

对外交通枢纽的公交接驳显得不足：现状厦门市主要对外交通枢纽中和平码头、湖滨南路客运站等均未设置公交首末站及枢纽，不利于大量对外交通人流的疏散和该地区的交通组织。客流集散高度依赖火车站枢纽，高崎机场公交站则服务线路少、接驳距离远，运力受到较大限制。

主要市内客流集中点公交枢纽配置不够：大型客流集散点基本集中于岛内，并主要在轮渡地区、火车站地区以及旧城商业区，形成了火车站、轮渡、会展中心、厦大、人才中心、莲坂国贸站等主要客流集散点。岛外只有海沧钟山、同安小西门车站等少数客流较为集中的枢纽点。

公交车场不足，布局不适应城市发展：现有车场的分布及功能存在一定的不合理之处，整体分布不均匀，如杏林、集美、海沧区均没有公交车场用地。而本岛有些车场随着城市发展，已经位于城市中心区，不适合原有的功能。如湖滨中路停保场由于位置地处市中心，将来已不适合继续作为大型公交停保场的功能，需往市中心外围转移。

场站用地功能属性不合理，场站使用部门分割，各营运公司面临不同场站匮乏问题：大量场站的临时使用属性，造成场站功能不全，仅能作为发车和停靠地点，且容易被其他功能所占用，无法保证公交场站发挥社会效益。

（二）定位

针对机动化快速发展以及近年来公共交通发展的“瓶颈”，厦门市陆续开展了公交场站专项规划、近期实施行动规划等各种相关规划，将远期公交系统以枢纽的方式“锚固”，近期找准实施必要性、实施可能性进行选点行动规划，通过增强场站布局的合理性，提高公交系统运行效率，推动公交系统的整体水平提升，以吸引更多的市民采用公交方式出行，通过落实公交优先政策达到缓解交通拥堵的目的。

（三）规划思路

《厦门市公共交通场站专项规划》既要着眼于现状，也要看到将来分阶段的发展趋势，预测需求及规模、划分等级、空间布局控制等，每个步骤都缺一不可。同时，针对目前公交站场供需矛盾突出，全面考虑厦门市城市建设近期发展重点，将那些对拉伸城市布局、与城市公交主走廊衔接、重点发展区急需、对解决现状矛盾起重要作用的规划站点特别提出纳入近期（2010 年）场站建设计划，用以指导公交场站按城市规划有序推进。

（四）规划方案

公交场站按功能分为枢纽站、首末站、综合车场（含调度中心）三类。前两类（首末站、枢纽站）属服务于公交运营的场站，综合车场属服务于公交车辆的场站。

1. 综合公交车辆发展规模预测

参照畅通工程公交车辆万人拥有率指标计算的公交车辆规模相对较高，在公交优先政策引导下可以作为规划依据。但城区人口的规模主要依据 2004 年总体规划，较为保守。现有规划人口实际已对总体规划人口有较大突破，因此，规划范围主要为总体规划范围及局部近期市重点建设区域（突破总体规划人口范围的），对一般性不在总体规划范围内的规划区，建议将来应对公交车辆规模作相应的调整，以适应公交发展的需求。规划 2020 年公交车辆发展规模在 4350 标台左右，在本规划范围内不低于 3800 标台。

2. 公交场站用地总体规模预测

厦门市公交场站根据发展较适合公交首末站（枢纽站）兼具夜间停车功能的模式，旧城区及核心地区公交首末站（枢纽站）可不提供夜间停车，转移到专用公交停车场进行夜间停车。远期公交大型修理推向社会，不再单独配置公交修理厂。预测进修理厂进行维修的车辆维持在 5%，首末站（枢纽站）兼具夜间停车功能，规划按保证 75% 的公交车辆可以停车，用地标准见表 5－4 所列。综合车场保证 20% 的公交车辆停放，并进行一定的保养，标准车占地面积按照 $220m^2$ 配置。

厦门市公交场站规划用地标准（m^2/标准车） 表 5－4

区域	首末站（枢纽站）	综合车场
城市中心区	90～100	90～120
外围地区	100～120	90～140

结合厦门市公交车辆发展规模预测，可得厦门市公交场站总体发展规模，见表5－5所列。

厦门市公交场站用地需求总体规模表 表 5－5

用地类型	现有永久用地场站数量	现有永久用地（m^2）	远期规划用地（m^2）
公交首末站（枢纽站）	19	109224.3	522000
停保场	8	105064.7	191400

3. 公交枢纽布局规划

首先根据重要程度，公共交通枢纽可分为市级公共交通枢纽和区级公共交通枢纽。分析厦门市轨道交通规划、快速公交系统规划、厦门市商业网点规划等，考虑“公交与其他交通方式衔接”和“公交之间衔接”两个方面进行公交枢纽布局规划。

结合厦门市对外交通枢纽、城市主次中心布局和全市公交分级衔接关系，新规划全市市级枢纽10处（图5－16），其中，本岛4处，海沧1处，集美2处，同安1处，翔安2处。结合现状线网和客流分布，保留梧村火车站、轮渡、会展中心的枢纽功能，继续加强江头的枢纽功能，结合对外交通和轨道交通，培育厦门新站、集美中心区、同安祥桥枢纽；结合岛外城市副中心定位，在马銮和翔安南部培育市级公交枢纽。结合厦门市区级中心、轨道交通节点、常规公交汇集处布置区级枢纽19处，其中，本岛8处，海沧3处，集美4处，同安3处，翔安1处。新增的区级枢纽岛内用地面积6000～8000m^2，岛外8000～12000m^2。

规划轨道—公交换乘枢纽：轨道—公交换乘枢纽应作为轨道枢纽的配套设施，采取与轨道同步建设、同步交付使用、同步运营的开发模式。此外，换乘枢纽站与轨道站间距应不超过200m，即让乘客的步行换乘时间控制在3min以内；如果条件许可，则应尽可能做到“无缝衔接”。本次规划引用《厦门市轨道交通线网规划》有关规划成果，在全市范围内沿轨道1、2、3、4号线共布设轨道交通配套公交接驳场站49个，面积10.2hm^2，沿线还有39个规划公交场站可与轨道站点配合接驳，在规划期形成轨

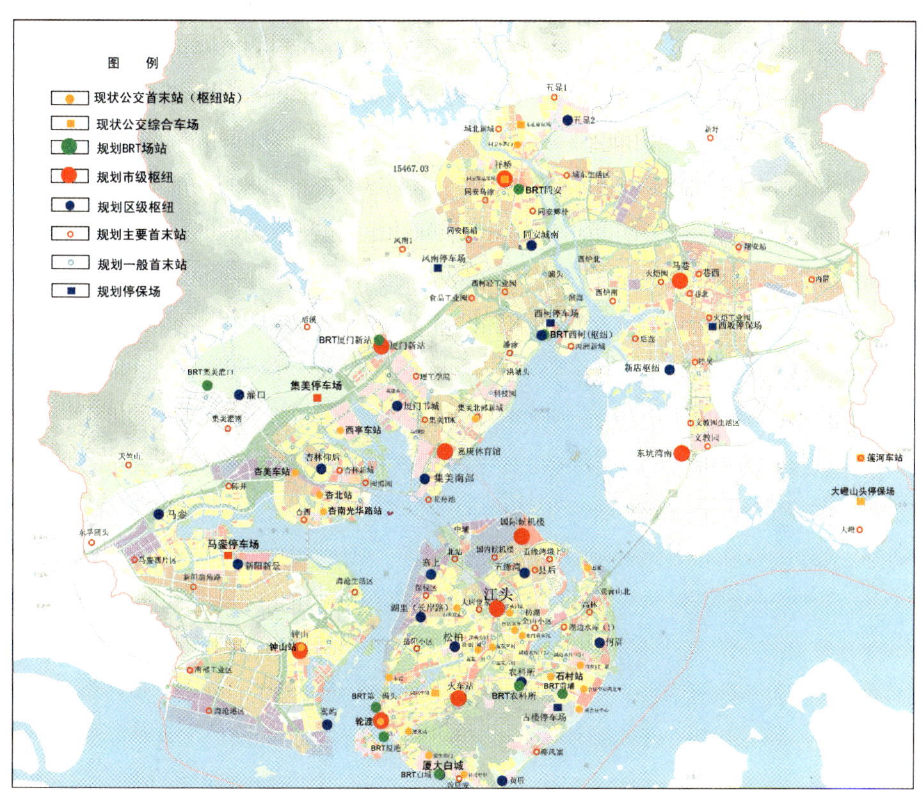

图 5－16 厦门市公交枢纽规划布局图（远期）

道与常规公交的接驳系统（图 5－17）。

4. 公交首末站布局规划

首末站是公交线路的起点和终点，公交线路的布设与客运发生量和吸引量三者之间密切相关。根据 OD 客流调查，尽量使线路的始发站、终点站与城市各交通区之间主要客流流向的 OD 点重合，避免不必要的两端短距离换乘。

根据城市总体规划中土地利用规划（2020 年）及各交通中区人口的分布得出各个交通中区中首末站的个数，规划按每 3 万人 1 个公交首末站，每个公交首末站的面积 $2000m^2$ 的标准配备，计算出全市公交首末站共需 116 个，总用地 $23.2hm^2$。

由于本岛中心区和岛外各分区在未来公共交通战略地位和用地等情况不同，用地需求也不同。对于本岛中心区，由于用地紧张，不宜在规划中发展大规模的场站用地，通过弹性系数进行适当的调整；对于岛外各分区，由于岛外是未来厦门市公交客运活动极为活跃的地方，且岛外用地较岛内宽松，未来新增公交线路主要位于岛外各中心组团，为了保证未来公交车辆的停车问题，减少由于首末站用地不够而造成运营服务水平下降以及对周围环境不良影响等，规划应该具有充分的首末站

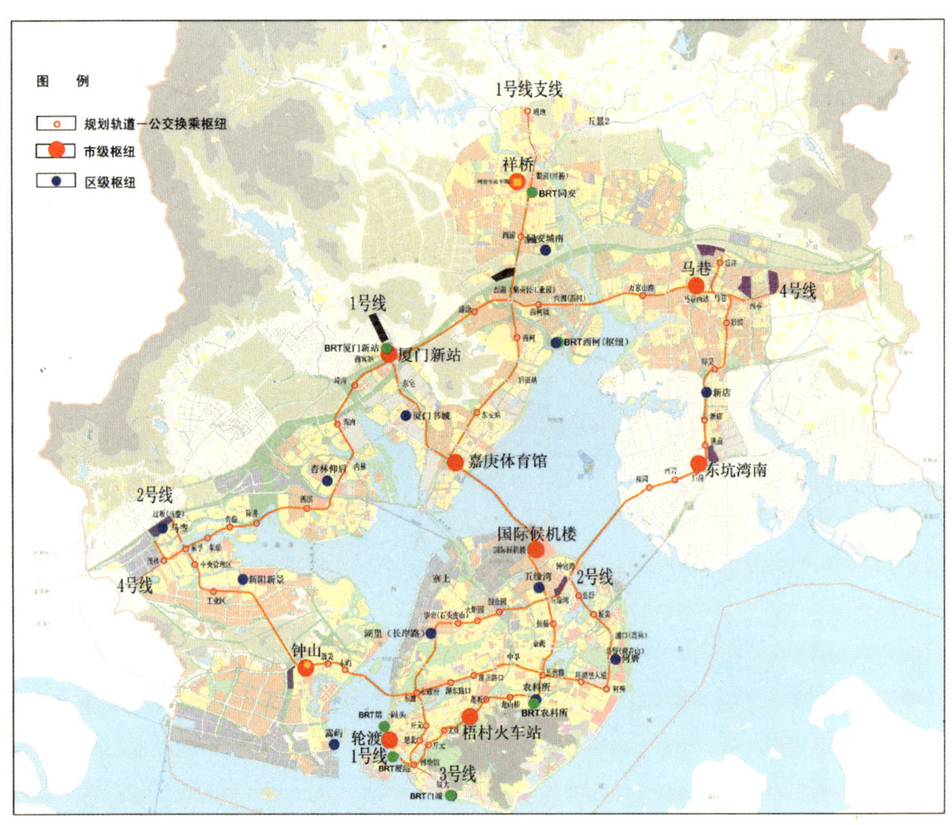

图 5－17　厦门市轨道—公交换乘枢纽规划布局图

用地。

在公交场站运营模式中，我们选用用地标准来预测用地规模和布局，且按照首末站部分兼作停车场的模式进行用地布局，将车辆高级保养和修理推向社会，充分利用社会资源解决的模式。根据需求预测，这种模式每处公交场站总用地标准为 175 ~ 185m^2/标准车，常规公交每车首末站的规划用地面积按每辆标准车用地 90 ~ 100m^2（本岛取低值，岛外取高值）计算，但若该首末站所配营运车辆少于 10 辆时，岛外宜乘以 1.5 以上的用地系数，岛内则采取首末站不兼作停车场的模式，这种模式每车公交场站总用地标准为 215m^2/标准车，首末站的规划用地面积按每辆标准车用地 40 ~ 55m^2。末站停车坪的大小按线路营运车辆车位面积的 10% 计算，生产、生活性建筑面积一般为首站建筑面积的 12% ~15%。

根据首末站布局、选址的原则和影响因素及每个中区首末站用地预测，结合现状厦门市公交首末站的用地及布局，规划得到公交首末站 127 个，总用地为 37.2hm^2，其中主要首末站 75 个（含现状永久及借用的一般场站 17 个），一般首末站 52 个（图 5－18）。

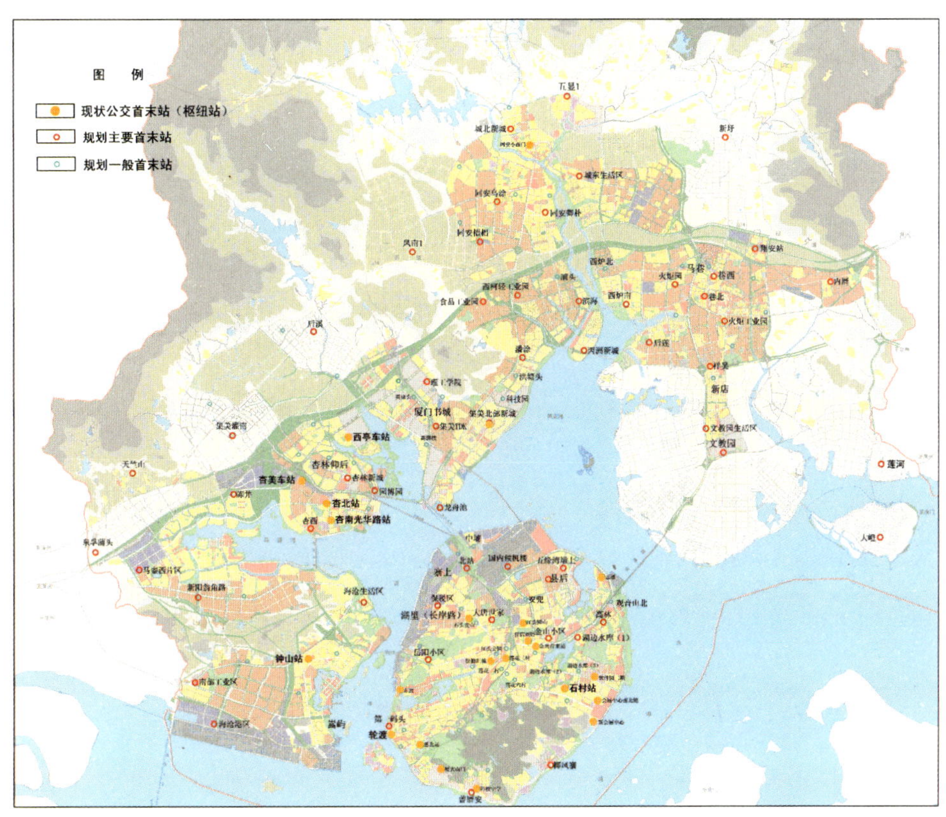

图 5－18　厦门市公交首末站规划布局图

5. 公交综合车场布局规划

从公交停车场所承担的功能看，应布置于分片区域公交首末站的中心地带，以使此区域内公交车辆需要停放时，行驶距离尽可能短，降低运营成本。维修保养趋向于具有综合功能的车场，维修、保养通常会功能二合一。厦门市现有公交保养场两处——同安东山保养场、大嶝山头保养场，其面积分别为 10598.6m^2 和 9977m^2；公交修理厂一座，位于同安城南工业区，属租用场站，占地 6000m^2，停保场、修理场共 26575m^2。

大型修理厂考虑社会化需要，规划不予考虑，现有修理厂可通过社会化改革进行用地调整。总计规划公交停车场、保养场共 12 个，总用地面积 199586.95m^2（含现状）（图 5－19）。

（五）创新与特色

公交场站的规划研究，不仅为公交场站本身的建设和管理提供了依据，而且也是整个公交系统枢纽锚固型结构的重要组成部分。厦门市公共交通场站规划体现了以下创新和特色：

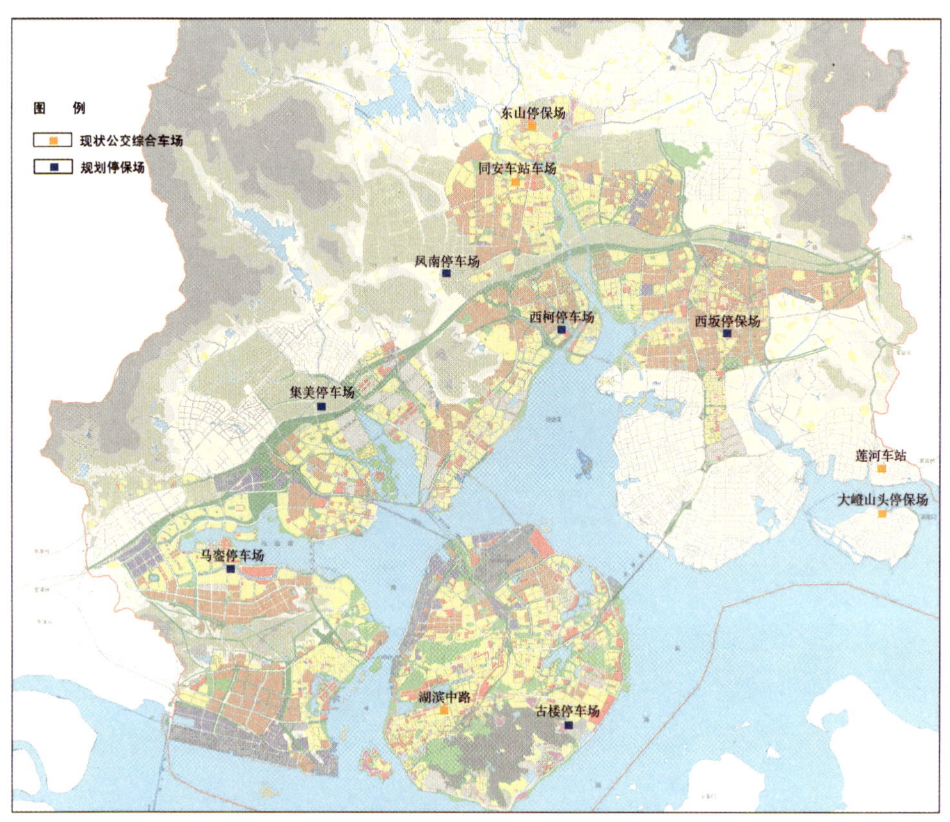

图 5－19　厦门市公交综合车场规划布局图

1. 层次性

公交场站是公交系统的一个重要组成部分，公交场站的层级划分是一个体系的划分，本项目着重于研究对应各个层次的综合规划，不同层次考虑不同的影响因素。

2. 突出行动计划

规划新增的公交站场皆为单独占地的基础设施，需要大量的资金，短期内建设不可能一蹴而就，制订分期建设计划就显得非常重要。按照本次规划确定的公交站场分类体系，近期实施站场以满足现状和短期发展需求为主要目标，对各类站场分别进行对比，从中挑选出急需建设的站场，列入近期规划。

3. 实用性

为便于规划管理与衔接，编制设计指引，作为日常规划行政许可的依据之一。远期规划用地超出规划用地预测，主要原因是本次规划范围在局部地区突破了总体规划城镇人口，如环东海域地区、翔安下潭尾开发区等，还有本岛实际统计人口已突破总体规划的 100 万人口。局部场站在将来实施过程中，可根据片区发展需要逐步实施。

四、厦门市公共加油加气站规划①

（一）规划背景及现状

厦门市 2008 年现有公共加油加气站共计 127 座，绝大多数为加油站，加油加气合建站仅 3 座。在新一轮跨越式发展和建设海峡西岸中心城市的大背景下，城市机动化也处于高速发展时期，对城市公共加油加气站提出了新的需求。但现状加油加气站存在空间分布不均衡，加油加气不方便，部分站点用地手续不全，安全防护距离不足（图 5 - 20）等问题，不能适应城市化的发展要求，也不能适应汽车能源结构变化的要求。

图 5 -20　加油站与周边住宅间距较近

（二）规划定位

结合城市城市交通发展战略，提出城市机动化合理发展规模和发展水平，确定城市公共加油加气站的合理需求规模。根据汽车能源结构的变化，提出城市公共加油加气站的规划对策。

（三）规划思路

本规划的基本思路是通过重新审视厦门市公共加油加气站的现状，发现存在的问题，提出规划整改措施。同时根据城市的发展趋势和城市交通发展战略，提出城市机动化的合理发展规模和发展水平（图 5 -21），进而确定城市公共加油加气站的合理需求规模，提出规划布局方案。此外，针对未来汽车能源结构可能产生的变化，提出规划应对措施。

（四）方案简介

1. 编制规划

《厦门市公共加油加气站布局规划》于 2008 年 3 月开始编制，规划历经现状调查分析、加油加气站需求预测、规划布局方案审查等阶段，于 2009 年 11 月完成规划编制工作。

---

① 厦门市城市规划设计研究院．厦门市公共加油加气站空间布局规划［R］．厦门：厦门市规划局，2010。

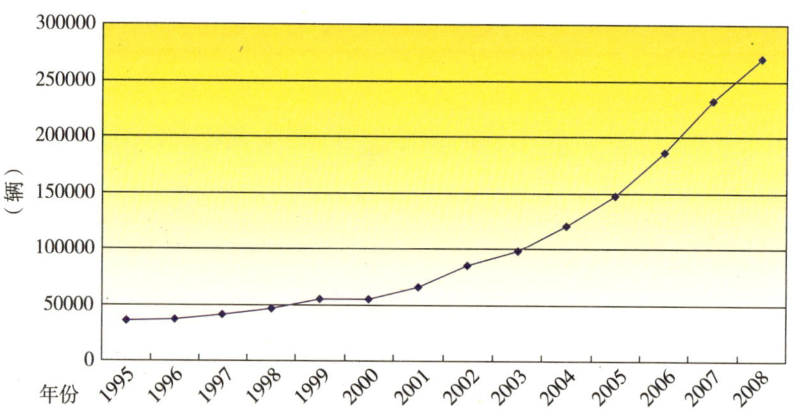

图 5－21　厦门市汽车保有量增长趋势图

该规划对现状加油加气站的合法性、安全性和适应性进行了全面的评估，提出了取舍建议和规划整改措施。规划结合厦门市交通发展战略，对厦门市机动化的发展规模和发展水平进行了合理的估计，进而提出了厦门市公共加油加气站的合理需求规模，并在此基础上，结合城市规划用地布局，按照满足需求、确保安全、方便使用、规划协调的原则进行规划布局。根据厦门市未来的发展需求，厦门市共布置 246 座公共加油加气站，其中加油站 187 座，加油加气合建站 59 座，并提出了分阶段实施规划（图 5－22）。

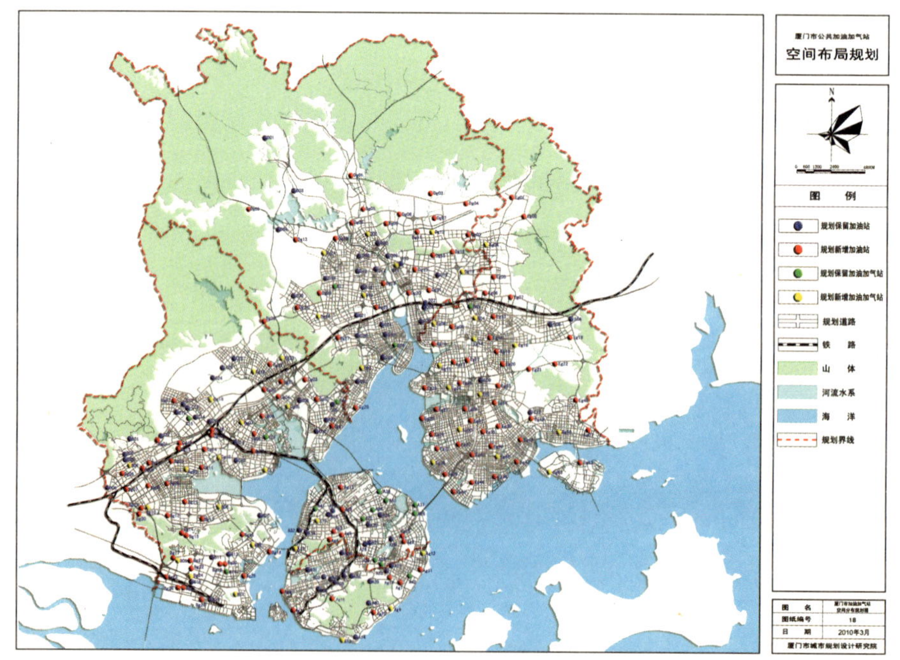

图 5－22　厦门市加油加气站空间布局图

规划针对未来汽车能源结构的变化趋势，认为近阶段加气站不宜全面铺开建设，宜局限在公共交通工具的加气需求上。此外，为集约使用土地，规划认为加油站和加气站宜合并建设。

2. 分期实施总体规划

本规划将厦门市新增加油站和加油加气合建站分为三期建设，近期 2009—2015 年，远期 2015—2020 年，远景 2020—2030 年。规划建议保留的现状加油站需要改建为加油加气站的站点，宜在 2020 年以前完成，新规划加油加气站点依据城市拓展趋势按分期建设规划实施。

3. 规划保证措施

在本次加油站规划中，对于符合规划、建设水平高、效益好的加油站予以保留，对于不符合规划的加油站将进行调整，同时根据城市的发展要求新增部分加油站。新增加油站需要解决的是市场准入的规范与公平问题，政府的监管职能将重点突出在合理制定市场准入原则和经营权的取得程序。因此，将针对不同类型加油站给出相应的规划实施保证措施。

现状加油站中，对于没有任何合法手续的加油站，将其认定为非法，建议采取行政手段使之逐步关闭；不符合本次布局规划要求的，已取得相关手续的现状加油站，建议予以迁建，在今后申请新建加油加气站的资格准入和经营权招投标活动中均享有优先权；符合本次加油加气站布局规划要求，有规划许可证的加油站，必须补齐手续，方可继续经营。

对于新建加油站，列入本次规划的新建加油加气站用地，在今后进行控制性详细规划时必须逐步落实，以便预留规划加油加气站用地。制定市场准入资格评定标准，申请建设加油加气站单位的资质由市经济发展局牵头，市清理整顿办公室确认。

在规划实施中，严格执行已批准的加油加气站规划，任何部门不得擅自变更，确需变更的，须按规定程序报经原批准机关审查同意。合理控制加油加气站规模及安全间距（图 5－23、图 5－24），建议一级站的规模 2500～3000m^2，二级站规模为 2000～2500m^2，三级站规模为 1500～2000m^2。

4. 具体实施导则

依据《汽车加油加气站设计与施工规范》（GB 50156—2002）等相关规范，制定详细的实施导则，包括加油站站址选择、总平面布置、交通组织等（图 5－25）。

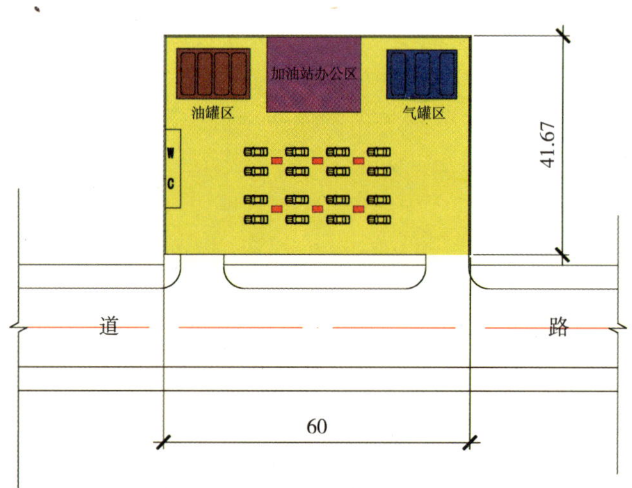

图 5－23　2500m² 加油加气站平面布局示意图

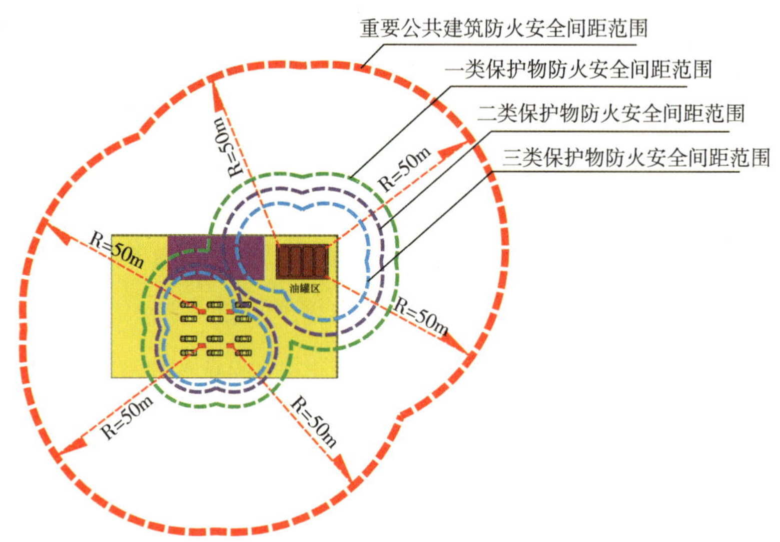

图 5－24　二级加油站对各类建筑物的防火安全距离要求示意图

（五）创新与特色

（1）对现状加油加气站进行了较全面的评估，提出了具有操作性的规划整改建议。

（2）探索了确定城市公共加油加气站合理需求规模的方法和路径。

（3）针对未来汽车能源结构的变化趋势，提出了城市加油加气站的规划应对策略。

（4）针对现状加油加气站在使用中存在的问题，结合国家现行规范的安全使用要求，提出城市加油加气站的规划用地规模。

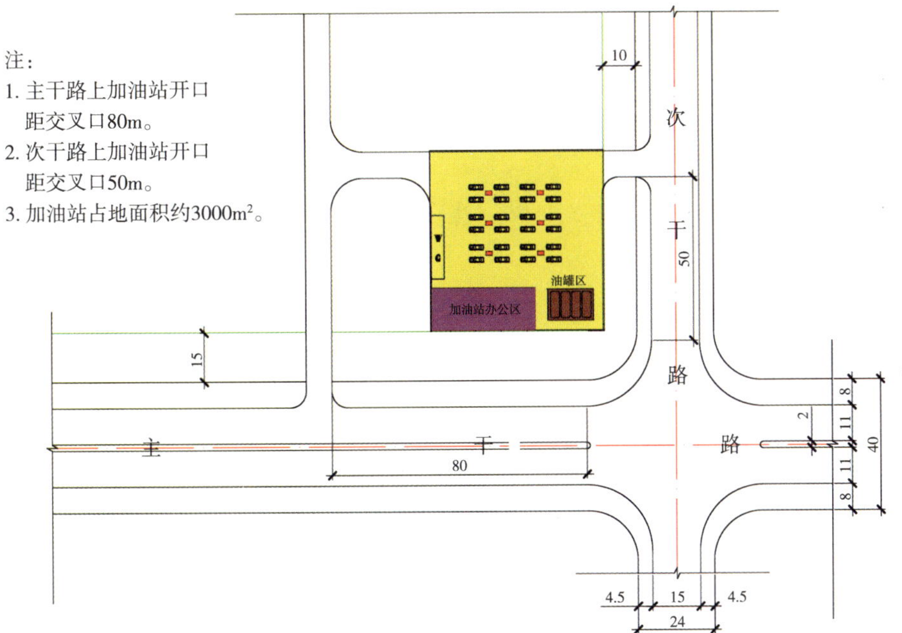

图5-25　主干路与次干路交叉口加油站平面布局示意图

第六章　城市交通改善规划

第一节　城市交通改善规划概述

所谓改善，就是在保持大局不变的前提下，解决现实中存在的局部问题。城市交通改善规划的主要目的在于缓解城市交通压力，改善交通环境。交通改善研究对象是城市交通的局部拥挤区域，如城市中心区、商业区、交通枢纽区域、某条道路及节点等。交通改善主要针对现状存在的或近期可能出现的交通问题，具有明显的时限要求，采取的措施必须能够在短期内见效，交通改善规划年限一般为3～5年。城市交通改善规划必须每隔几年滚动编制，而且还应在编制完成后尽快实施，保证改善措施持续落实。

第二节　城市交通改善规划

一、基本概念

城市交通是一个整体系统，局部的交通问题如得不到尽快改善，势必影响周边区域乃至整个城市的交通系统。城市交通改善规划就是从改善交通系统供给水平及实施交通需求管理入手，对城市局部区域交通系统中不合理的部分作局部调整、整合、控制，以达到从一定程度上改善城市交通环境的目的。城市交通改善规划一般涉及城市功能布局、土地使用、环境保护、社会公平、交通安全、交通建设投资等许多方面。一方面必须对现有道路交通状况进行深入分析，通过交通管理措施优化交通结构，协调组织各种交通方式，充分挖掘现有道路通行能力；另一方面，根据道路交通流量变化，把握近期交通发展趋势，分“轻重缓急”，提出近期城市交通基础设施建设及改造，以应对近期交通需求，同时引导建立安全、舒适、快捷、低耗的绿色城市交通系统，实现城市交通可持续发展。

二、规划思路与方法

城市交通改善规划首先必须分析规划区域在整个城市交通系统中的特征，开展全面系统的交通调查，如机动车、非机动车、行人流量、公共交通、客流调查及停车设施等，在此基础上分析存在的主要问题，分析交通供给指标，完善道路网络的系统功能，提出路网及交通节点的建设及改造方案，同时完善各种交通设施及优化公交线网，充分发挥交通系统通行能力。交通改善的主要目标是提高交通容量，保证交通安全畅通，因此交通改善方案要体现"公交优先"，同时还要体现社会公平，不能仅仅考虑机动车的利益，还要关注交通系统中的步行、非机动车等交通群体，具体应体现在以下一些方面：人行横道间距、宽度设计，交叉口灯控间隔时间及分配设置，路幅结构及宽度分配，人行道铺设材质、坡度及凳椅等休息设施，公交站点设计，无障碍系统设计等。对于交通拥挤区域，如果提高交通容量十分困难，就要优化片区土地利用，避免出现新的交通源，同时提出交通需求管理措施，控制城市交通需求量的增长速度，尽量使之与交通供应量增长保持一致。在对道路系统的交通功能进行改善的同时，还要注重对道路环境改善，注重道路的绿化质量，完善各种交通设施（交通标志、标线、交通岛、路灯、人行地道及天桥），注意道路平面、横断面、标高布置与周围的建筑、山体、水面、绿地等的和谐。城市交通改善规划技术流程如图 6－1 所示。

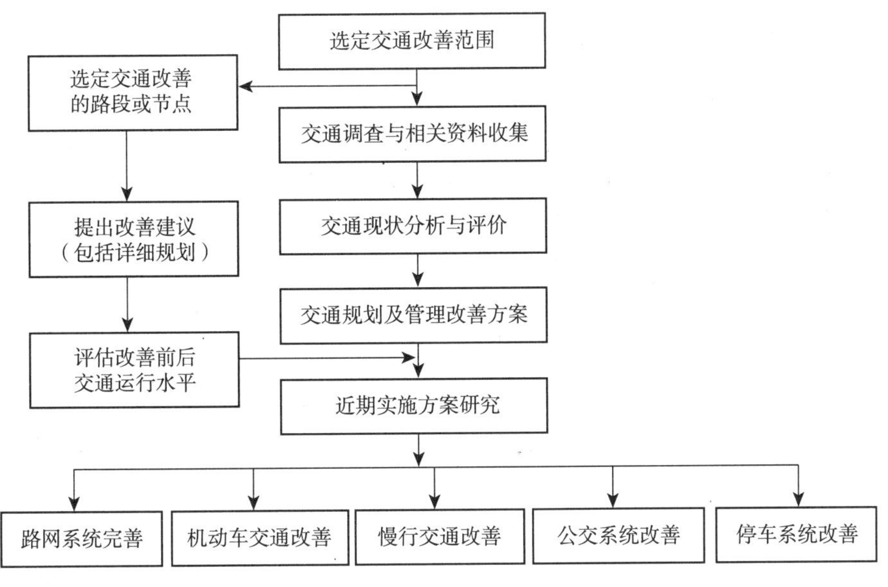

图 6－1　城市交通改善规划技术流程图

三、主要任务与内容

城市交通改善规划主要任务是采用各种改善手段使所提供的交通总容量能够满足交通需求，保证交通安全畅通。

具体内容为：

（一）交通调查与资料收集

调查城市现状土地利用、道路网络、公共交通、停车设施、行人设施以及智能交通应用，通过现状车辆发展及交通流量调查，对现状交通状况进行评价，对目前已发生的交通问题进行初步的定性分析。

（二）交通现状评价与分析

通过交通评价的各项指标，如路网密度、公交发展水平、人均道路面积、道路负荷度等，找出现状交通存在的主要问题。

（三）城市交通规划与管理改善方案

城市交通改善规划方案包括路网完善及改造规划、道路交通组织方案、公交线网改善方案、停车改善方案、交叉口渠化及信号控制优化方案、交通标志标线优化方案、慢行系统改善方案等。

（四）交通改善近期实施方案

根据城市实际交通状况及经济承受能力，提出分阶段实施计划，同时将交通改善方案分解到各个管理部门，以保证改善措施的落实。

（五）后续工作建议

交通改善措施的落实仅能解决局部的交通问题，为了实现交通可持续发展，提出后续工作建议。

第三节　城市道路交通组织规划

一、基本概念

城市道路交通组织规划是根据土地开发、道路条件及交通构成，确定道路等级、功能、横断面及交叉口形式，同时提出有针对性的交通组织方案，做到合理组织、逐级分流，保证整个区域内交通系统的畅通和安全。

为了更好地发挥道路交通功能，在传统的综合交通规划、道路系统规划基础上，各个城市逐渐加强了城市交通组织规划，即在交通设施布局规划基础上，根据宏观、微观交通需求及交通品质要求，深入进行交通特征分析、动态交通组织、静态交通组织、交通设施完善方案、交通需求管理等对策研究，实现各个交通设施及各种交通方式的有序畅通，确保城市交通、生活、环境整体协调。

二、规划思路与方法

城市道路交通组织规划首先要了解道路沿线的土地利用及交通流特征，对于现状道路必须调查路段及路口流量、流向，以及各种交通方式构成和时间分布，分析高峰期路段及路口饱和度，提出多种可行的交通组织方案后，进行交通仿真，比较各种方案的道路通行能力及延误，选出最佳方案。针对现状道路交通组织常用形式有：局部时段限制某种车型，单行交通组织，设立公交专用车道或进口道，禁左，步行街等。对于规划新建道路，则要根据道路定位及道路所承担的城市交通功能，结合沿线土地利用，预测道路交通流量及交叉口流向，在道路红线范围内确定道路的横断面，提出交叉口交通组织形式，如立体交叉、平面拓宽渠化等，同时还要确定非机动车、行人过街位置及方式。道路交通组织规划技术流程如图 6－2 所示。

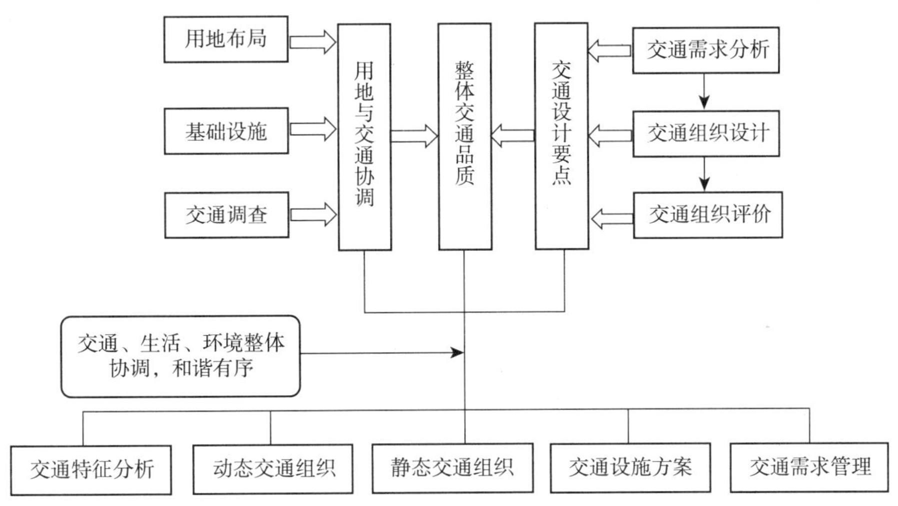

图 6－2 城市道路交通组织规划组织体系图

三、主要任务与内容

道路交通组织规划的主要任务是实现各种交通方式各行其道，避免相互干扰，营造多种方式有机整合、环境宜人、可达性高，能满足多元化交通出行的安全可靠的道路交通系统。

具体内容为：

（一）道路交通现状调查

对拟进行交通组织规划的道路开展地形地貌及周边的土地利用、单位出入口、社会车辆、公交车辆、非机动车、行人分时段交通流量流向调查。

（二）交通需求分析

根据调查分析道路的供给及需求状况，判断高峰及平峰期整体的交通特征以及可能的交通发展趋势。

（三）交通组织规划方案

根据道路交通供求分析，提出交叉口、道路沿线出入口、公交车辆、社会车辆、非机动车、行人交通组织方案，同时提出不同时段交通需求管理方案。

（四）交通组织规划方案评价

对各个方案进行交通动态模拟，从通行能力、交通延误、交通安全及交通可靠性等方面进行量化评价。

（五）交通组织方案实施建议

优选出交通组织方案后，提出实施策略。

第四节　交叉口交通改造规划

城市主要交叉口是两条或两条以上干路的交会点，大量的车流、人流在此汇集并转换方向。因此，道路的交通拥挤、交通安全等问题一般先出现在主要交叉口处，实际上大部分城市交通改善规划的首轮任务也是对主要交叉口进行改造。

一、基本概念

交叉口交通改造规划主要针对存在交通拥挤、交通安全问题的交叉口，在工程设计施工图阶段前，对交叉口进行交通设计。旨在通过重新安排各种交通流的合理通行空间，通行权及通行规则，使交通流运行安全、有序，交叉口的时间和空间资源能得到充分的利用。①

---

① 杨晓光等．城市道路交通设计指南［M］．北京：人民交通出版社，2003。

在城市道路中，交叉口交通改造应考虑改造方案对路网的交通影响，避免出现新的交通拥挤点、事故多发点。因此，城市道路一般不开展单独交叉口的交通改造规划，宜对片区内或路段上的主要交通节点进行统筹考虑，以达到均衡区域路网交通饱和度，提高主要干道通行效率的目的。

二、规划思路与方法

交叉口交通改造规划应遵循“发现问题—提出解决方案—实施效果预评价—确定实施方案”的基本思路进行，通过现场踏勘、资料收集、流量调查等手段分析机动车交通、非机动车交通、行人交通特性，发现道路交通供给条件与交通需求存在的问题，提出改善对策及目标，研究制订相应的改造方案后，采取比较、软件仿真等方法对交叉口的改造效果进行评判，经调整修改，最终确定实施方案。

交叉口交通改造规划流程包括交通组织设计、空间设计、设施设计等，每个流程又分别针对机动车、非机动车、行人三类对象展开，参照各类对象在交叉口通行空间由内到外的分布特征，交叉口交通设计按照机动车交通组织—非机动车交通组织—行人交通组织的过程进行。

（一）交叉口交通组织

交叉口交通组织包括机动车交通组织、非机动车交通组织、行人交通组织。机动车交通组织根据路网条件判定相交道路是否采取单向交通、限制左转等措施，非机动车交通组织确定选取的通行方式：按照机动车通行方式，即在同一信号相位让非机动车跟随同一流向的机动车混合通行；或按照行人交通通行方式，非机动车与行人一并考虑，实施左转两次过街。

（二）交叉口空间设计

交叉口空间设计主要是合理划分不同对象及不同转向车流、人流的空间，包括进出口道设计、人行横道设置、交叉口内部空间处理。

（三）交叉口设施设计

交叉口设施设计包括硬件设施设计和软件设施设计，硬件设施包含交叉口范围内的绿化、灯柱、标志、护栏等，软件设计主要指信号配时设计，分时段的交通控制周期、相位、相序、绿信比及相位衔接设计等。

交叉口交通改造规划技术路线如图 6－3 所示。

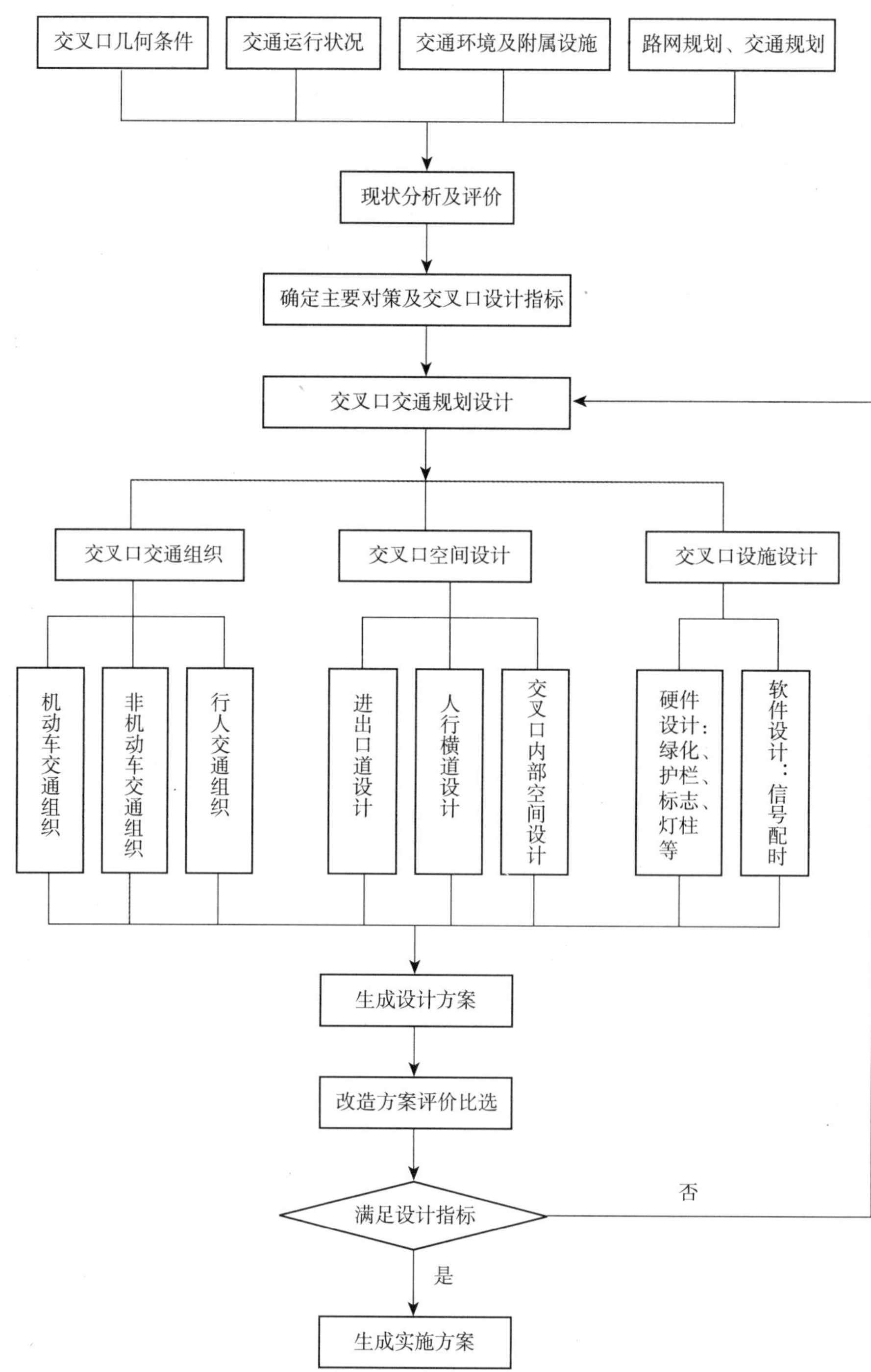

图6－3　交叉口交通改造规划技术路线图

三、主要任务与内容

交叉口改造规划的主要任务与工作内容包括现状资料调查收集、现状评价及问题分析、交叉口改造方案设计、方案评价等。

（一）现状资料调查收集

现状调查包括交叉口几何条件（相交道路等级、断面形式及尺寸、车道功能划分等）、交通运行情况（交通流量调查、交通安全条件、交通通行规则与管理条件）、交通环境、交通附属设施设置情况等，资料收集最好应包括交叉口 1∶500 或 1∶1000 地形图，这将提高交叉口的几何定位的精确度，为下一步的交通设计做好准备。

为进一步掌握现场的状况，还必须进行现场实地踏勘，尤其要在交通高峰时段、事故多发时间段到达现场，及时正确发现问题症结所在。

（二）现状评价及问题分析

现状交叉口评价包括定性评价和定量评价，通过现场踏勘就可定性评价交叉口的交通秩序以及交通环境的感观效果，包括各向交通流的冲突、交织情况，非机动车、行人过街情况，交通标线是否顺应交通轨迹，交通设施位置是否合理等，交叉口定量评价的内容包括交叉口的通行能力、饱和度、延误、排队情况等。

通过现状评价分析交叉口存在的问题是交通堵塞、交通安全性低、交通不便或是兼而有之，并找出问题的原因，如交通堵塞是否由于交叉口的空间不足、交通秩序混乱或信号配时不合理引起的，交通安全事故是否由于导流岛设置不合理、绿化影响视距、缺乏安全设施引起的，交通不便性是否由于交通语言不当、人为障碍引起的。

（三）交叉口设计

交叉口设计的主要内容包括进出口道设计、人行横道设计、交叉口内部空间设计、信号配时设计、附属设施设计等。进出口道设计包括确定车道数、车道功能划分、车道宽度以及展宽段、展宽渐变段的处理，应根据路口的断面尺寸，同时兼顾非机动车道与人行道必要宽度，确定合理的进出口道宽度；人行横道应在预留出充分的交叉口通行空间后施划，同时结合非机动车交通组织方式决定人行横道宽度；交叉口内部空间处理包括施划导流线、待行区以及渠划标线（含设置渠划导流岛）；信号配时设计含相位、相序、信号周期及相位时长等内容，信号配时应注意最小绿灯时间能保证行人安全过街；附属设施的设计内容包括交叉口范围内绿化、标志、灯柱、栏杆、垃圾桶、电话亭等，布局应充分考虑其合理性，同时不能影响行车视距和各种交通流正常行驶的要求。

（四）方案评价

交叉口交通改造设计方案的评价内容包括改造前后的饱和度、延误及排队长度变化，效益与成本对比分析，同时，可利用 VISSIM 等微观仿真软件对改造后的交叉口运行状况进行模拟，直接验证交叉口设计方案是否合理。

第五节　项目建设施工期间交通组织分析

一、基本概念

部分工程建设项目在施工时，不可避免地会对道路交通产生一定影响，当这种影响关系到城市交通主动脉，且必须持续相当长一段时间，仅靠简单的临时交通管制无法解决问题时，就有必要对建设项目进行施工期间的交通组织分析。

工程建设施工期间交通组织分析的基本目标是既让施工保质保量如期完成，同时尽量降低施工影响，保证城市道路交通的顺利进行，一般应用于交通干道的道路工程改造、市政管线施工，或交通节点改造。如干道上的铁路框架桥建设，这些工程项目在施工时，道路资源被占用，通行能力严重下降，日常出行受到极大影响，必须采取综合性、系统性的措施来降低这种影响。

工程建设施工期间交通组织分析必须遵循“系统最优”原则和“可操作性”原则：由于这类工程施工时涉及多方利益，交通组织应考虑系统的整体性效益，以系统最优为目标，必要时牺牲局部利益来换取整体效益；工程建设施工对交通的影响具有即时性、时段性，施工结束后，施工的交通影响也逐渐消失，因此，交通组织应兼顾施工工期、工艺及施工组织等技术要求，考虑不同时段道路交通特性变化，具有很强的可操作性。

二、规划思路与方法

工程建设施工期间交通组织的基本思路是调整交通供给和交通需求，使两者相匹配。一方面通过优化施工方案，降低道路资源的占用，增设交通设施和采取相应的管理措施，提高道路通行能力；另一方面，采取交通分流和交通需求管制措施，减少施工路段周边的交通流量。

施工期交通组织分析是一项综合性工作，大体分三个阶段：资料收集与交通调查、施工方案优化分析、详细交通组织方案。施工期交通组织分析技术流程如图 6－4 所示。

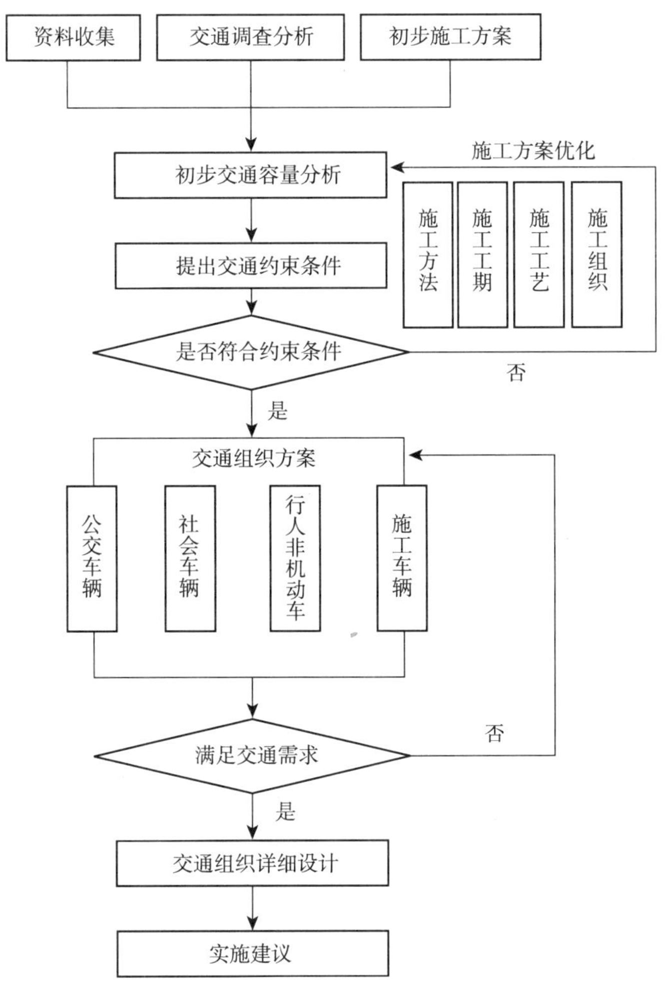

图6－4　施工期交通组织分析技术流程图

三、主要任务与内容①

工程建设施工期间交通组织分析不同阶段具有不同的工作任务和工作内容。

（一）资料收集与交通调查

（1）现状道路交通调查及资料收集：周边道路资源、交通流量、交通管理、信号控制、公交运行等调查。

（2）现状分析：道路通行能力和交通饱和度计算，交通供求分析。

（3）初步施工方案：项目施工方法、工期、工序、组织过程和施工车辆运输

---

① 丁明．中心区地下商业街施工期交通组织方案研究——以厦门火车站地下商业街为例［J］．交通与运输，2008（1）。

情况。

（4）周边相关分析：近期周边其他道路交通及其他工程建设。

（二）施工方案优化分析

（1）初步施工方案交通容量分析：施工主要潜在问题分析，交通容量校核，提出交通约束条件。

（2）施工方案优化：依据交通约束条件，优化施工方法、工艺、工序、工期等。

（三）详细交通组织方案

（1）交通组织方案：包括社会车流、公交运行、路段、交叉口、施工车辆、行人与非机动车交通组织，并进行详细设计。

（2）交通组织方案评价：道路通行能力变化、交通饱和度及对周边路网的影响分析。

（3）交通组织详细设计及实施建议。

第六节　建设项目交通影响分析

一、基本概念

城市交通与土地开发存在密切关系，在目前城市道路交通压力很大的条件下，进行大型项目建设开发，必然对周边城市道路交通造成影响。要保证城市交通良好运转，就要对土地开发强度加以控制，把交通需求控制在路网可接受的水平，协调用地开发与交通的关系，因此城市大型建设项目需要进行交通影响分析。

交通影响分析（Traffic Impact Analysis，简称 TIA）：在建设项目实施之前，评价和分析建设项目建成投入使用后，新增的交通需求对周围交通环境产生影响的程度和范围，由此确定相应的交通改善对策或修改项目开发计划方案，减小项目所带来的负面影响，缓解项目产生的交通量对周边道路交通的压力，保持一定的交通服务水平。①

交通影响分析是交通规划的具体化、细化和局部的工作，精确地讲就是局部交通规划设计与建设项目附属交通设施规划设计的结合，相当于详细交通规划。

---

① 易飞，武红丽．城市中心区交通影响分析研究［J］．交通标准化，2008（10）。

交通影响分析在美国、英国、加拿大、日本等国家的城市应用十分广泛，香港和台湾的主要城市均有开展交通影响分析工作，从20世纪90年代中期开始，北京、广州、上海、南京、厦门等城市也逐步开展交通影响分析工作。1996年中国城市规划学会明确提出要做好土地开发、大型建筑的交通影响分析，要求纳入土地使用、修建管理的审批中。2004年国家颁布《中华人民共和国道路安全法实施条例》明确规定县级以上政府组织对建设项目进行交通影响评价。

二、规划思路与方法

建设项目交通影响分析应处理好项目开发与城市的关系，以及项目开发自身的交通等问题。

（一）处理好项目开发与城市的关系

通过交通影响分析确定项目合适的开发性质和规模，并提出改善对策和措施，最大限度地减少项目开发对周边城市道路交通的影响。缓解项目产生的交通量对周边道路交通的压力，作为规划管理或交通管理部门进行项目开发决策和审批的依据。

（二）处理好项目开发自身的交通问题

通过交通影响分析提供交通咨询，对建筑设计方案提出交通方面的改进建议，为项目本身创造良好的交通环境，为开发商提供最优内部交通组织方案，便于开发的顺利进行，有助于项目开发获得更好的效益。

项目开发的交通影响分析的基本方法是通过预测地块开发诱增的交通量，进而分析该交通量对周边交通所产生的影响程度，如影响程度比较大，则还需提出相应的改善方法和建议。在分析项目诱增小汽车交通量对项目影响范围内道路产生的影响时，考虑到一般拥堵点都在道路交叉口，因此主要是分析对道路交叉口的影响，目前采用的分析方法有两种：一是通过对比项目开发前后相关道路交叉口服务水平的变化确定影响程度，二是考虑项目开发所诱增交通量占交叉口服务通行能力的比例确定是否对交叉口产生影响（一般取5%以内为可接受）①。交通影响分析技术流程如图6－5所示。

---

① 关函非，陈非，董强，钟仰晋．城市交通影响分析方法研究［J］．公路交通科技（应用技术版），2007（8）。

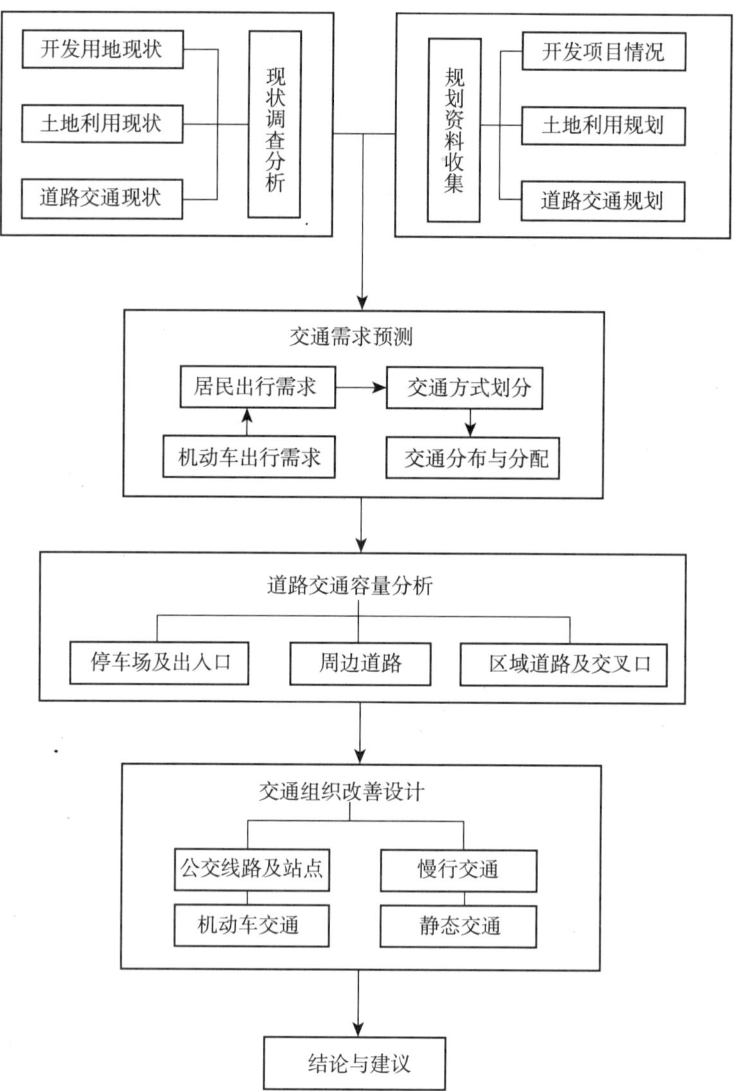

图6－5　交通影响分析技术流程图

三、主要任务与内容

通过开展交通影响分析，针对具体项目进行交通生成规模的评估和实施交通改善措施，旨在有效地在规划管理层面把握城市交通，从源头上避免交通问题，以促进城市可持续发展。

交通影响分析的主要内容一般由以下几部分组成：

（一）土地利用现状和建设项目的土地利用

调查现状周边一定影响范围内土地利用建设情况，收集影响分析地块的开发建设方案。

（二）现状和规划的交通系统情况

对现状的道路系统、交通设施、公共交通等展开调查，同时对相关规划情况进行分析。

（三）预测背景和项目开发交通量

根据现状流量调查结果以及交通发展趋势，分析规划年地块周边的路网交通流量，同时依据地块开发方案测算交通产生吸引量，划分交通方式，将交通流量分配至路网上，并将背景交通量和项目开发交通量进行叠加。

（四）交通组织方案

将开发地点内外的交通量叠加，V/C① 评估，确定通行能力不足的地点，确定相应的安全限制措施，行人及非机动车交通设施的影响分析评价，公交设施影响分析评价，停车设施的分析评价。

（五）道路交通改善措施

对项目开发规模的检查分析、为缓解建设项目所产生交通量对周边道路网影响的道路改善措施、公共交通和步行系统等改善策略和建议。

（六）结论与建议

对项目总体交通进行评价，提供关键性的交通改善建议。

整个交通影响分析的内容都是相互关联的，但其核心是对交通量的预测及相关交通分析，因为它是后续分析的基础，准确与否将直接影响交通影响分析的可靠性。

第七节 规划案例

一、厦门市近期道路交通改善方案②

（一）项目概况

随着经济的发展步伐，厦门市正经历着快速的机动化，2006 年机动车全年增加了 18%，汽车增长速度更达到每年 4 万辆，其中私人购买的占 70%。截至 2006 年底全市机动车保有量已上升至 40 万辆以上，汽车占 18 万辆，其中 60% 都集中在岛内，造成厦门岛内城市道路严重拥堵。为了应对拥堵问题，市委市政府采取了一系列措施，并

① V/C 为交通流量和路段通行能力之比，是评价路段服务水平的有效指标。

② 厦门市城市规划设计研究院．厦门市近期道路交通组织改善规划［R］．厦门：厦门市规划局，2007。

在2006年底专门成立了“厦门市交通改善工作办公室”，统一谋划和破解交通拥堵难题；启动交通改善行动，从道路改造、交通管理、需求调控“三管齐下”，缓解中心城区交通拥堵状况。

厦门市近期道路交通改善方案作为厦门市交通改善工作的重要部分，提出了多方面的改善建议，当中包括：交通控制、路网完善、提高道路通行能力、交通组织、公交及停车改善、智能交通系统以及交通管理效能提高等，为厦门市的主要交通走廊设计近期交通改善方案（图6-6），并在实施前进行客观的量化评价。

图6-6 厦门岛内8条主要交通走廊

（二）规划思路

针对现状道路的拥堵情况，提出在短期内能尽快实施的交通改善手段及管理措施。研究采用的交通管理方法包括车辆转向限制，车辆调头处理，信号灯相位调整和配时优化，支路“右进右出”，以及车辆单、双向交通组织等。

针对厦门岛内8条主要交通走廊的近期交通改善方案设计，通过从收集所得的最新规划资料、近期交通调查数据与分析以及现场勘查结果等初步作出核实，再通过交通模型进一步评价论证，评价参数包括交叉口平均延误、主要交叉口平均饱和度及出行距离分布等。通过分析各条交通走廊的改善方案对整体路网的影响，比较实施前后的改善程度，提出方案实施时间表。

（三）规划方案

1. 交通改善手段

交通改善主要原则：

（1）主要路口实施限左，车辆左转通过绕行或调头实现；

（2）尽可能采用两相位信号控制方式（部分保留公交左转相位），并实施协调控制；

（3）支路以“右进右出”原则组织；

（4）单、双向交通组织按交通循环所需进行调整；

（5）实施路网加密，提高主要道路周边路网微循环。

2. 车辆转向限制

在城市干道上，交通拥堵的主要成因是节点通行能力不足，因此，在交叉口实施车辆转向限制是一种有效交通改善方法，主要效果包括：

（1）减少交叉口的冲突点，并提高行车和人行的安全；

（2）减少相位，从而增加交叉口的车辆通行时间和通行能力，减少车辆在交叉口的延误；

（3）减少在进口道不同转向车道使用率出现不平均的情况。

在现有条件下，实施左转限制后车辆的替代路线大致可以分为以下几种：

1）三个右转加一个直行（图6－7）

车辆先在原交叉口直行，再通过右面的支路，右转3次返回刚才要前往的道路。由于在交叉口右转时与其他方向的车辆冲突较少，特别是在容许红灯右转的交叉口，因绕行所造成的延误将不会很大。当对向的两组左转方向都被禁止后，原来交叉口的相位就可以减少，从而增加交叉口的通行效率。

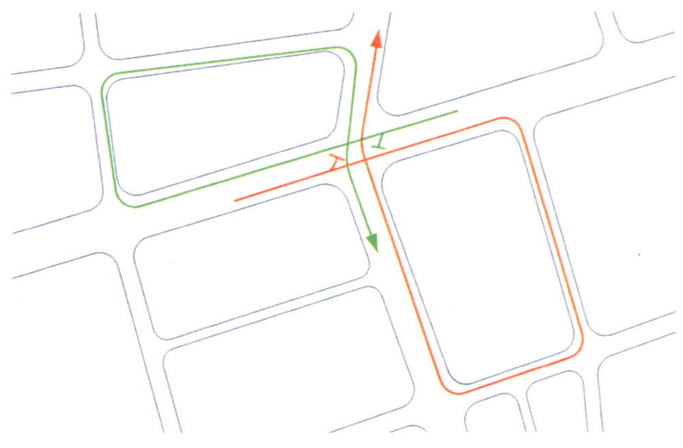

图6－7　路线1：三个右转加一个直行

2）一个调头加一个右转（图6－8）

另一个左转的替代路线是车辆先在交叉口直行，再在前面不远的地方掉头回来，然后在交叉口右转前往目的地。虽然车辆掉头往往与对向其他行驶中的车辆有较大冲突，但由于路段的通行能力较交叉口大，车辆应能在路段中间找到掉头的机会。同样地，车辆也可以先通过在交叉口右转，然后再掉头来实现原来左转的目的。

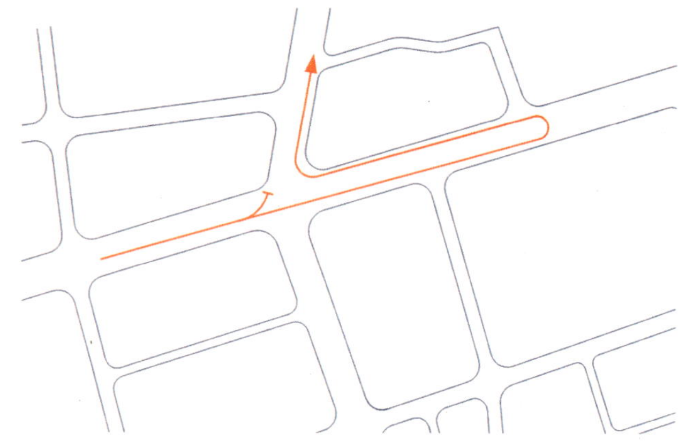

图6－8　路线2：一个调头加一个右转

3）两个左转加一个右转（图6－9）

以上两个方法都须通过原交叉口两次才能达到左转的目的，在一定程度上增加了原有交叉口的负担。另一种常用的方法是在原交叉口前先左转，再在另一平行道路右转，然后到达另一交叉口再左转，虽然这样做对总体减少左转车辆并没有帮助，但却能把一些较为拥挤交叉口的交通量转移到通行能力有较大富余的位置。

3. 信号灯相位调整

以十字路口为例，要4个进口道一共12个行车方向都有保护相位，即每个行车方向都有各自的绿灯时间，便需要4个单独相位——每个进口道一个相位或是两个对向直行和两个对向左转各一个相位。对一些比较大型的交叉口，由于要保证上一相位的车辆完全离开交叉口，每两个相位之间的损耗时间可能达到10多秒，一个周期就损失40多秒，以120s周期为例，损耗时间超过30%，导致交叉口的使用效率降低，也影响了整体通

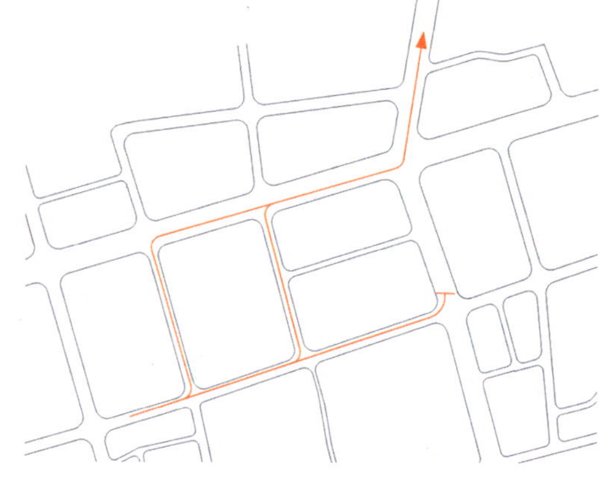

图6－9　路线3：一个调头加一个右转

行能力。因此，适当减少信号相位数，可增加车辆通过交叉口的时间，提高交叉口的通行能力（图6－10）。

4. 支路“右进右出”原则组织

由于支路的交通量较低，采用支路“右进右出”组织方式能有效减少主干道车辆进出支路对其他在主线行驶车辆所造成的干扰，间接减少车辆在主干道上的延误。因此，在保证主干道畅通的前提下，在较小的支路交叉口上实施“右进右出”管理方式。

5. 单向交通组织方法

单向交通可减少道路的拥挤状况，提高通行能力，改善交通安全状况，在路段上可减少相反方向行车的冲突和停车等候，以及公交车站对车流的影响等，在交叉口上可大量减少车流的冲突点。以一个四岔路口为例，两条双向通行的道路相交的交叉口共有32个车流冲突点，而两条单行线相交的交叉口仅有5个（图6－11）。

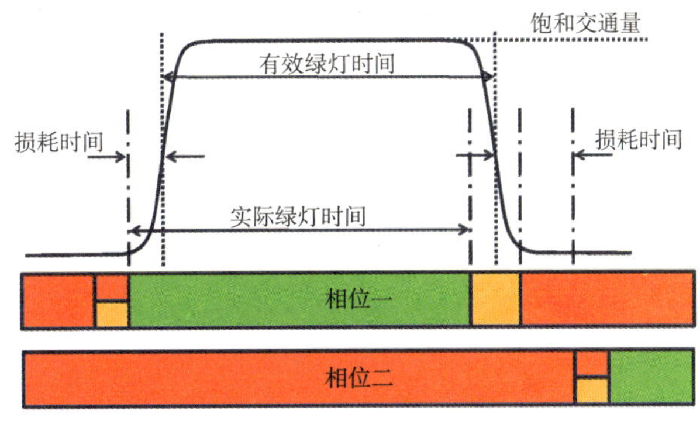

图6－10　相位损耗时间示意图

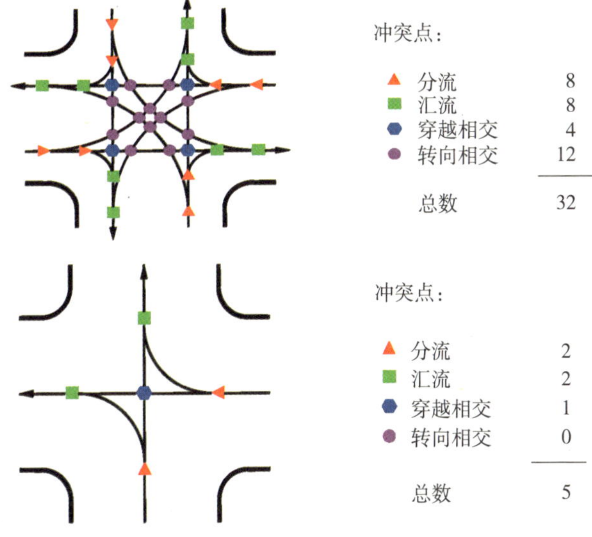

图6－11　单、双向通行道路冲突点

单向交通对改善交通的优点包括：

（1）提高道路通行能力——据国外的经验，组织单向交通可提高约10%～50%的通行能力。

（2）减少道路交通事故——据美国研究指出，单向交通比双向交通可减少10%～50%的交通事故。

（3）缩短行程时间——行程时间缩短的程度与具体条件有关，但一般来说，即使单向交通增加了整体的车公里数，但行程时间仍可缩短约10%～50%。

（四）实施效果与结论

近期道路交通改善方案的评价工作分成两个阶段：

第一阶段主要对实施单向交通组织和车辆左转限制分别作出评价，评价结果显示虽然个别单行方案在片区内部能达到可观的改善程度（车辆平均延误减少19%），但由于在单行系统里车辆绕行情况较严重，因此就同时对区外的道路交通构成了压力，使区外的延误增加了6%。在交叉口左转限制方面，个别方案实施后，区域内车辆延误能达到15%，在区外车辆延误则最高达11%，总体最高则为12%。

第二阶段对于个别交通走廊上实施的方案作出分析和评价，并通过客观评价标准论证并对方案进行完善。第二阶段评价结果显示，从用户角度出发的评价指标改善程度达5%～36%，从系统角度出发的评价指标则为0～35%。8条主要交通道路方案同时实施对沿线交叉口的改善是12%。如果以厦门岛内所有交叉口作为基数，改善则有7%。另外，虽然结果显示禁左措施导致车辆的总出行距离有所增加，但增幅不足1%，影响较小。经过评价，本次交通改善方案将产生以下积极效果：

（1）车辆在干道上的平均车速将显著提高；

（2）车辆在主要干道上的行驶延误将大大降低，最高可达35.7%；

（3）交通改善方案实施后大部分主干道沿线主要交叉口的饱和度都有一定程度下降，整个道路系统的运作效率将得到显著提高；

（4）将主干道的部分交通分流至周边压力较小的道路；

（5）为路口协调控制实施创造有利条件；

（6）行人过街安全更有保障。

二、厦门火车（新）站片区交通组织规划[①]

（一）项目背景

厦门火车（新）站位于我国沿海铁路大动脉线上（图6－12），是我国铁路的重要客运枢纽，也是海峡西岸经济区重要的铁路中心客运站之一。随着厦门市新一轮跨越式发展的不断推进，厦门（新）站正在加紧建设之中。与此同时，为厦门（新）站配套的公共设施和居住区建设也在不断推进。厦门（新）站的建设对沟通我国长三角经济区和珠三角经济区的交通联系，增强海峡西岸经济区对外交通联系，加强海峡两岸

① 厦门市城市规划设计研究院．厦门新站片区交通组织规划［R］．厦门：厦门市城市规划设计研究院，2009。

经济交流，实现厦门的城市发展转型都具有十分重大的意义。

（二）规划定位

铁路是现代社会不可或缺的主要交通运输方式。铁路对区域交通条件改善、增进区域间信息、货物和社会交流，以及城市的社会经济发展具有深远的影响。铁路车站，特别是快速铁路客运站，作为铁路交通系统的重要组成部分，它是铁路线网联系的主要环节，也是区域和城镇联系的主要节点。因快速铁路车站具有良好的交通可达性，便利的交通转换条件，以及人流、物流高度聚集等特征，可吸引多种城市功能在其周边聚集，使其成为城市重要的商业、公共服务和生活中心。城市综合功能聚集，以及良好的交通可达性，又为车站周边土地的高强度开发创造了必要的条件，从而使铁路车站成为城市发展的新增长极。

图6－12　厦门火车（新）站区位图

根据分析，厦门（新）站片区定位为：海峡西岸重要的交通枢纽，厦门的城市门户；集综合交通换乘、商务办公、商业零售、信息交流、居住等复合功能的新城区。厦门（新）站发展目标是：安全、便捷、高效的海峡西岸闽东南重要综合交通枢纽，实现城市对外、对内交通的无缝衔接。片区空间布局形态：整体结构采用以厦门（新）站为中心，商贸、商务、服务业圈层发展的模式（图6－13）。

图6－13　厦门火车（新）站空间规划效果图

（三）规划方案

1. 片区道路系统规划

利用周边的海翔大道、沈海高速和厦安高速实现交通快速集散。规划区内形成“五纵三横”的方格网状主干路系统，片区中心采用棋盘式密路网布局，提高土地利用效率（图6－14）。

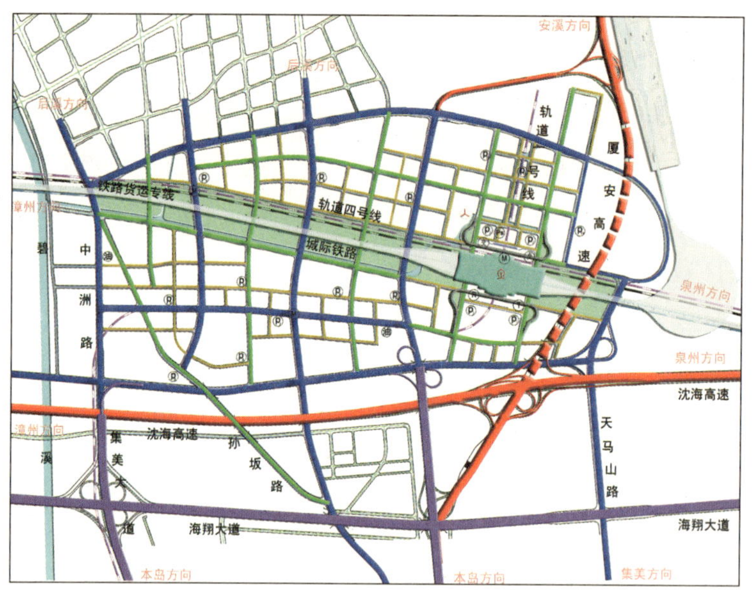

图6－14　道路系统规划图

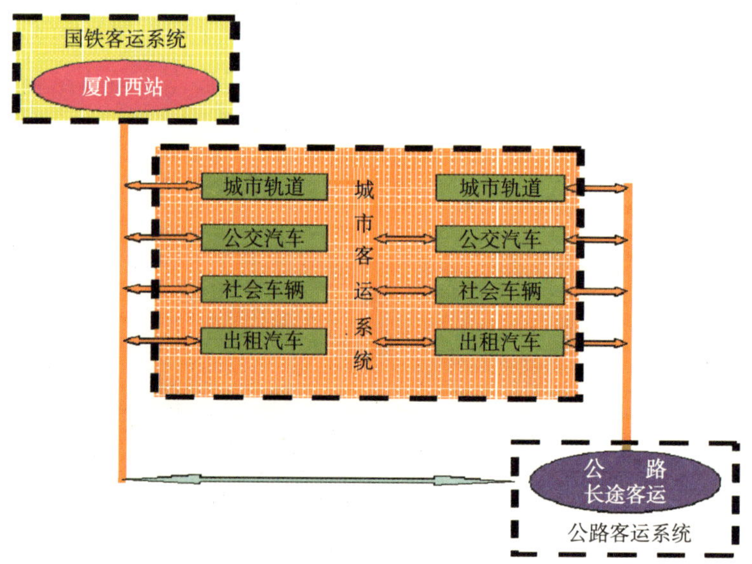

图6－15　各种交通方式换乘衔接示意图

2. 交通方式衔接与设施布局规划

厦门（新）站交通组织按照“多方式一体化”设计，“无缝换乘”的设计理念进行布局。交通接驳方式主要有：轨道交通、快速公交（BRT）、普通公交、长途客车、出租车、旅游车、社会车辆和慢行交通等，换乘关系如图6－15所示。交通设施主要是配套的城市轨道站、BRT站场、公交场站、公路长途客运站、出租车营运站、公共停车场以及行人过街设施等（图6－16）。

图6－16 交通配套设施布局图

3. 城市轨道系统规划

在厦门（新）站站区内，城市轨道与国家铁路、公路长途客运以及城市各类交通的换乘通过“立体化”和“紧密式”布局，合理组织行人流线，实现“无缝”换乘（图6－17）。

4. 快速公交（BRT）系统规划

根据《城市快速公交（BRT）线网规划》，BRT 1号线和4号线通过集美北大道引入厦门（新）站。在厦门（新）站北广场设置首末站，与国家铁路及轨道交通接驳（图6－18）。

5. 普通公交组织

在站区内，普通公交利用站区单行系统。新站南侧由岩顺路和珩山街引入，由岩通路和珩圣路引出，新站北侧由岩通路和岩兴路引入，由岩顺路和岩昌路引出。

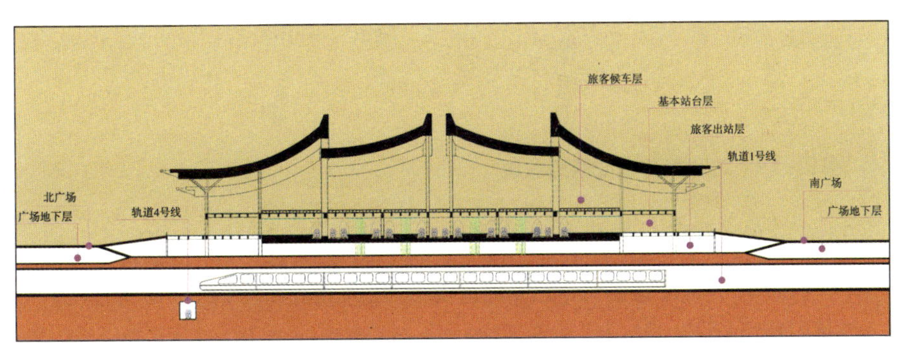

图6－17 城市轨道交通与厦门（新）站关系图

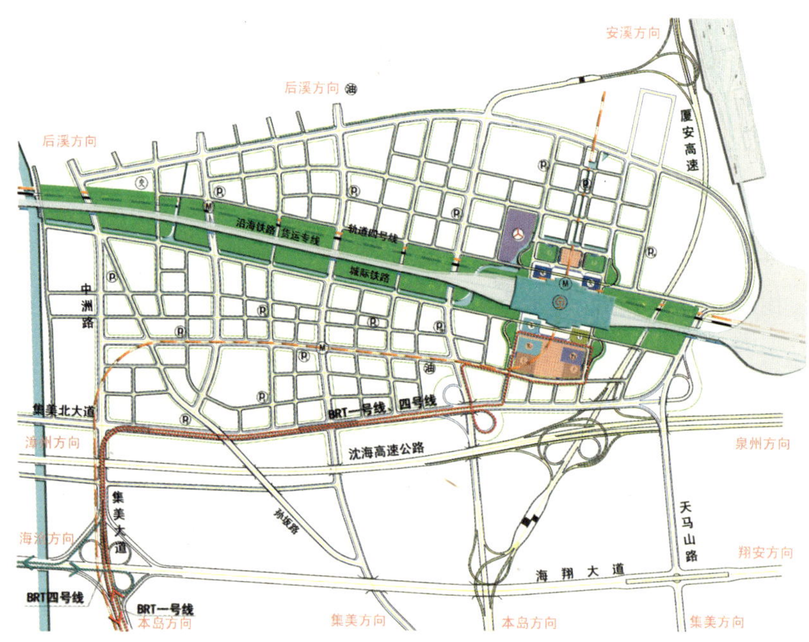

图 6－18　BRT 线路规划图

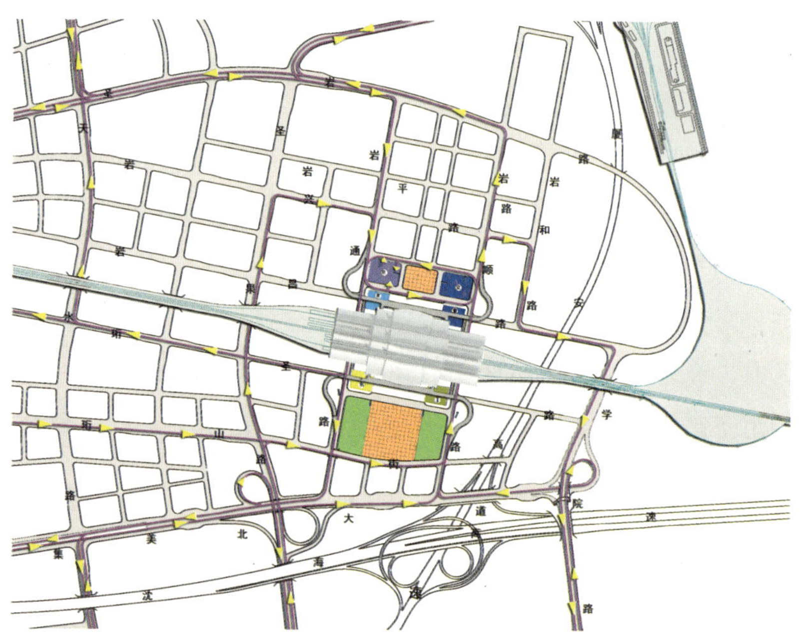

图 6－19　站区旅游车交通组织图

6. 站区旅游车辆组织

在站区内，南广场的旅游车可以通过集美北大道、珩山街、岩顺路进入站区，也可以上高架桥，到达站台层。离开时可以通过岩通路和集美北大道出站。高架层旅游车可以通过岩通路西侧匝道进入珩山街，再通过区间道路绕行进入集美北大道出站，也可以经珩山街—岩顺路去旅游车停车场。北广场旅游车经岩兴路和岩通路组织进站，通过岩顺路、岩兴路、珩圣路组织出站（图6－19）。

7. 出租车交通组织

在站区外，出租车交通组织与社会车辆一致。在站区内，出租车利用站区单循环系统进行组织，营运站设在车站东南角。出租车可利用站区单循环系统直接将旅客送达车站站台层；接客时，可到达出租车营运站等候旅客。

8. 长途客车交通组织

（新）站片区长途客车布局于站区西北侧，通过沈海高速和厦安高速与外部区域的客运联系。长途车站周边道路采用单向交通组织，采用北进南出方案。旅客出入采用西进西出方案，并通过地下通道与厦门（新）站建立行人交通联系（图6－20）。

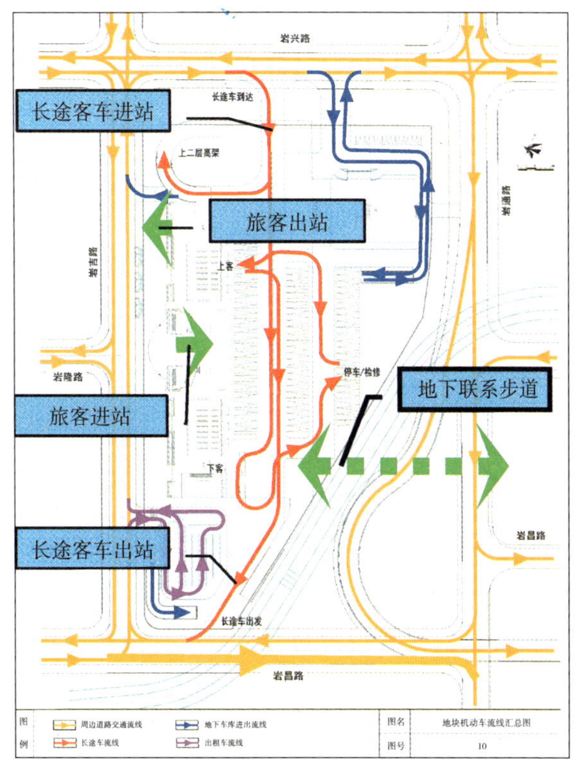

图6－20 新站长途车站站区交通组织图

厦门（新）站核心区内部分路段采用单向交通组织。采用单向交通组织的路段主要有岩通路、岩顺路、珩圣路（圣果路—岩顺路段）、岩平路（圣果路—岩和路段）、岩昌路（岩通路—学院路段）、岩内路、岩安路、岩平路（岩和路—圣果路段）、岩景路、岩和路、圣岩路（岩和路—学院路段），以及厦门（新）站南北广场前的高架桥（图6－21）。

9. 地下交通组织

根据厦门（新）站片区地下空间控制规划，厦门（新）站核心区地下空间主要以新站南北广场为主轴，形成景观、商业、公共停车和轨道车站等地下空间。地下空间按功能划分：地下一层空间主要功能为停车、商业、公共通道、轨道站进出闸口等。地下二层、地下三层为城市市政管线及轨道线路、站点空间（图6－22）。

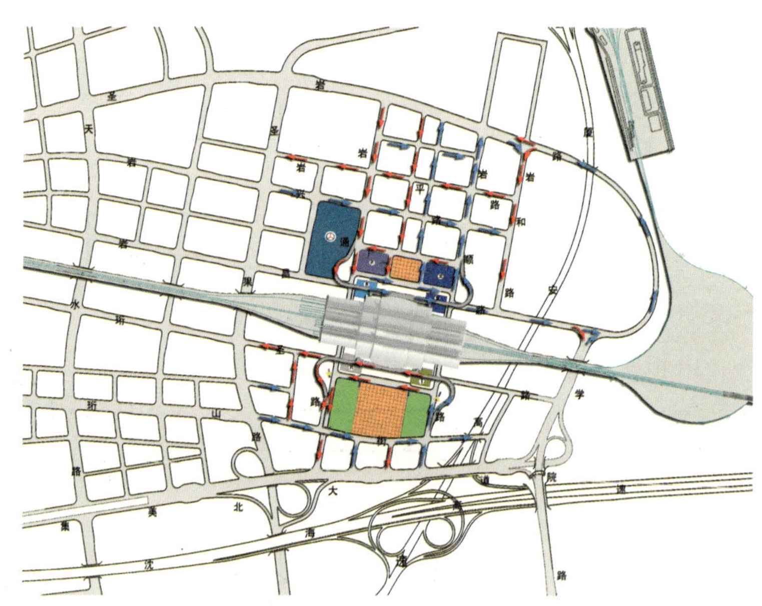

图6－21 站区单向交通组织图

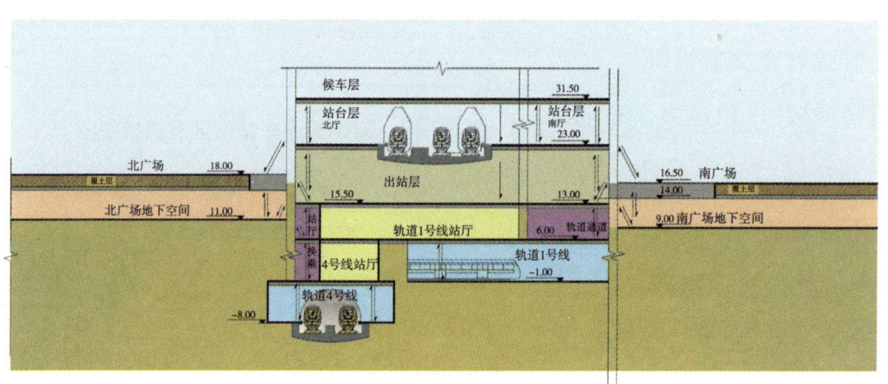

图6－22 厦门（新）站地下层开发功能分划示意图

10. 慢行交通组织

1）旅客流线组织

旅客进站，由各类交通工具送达后，通过垂直交通送到车站二层候车厅（图6－23）。旅客出站，由车站地下一层出站通道引至配套交通车场，而后由各类交通工具运送出站（图6－24）。

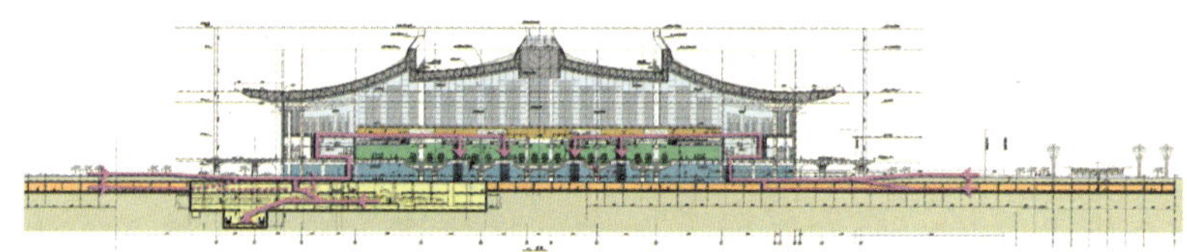

图6－23 旅客进站流线图

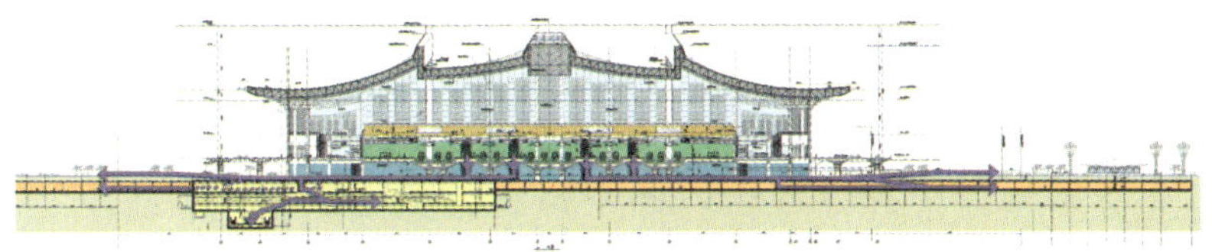

图6－24　旅客出站流线图

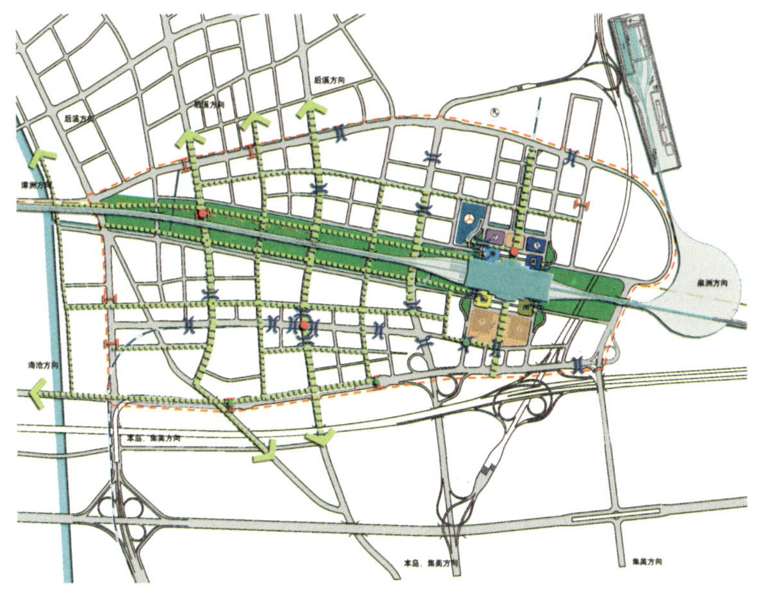

图6－25　新站片区慢行交通组织图

2）片区慢行交通组织

按照保障路权、安全便捷、人车（机非）分流、健康环保的原则进行组织。生活区内步行交通主要利用道路两侧的人行道，道路交叉口的人行横道进行交通组织，并在土地利用上，有意识地将行人引到次干路和支路上，使主干路的机动车和行人分离，提高主干路机动车运行速度（图6－25）。

（四）创新与特色

1. 以人为本

强调交通设施的人性化组织，体现交通的安全、舒适、便捷、高效基本需求，最大限度地满足人们对现代化交通的需求。

2. 一体化交通组织模式

设施一体化是一种复合理念，建设综合性枢纽，将多种功能设施整合于一体，发挥它们的综合效益。规划力图实现：多模式交通一体化，交通与商业一体化，交通与土地开发一体化等。

3. 实现“无缝换乘”的交通理念

实现高铁车站与城际轨道、城市轨道、公交、出租、旅游车和长途客运的良好有机换乘。充分利用地上地下立体空间资源，做到人车分流，确保安全、便捷、高效。

4. 构建健康和谐的交通体系

维护和提供步行交通及非机动车交通的路权，交通组织充分考虑步行交通和非机动车交通的基本权益，充分发挥步行交通和非机动车交通在现代城市交通中的重要作用。

三、莲坂环形交叉口改造[①]

（一）项目概况

莲坂环形交叉口位于厦门岛几何中心，是东西向交通主干道湖滨南路—莲前路和南北向交通主干道嘉禾路—厦禾路相交路口，环岛内绿化较好，并建有景观雕塑。由于地处厦门岛南区与北区、西区与东区联系的交通咽喉，其交通功能不容忽视，因此，研究该路口的改造方式，提高路口通行能力，是提高嘉禾路和湖滨南路服务水平的关键所在，也是保证东西、南北交通畅通的关键所在。

（二）规划思路

经现场踏勘表明，改造前的莲坂交叉口交通量过饱和，非高峰时段交通也已经很拥挤，排队量很大，且环道上车辆多有拥阻、排放不畅。因此，莲坂交叉口亟须通过改造提高通行能力，由于环岛在市民中有较强的认同感，有一定的标志性作用，且环岛直径较大，有条件在交叉口内部安排车辆两次排队空间，因此交叉口采取保留环岛加信号控制的交通组织方式，信号采取左转两次停车控制法。

左转两次停车控制法原则上采用两相位的交通信号控制方式，相应的进口道及停车线，以及信号灯设施布置如图 6－26 所示。首先进口道上设置第一停车线、专用左转车道及专用左转信号灯；另外，在环道上各进口道左转交通流与对向进口道直行交通流冲突点前，分别设置第二停车线，并配以相应的专用信号灯。为避免交通流冲突，待对向直行交通流绿灯结束后，第二停车线前的左转车流方获得通行权，即左转交通流将经过两次通行信号才能通过交叉口。因此，左转交通流较无第二停车线时，其延

---

① 厦门市城市规划设计研究院．环形交叉口交通改善设计与控制方法研究［R］．厦门：厦门市城市规划设计研究院，1999。

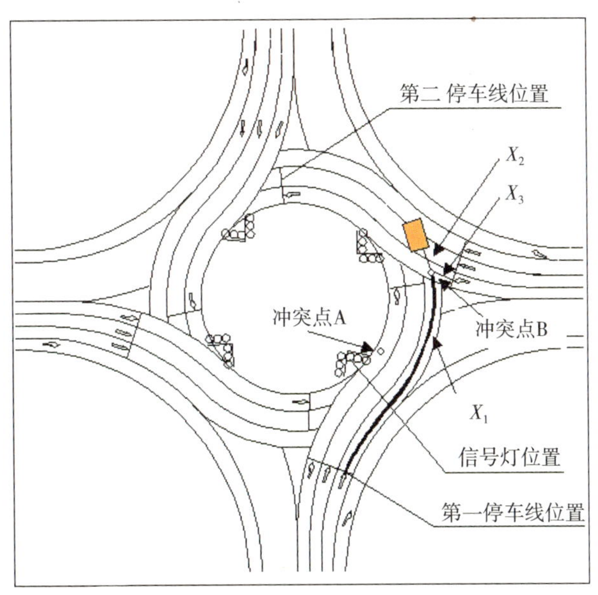

图6－26　环形交叉口两次停车设计原理图

误可能会增加，但可大大提高与此形成冲突的对向直行交通流的通行能力，并降低其延误，同时可缩短信号周期，客观上也可减少左转交通流的延误。而且，科学的信号配时亦将更大限度地提高相关道路的通行能力，缩短其延误时间。

为了最佳地协调控制进口道的左转、直行车流以及环道上的左转车流，需要配置具有联动控制功能的信号机和相应的信号灯。在各进口道第一停车线前车辆可视的位置共设置4组箭头信号灯，控制进口道上左转与直行车流；在第二停车线前车辆可视的位置4组信号灯，以控制环道上的左转车流。

控制信号相位原则上采取两相位，即进口道第一停车线的各流向交通流按箭头信号在两相位内通行；左转车在第二停车线前若遇红灯则停车待行，至另一相位绿灯初期通行。该绿灯信号与另一相位的绿灯启亮时间之间，存在协调关系，需视实际的控制要求确定。根据各流向要求并结合迟启早断的运用，各相位内箭头信号的启动顺序如图6－27所示。

为了达到交通控制与管理的最佳效果，有必要对环形交叉口辅以合理的改善设计。应根据各进口道的交通需求特征和空间条件，合理地划分各进口道的车道功能；同时最大限度地合理确定第二停车线前的左转车排队空间，为提高左转车的通行能力创造条件。为了合理地利用环道内的左转交通流停车空间，应以其最大停车数为约束条件，确定左转交通流和横向相交道路的通行信号时间，以充分协调利用环形交叉口的“时空”资源。

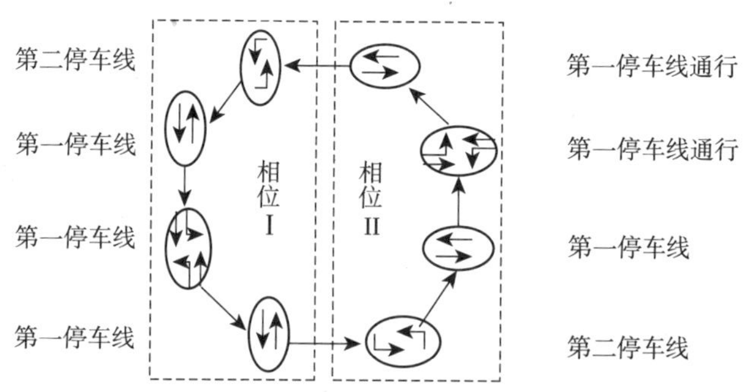

图6－27　相位相序图（以左转通行信号迟起早断为例）

（三）方案简介

莲坂交叉口经过1999年、2004年、2007年三轮改造，改造方案都采取了保留环岛、左转两次停车控制的方法。

1. 1999年改造设计方案

1999年方案先对交叉口进行拓宽改造，拆除非机动车道改作右转车专用道，增加进口道车道及环内车道数；改造原有的分隔及渠化导流岛，将各进口道方向拓宽为五个车道，车道的功能划分为两左、两直、一右；其次设置信号控制，在各个进口道上设置第一停车线，设置专用左转车道及专用左转信号灯，在环道上各进口道左转交通流与对向进口道直行交通流冲突点前，分别设置第二停车线，并配以相应的专用信号灯。

左转车采用两次通过的方式，即：由进口道停车线（第一停车线）至对向直行交通流的冲突点前（第二停车线）停车待行；在相交道路绿灯信号初期，由第二停车线驶出交叉口，根据左转交通流量设计环岛两次排队空间，并以环岛排队长度设计信号配时方案（图6－28）。

2. 2004年改造方案

经过5年的发展，厦门市城市扩展迅速，莲坂以东的新城区逐步形成，交通流量流向发生较大变化，东西向交通流快速增长，交叉口高峰小时流量超过9000 pcu/h，不含右转为6928 pcu/h，已经接近1999年改造后交叉口通行能力。

2004年改造方案基本保持1999年方案的思路，仍采取环岛两次停车控制法，通过适当压缩四周较宽的人行道，增加进口车道和环道数，辅以信号灯优化，将进一步提高通行能力。

环岛内车道数由4个（不包括右转车道）增加至6个；西进口进口道车道数增加至8个（3左4直1右），出口道车道数4个；东进口进口车道数7个（2左4直1右），出口道车道数4个；南进口进口车道数8个（3左4直1右），出口道车道数6

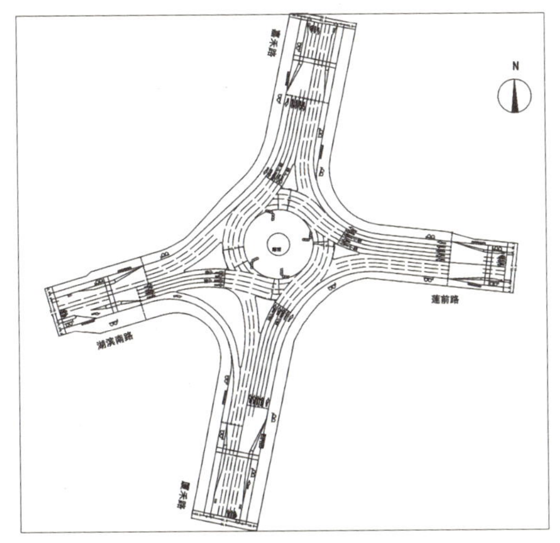

图 6－28 1999 年莲坂环形交叉口改造平面图

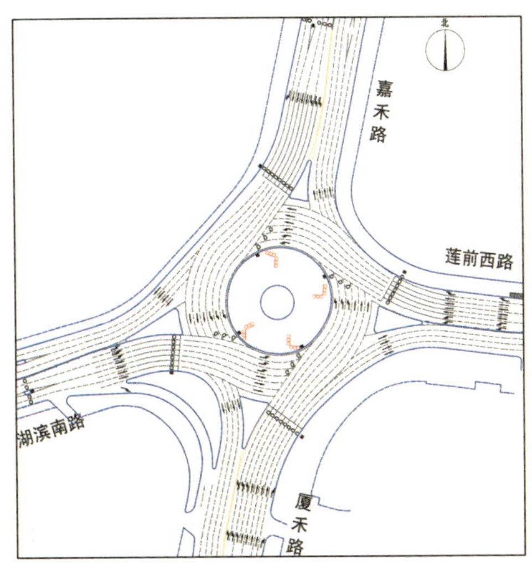

图 6－29 2004 年莲坂环形交叉口改造平面图

个（为避免进入诚达购物广场的车辆堵塞右转车道，特为其预留一等待车道）；北进口进口道车道数 8 个（3 左 4 直 1 右），出口道车道数 5 个（图 6－29、图 6－30）。规划改造方案交叉口高峰小时通行能力可达 13491pcu/h，比 1999 年方案增加 29.8%。

2004 年改造方案提出随着交通需求的进一步增加，远期可逐步实施南北直行高架桥加东西直行下穿式隧道方案，地面层仍保留环岛。

3. 2007 年改造方案

在厦门市发展海湾型城市的背景下，进出岛交通流量剧增，莲坂南北向交通流量增幅较大，同时 BRT 1 号线经过该交叉口。本轮改造在保留环岛两次停车控制的基础上，增加南北向高架桥，和南向转东向的高架 BRT 桥（图 6－31）。

规划改造方案交叉口高峰小时通行能力可达 18635pcu/h，比 1999 年方案增加 38.1%。

（四）创新与特色

莲坂环形交叉口是保留环岛改造的典型成功案例，具有很强的创新性，充分利用宽敞的交叉口空间组织左转车辆两次停车，并通过信号控制调控左转车流，是交叉口

图 6－30 莲坂环形交叉口 1999 年改造前（左）、1999 年改造后（中）、2004 年改造后（右）

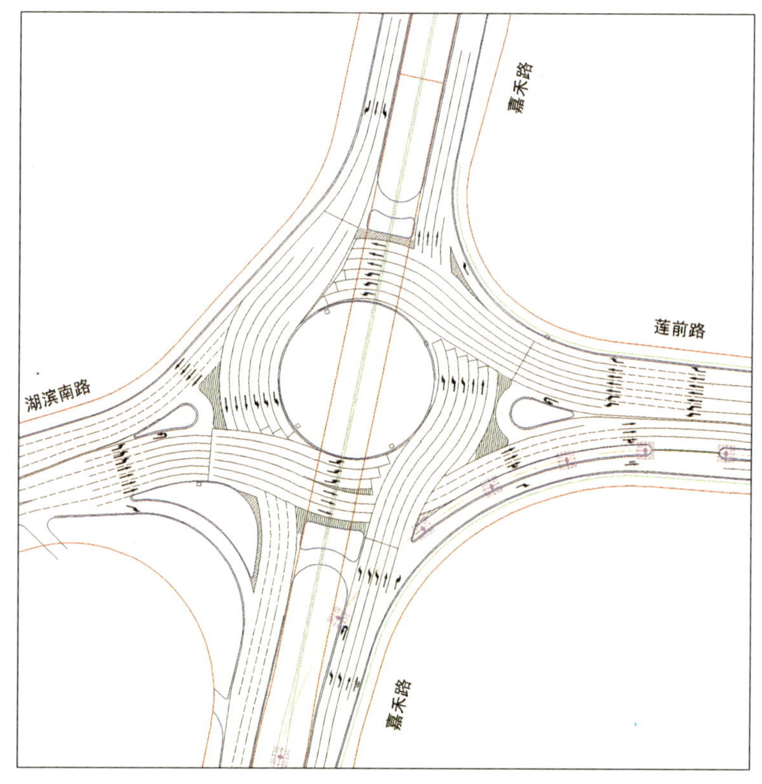

图 6－31　2007 年莲坂交叉口改造设计图

时间和空间资源的完美结合，当时采取的技术方案在全国居于领先水平。交叉口采取的改造方案工程量小，时间短，既节约投资又对运行交通影响小，能较好提高通行能力，关键是保留地标性环岛，取得了良好的社会效益。

四、厦门火车站地下商业街施工期间交通组织分析①

（一）项目概况

厦门火车站地下商业街项目作为厦门地下商业开发的标志物，是市政府的重点项目，工程地处火车站—富山商业圈中心，紧邻重要的交通枢纽——厦门火车站，人口密集且交通便捷，会聚了大量的人流与车流，也给施工带来严峻挑战。

拟建地下商业街施工范围位于厦禾路火车站路段（图 6－32），西至湖滨东路路口，东至凤屿路路口，主体长约 420m、宽约 40m，占厦禾路大半幅路面，南侧设 4 个地下通道出入口，总建筑面积约 17000m^2。设计为独立单层地下结构，覆土深度

① 厦门市城市规划设计研究院．梧村汽车站地下街改造项目施工期间交通组织分析［R］．厦门：厦门市城市规划设计研究院，2006。

2.5m，主体为三跨箱、框结构。

（二）规划思路

项目施工量大，周边交通环境复杂，为保证周边交通和施工的顺利进行，一方面，通过优化施工、局部工程改造提高施工路段通行能力，另一方面采取交通分流、交通管制措施，实施公交优先，以降低施工路段周边的交通流量，维持良好的交通秩序，既将受到影响的交通供给能力维持在一定的水平，又适当降低交通需求，使两者达到动态的平衡。

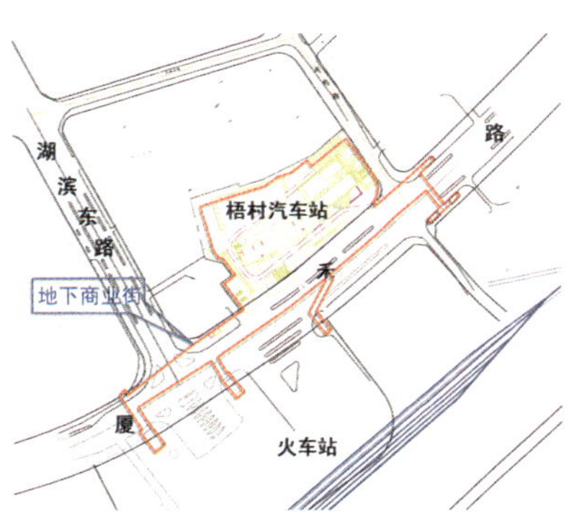

图6－32 火车站地下商业街范围图

具体思路及方法如下：

1. 优化施工

施工方法的优化是交通组织的前提，根据交通容纳条件合理比较施工方法，选择交通冲击小、环境影响少且经济可行的施工方案，合理制订施工工期、围挡范围、区段划分及运输组织等具体方案。

2. 交通分流

施工占道形成交通瓶颈，积极采取交通分流措施，实现过境与出入交通、社会车与公交车、社会车与施工车、机动车与非机动车、人与车等交通分流，减少交通冲突。

3. 需求管制

采取交通限制措施，如单向通行、禁止转向、车型限制、公交调整、停车管理、时段禁行等，控制交通需求以缓解交通拥挤。

4. 堵疏结合

因施工占用局部道路及交叉口空间，在保证主要交通走廊顺畅前提下，调节交通流量与通行能力相匹配，适当弱化次要交通流向，疏通周边道路，改善通行条件，保证替代路径的顺畅。

5. 硬软兼施

通过道路改造、施工便道、拓宽路面、架设天桥和完善标志等工程硬件措施，结合宣传、诱导、管理、信号控制等软件措施，综合保证各交通运行的安全有序。

（三）规划方案

1. 施工优化

规划方案在充分调查周边现状的基础上，提出交通约束条件为：①厦禾路交通需求巨大，必须保证主要交通走廊的服务水平，施工路段维持机动车双向六车道。②湖滨东路流量相对较小，保证公交运行的前提下，创造条件实现交叉口半封闭施工。③主体占道施工期限为一年以内，避免与铁路桥等改造工程冲突。

依据交通约束条件，经过反复研究比较，在协调各相关部门的利益下，提出盖挖法施工方法——“倒边盖挖逆做法”，即先施工支护桩、工程桩和地下街主体工程顶板，再对地下街的内部进行挖运土等施工，以减少施工对道路的影响时间，同时为保证道路通行空间，施工路段又分为南北两个区段前后施工。施工期可以保证厦禾路机动车双向六车道，占道工期不超过一年，满足交通约束条件（图 6－33）。

2. 道路交通组织方案

项目周边交通流复杂，针对不同交通流展开专项交通组织。

1）过境交通组织

过境的社会车辆交通采取三级层次分流的思路：“区域分流、片区分流和节点分流”。市域快速道路系统中东渡路高架、仙岳路及环岛路均贯通，且现状交通负荷度较低，为区域的交通分流创造条件；厦禾路段及火车站交叉口受施工占道，通行能力降低，施工区域周边的湖滨中路、湖滨东路、湖滨南路等主干道可分流部分交通流量；除厦禾路保持双向通行外，利用两侧的道路分流，组织凤屿路－禾祥东路、金榜路－东浦路两条微循环交通路径（图 6－34）。

2）进出交通组织

施工区域周边有众多的商业和公共建筑，车辆进出交通组织为依托主干路右进右

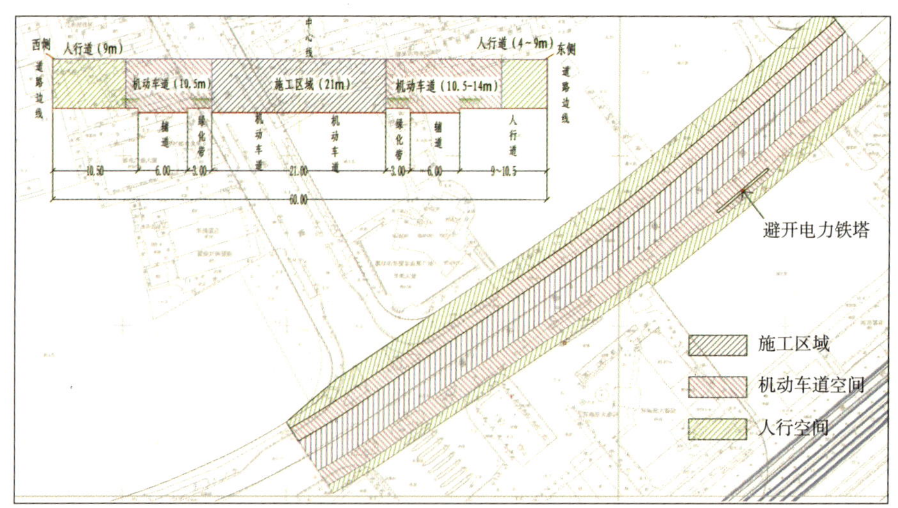

图 6－33　施工占道与机动车道资源分布图

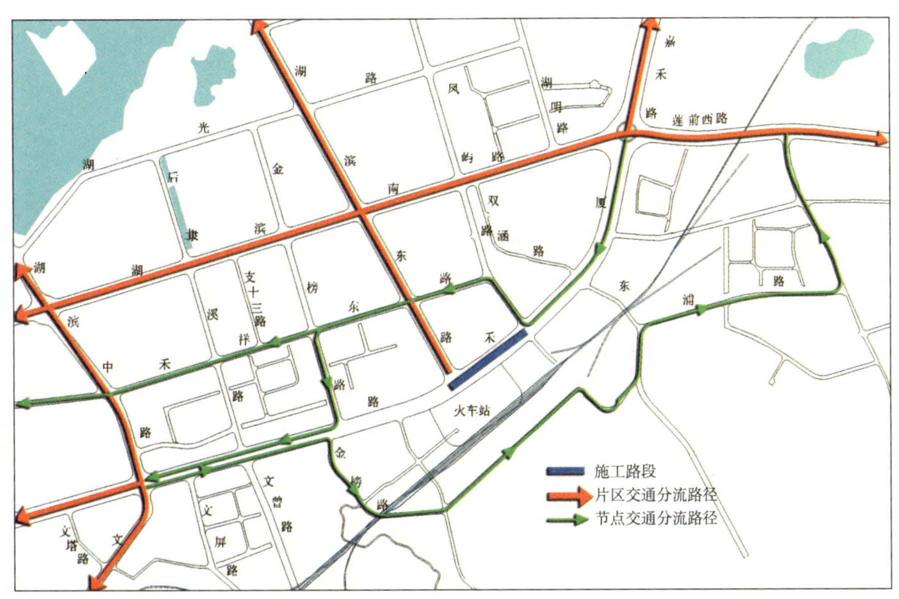

图 6－34 施工区域周边交通分流路径图

出，调整部分出口至后方支路。

3）公交车辆交通组织

施工路段公交线路与场站众多，施工压缩了公交枢纽站面积并阻断部分公交车通过的路段，须对公交进行细致组织，主要思路为："线路整合、站点分离、出入组织、换乘保障"。对公交线路不作大的调整，整合运营效率较低的中巴线路，调整部分出岛长线的路径；利用施工封闭的湖滨东路南段一侧形成临时公交首末站，湖滨东路方向公交线路在此停靠，中巴停靠站迁至禾祥东路以北，对公交中途停靠站适当迁移，避免停靠干扰主线交通；对火车站大、小广场、湖滨东路临时首末站、凤屿路公交站等四个场站的公交进出路径合理组织，提供进出通道，避免影响主线交通；加强线路间换乘衔接，高峰期适当增加发车频率，加强时刻表搭接。架设人行过街天桥，加强湖滨东路临时场站与火车站的联系，加强公交车辆检修，减少车辆故障率。

4）施工车辆交通组织

施工车辆主要为材料运输车辆和土方车辆。严禁施工车辆占用厦禾路行驶，并避开湖滨南路交通拥挤路段。除混凝土须连续运输外，其他施工车辆一律避开早晚高峰时期。

5）非机动车和行人交通组织

拆除压占道路红线的临建房，保证至少 6m 的人行道空间，非机动车上人行道行驶。行人过街除保留施工区域两端路口过街横道外，在湖滨东路路口东侧架设人行天桥，方便火车站人流疏散及公交站点的衔接，保障行人安全。

3. 交通管制措施

为直接降低交通流量，对施工路段实施交通管制是最直接有效的措施。首先实施单向交通管制，围绕施工路段周边的凤屿路、禾祥东路东段，金榜路和后埭溪路四条道路组织单向循环系统，实现片区交通分流；其次，实施货车禁行管制：将货车禁行管制时段延长至22：00，增加厦禾路、湖滨南路（7：00－22：00）禁止大货车通行；再次，根据交通流量变化，采取车道划分调整、禁止转向、信号调整等措施对交叉口进行管制；对周边路段进行交通管制：湖滨东路南段主车道仅供公交通行，东侧辅道上设置公交临时停靠站，设置调头车道，西侧辅道供社会车辆与单位进出车辆使用（图6－35）。

4. 交通安全与管理措施

为保证周边道路交通运行，施工期间加强交通安全与管理：①提前设置分流诱导标志，引导交通分流绕行；②设置道路隔离设施，保证车辆与行人通行安全有序；③施工区域设置安全提示标志，设置夜间警示灯，并加强照明措施；④组织交通协管

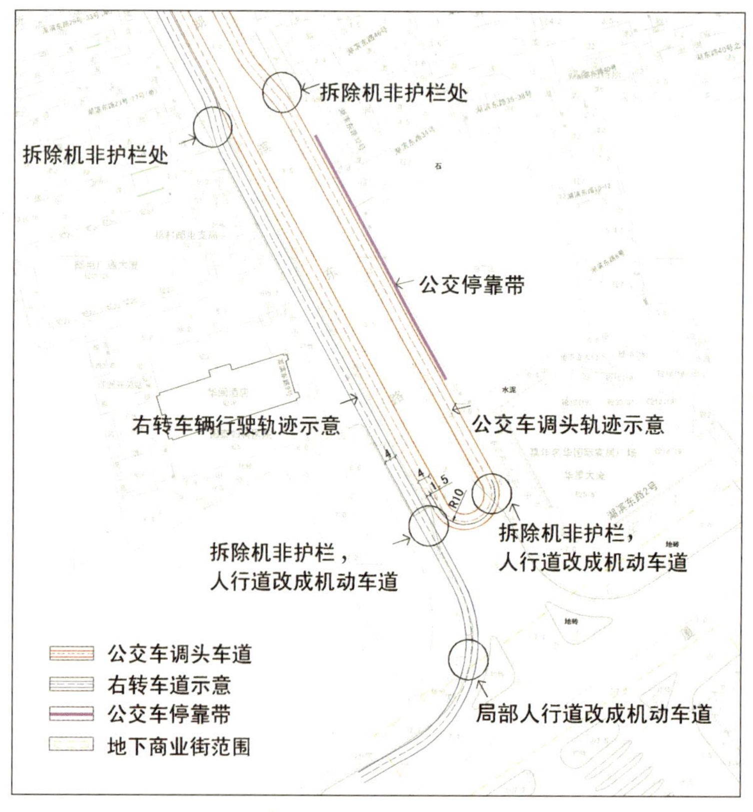

图6－35　湖滨东路南段详细交通组织设计图

员协助疏导交通，提前进行业务培训；⑤加强交通整治，清理违章占道及停车现象，保证周边分流道路的通畅。

5. 组织保障措施

为保障交通组织方案顺利实施，施工期间应做好组织保障工作：①组织相关单位成立“联络小组”，保证方案顺利实施；②加强宣传工作，对交通管制提前公告，引导车辆绕行，并提倡公交出行；③设立应急机制，对可能发生的突发事故，事先预案，及时排除；④加强施工内部管理。强化施工安全意识，加强施工车辆检查与运输管理。

（四）实施效果

在各方积极配合下，厦门火车站地下商业街工程顺利开展，经过半年多的施工，主体工程已经进入第四步施工阶段，工期进度较计划快了一个半月。通过交通组织，周边道路秩序良好，厦禾路主要交通走廊交通通畅，公交运行顺畅，未发生区域交通拥挤现象，行人过街天桥的设置受到欢迎，交通组织方案经历了春运的巨大考验，实践证明是合理可行的。

中心区地下商业街施工周期长，占用较多道路资源，在工程前期开展施工期间交通组织研究，为施工创造良好的交通环境，保证工程顺利开展，同时尽量减少对周边道路交通的影响，保证中心区车流与人流有序、顺畅、安全地运行。施工期间交通组织研究是一项综合性工作，须综合协调各部门利益，加强各方面配合，促使工程的经济、交通和社会环境效益相协调。

五、国际旅游客运码头片区交通影响分析①

（一）项目背景

厦门国际旅游客运码头位于东渡港区（图6－36），由厦门市港务控股集团有限公司负责开发，是一个以国际邮轮码头为主，兼有办公、零售、酒店娱乐和住宅等功能的综合社区。

由于国际旅游客运码头属于大型交通枢纽用地，在厦门市港口建设中具有重要的地位，周边用地高强度开发，周边主干道交通压力明显，交通组织极为复杂，有必要进行交通影响分析及交通组织设计，为地块开发提供交通解决方案，形成良好的交通组织。项目由厦门市港务控股集团有限公司委托厦门市城市规划设计研究院进行编制工作。

---

① 厦门市城市规划设计研究院．厦门市国际旅游客运码头片区交通影响分析［J］．厦门：厦门市城市规划设计研究院，2007。

图 6－36 片区现状图

国际旅游码头片区定位为国际邮轮城，主要包括的建设项目为国际邮轮中心、地产大厦、港务大厦、海运大厦、国际旅游码头 A1 及 A4 居住开发地块等。片区总体开发规模较大。

（二）思路

1. 交通影响分析主要工作思路

（1）现状交通调查及相关规划分析；

（2）码头功能定位；

（3）片区交通需求预测分析、客运码头航线及客流分析；

（4）旅游客运码头及片区交通组织方案；

（5）交通改善措施和建议；

2. 交通需求预测的技术路线

在交通流量预测中考虑了两方面的因素：一是随着城市发展和车辆拥有量的增加，规划区域交通量的自然增长；二是片区开发后产生的交通流量。

本次预测采用了传统的较为成熟的“交通产生—交通分布—方式划分—交通分配”四阶段预测法。

（三）规划方案

交通改善方案主要从以下几方面着手：

（1）对原建筑方案调整，增加形成内部次干道，分流和疏解各片区交通（图 6－37、图 6－38）；

（2）建设高架道路直接衔接客运码头二层停车场，快速疏散，直接进出；

（3）为改善出入口，保证客运码头便捷的进出，同时缓解对疏港路的交通压力，

图 6－37 交通改善后调整的建筑方案

图 6－38 片区开发效果图

增加喇叭形立交，立体分流交通；

（4）重新调整片区内部车库出入口，统一进行交通组织。

1. 码头区交通组织流线方案

旅游客车、出租车主要是立体停车，私人小汽车及办公汽车主要停车区为各配建停车场，部分接送旅客的私人小汽车也可在码头停车区停车。

码头停车区设计方案为上下两层停车楼，中间加一夹层。二楼为旅客疏散主要层，部分出租车、旅游客车直接上二层接送旅客。一楼设置两个停车区，一个为私人小汽车及部分社会车辆接送旅客停车等候使用，另一个为码头大楼工作人员停车使用。夹层可供出租车等候使用，车辆可以从一楼通过通道行驶到夹层，再从夹层通往二楼候车区后离开，也可以直接从一楼的出口离开，方便了大楼内部工作人员用车。

在码头出入口设置跨越东渡路的跨线桥，在海天宾馆南侧设置喇叭形立交，解决南进北出码头的左转车辆通行。码头交通均可通过此立交集散，南进北出交通流通过喇叭形立交匝道，北进南出通过右转道。

通过码头路地面层及与高架段衔接的上下匝道可以便捷右进右出衔接东渡路西段，有利于码头区的交通进出。

码头区进出交通及与其他区域交通流线组织如图 6－39 所示。

2. 公共交通组织

东渡路是城市重要的公交走廊。由于国际旅游码头片区开发规模比较大，建议在规划区设置国际客运旅游码头公交站。站点位置建议设于喇叭形立交南侧，同时建设过街天桥通道衔接东西站点。国际旅游码头片区的各开发项目距该位置的距离均在 300m 左右，在该位置设站可以方便片区内居民的公交出行，同时提供舒适、准点的公交服务，吸引部分客运旅游码头的游客们采用公交的出行方式。

根据轨道交通线网规划，轨道 2 号线将由湖滨北路经国际客运旅游码头片区下穿海底通往海沧。依据规划在该位置设有站点。因此在旅游码头片区的开发与建设需考虑远期与轨道交通站点的良好衔接，创造良好步行系统便捷衔接站点。

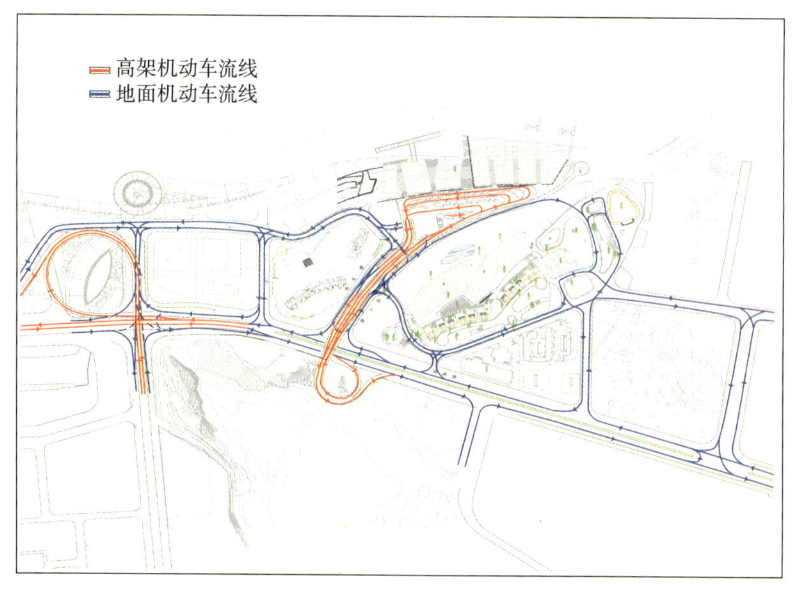

图 6－39　片区交通组织流线图

3. 停车系统

本规划以内部交通组织为基础，结合周边道路的交通组织，加强各停车库出入道路的通畅程度，减少不必要的绕行距离及交通冲突，对规划区各部分配建停车场出入口提出改善建议，如图 6－40 所示。

（四）创新点

本交通影响分析项目结合旅游客运码头的特殊区位，规划按照公交优先、交通分流、远近结合的原则，通过交通组织有效地缓解片区开发对周边道路交通的影响，提高了旅游码头片区的交通便捷性。规划的主要亮点体现于以下几方面。

（1）过境与内部交通分流的措施：规划方案提出片区内部控制一条南北向贯通的次干道系统作为内部交通主通道，在高峰时段缓解城市主干道东渡路过境交通与片区内部交通之间的相互干扰。

（2）旅游客运交通枢纽交通与其他项目开发交通分流措施：片区内建设高架道路系统直接衔接客运码头二层主出入口，并建设喇叭形立交衔接东渡路。一方面形成客运码头交通的快进快出，另一方面有效地分离交通枢纽交通流与片区其他地块交通流之间的相互干扰，提高片区整体交通通行效率。

（3）结合交通仿真，优化交通组织方案：本规划应用 PTV 微观交通软件，对交通组织方案进行仿真模拟，根据主要路段和路口的交通仿真效果，辅助进行规划方案的优化工作。

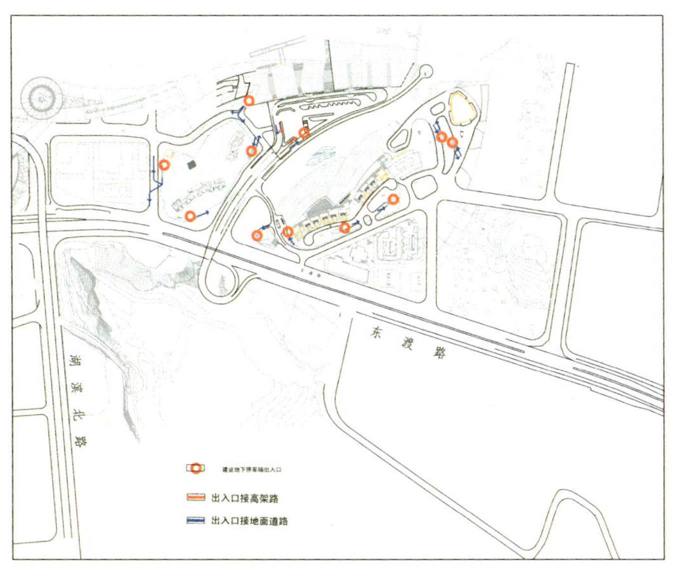

图 6－40　各配建停车库出入口建议位置

第七章　城市交通安全与管理规划

第一节　城市交通安全与管理规划概述

随着我国社会经济的快速发展，城镇化速度的加快，汽车保有量以及公路、城市道路里程的大幅增加，道路交通安全问题也日益严重，如何最大限度地预防和降低交通事故，保证道路交通安全是不可回避的问题，道路交通安全与管理规划正是以此为背景对道路交通安全与管理进行科学的研究和规划。2003 年国家颁布《中华人民共和国道路安全法》明确规定县级以上政府必须编制城市交通安全管理规划。

城市交通安全与管理规划是交通工程中的一项重要的工作内容，规划的编制过程中应牢固树立“以人为本”的理念，在管理上积极推进安全的道路交通系统建设，实现安全、有序、畅通、环境优良的道路交通系统，同时规划编制工作要坚持“系统工程”的特点，致力于政府各部门的协调配合，围绕道路交通系统开展工作，从人、车、路、环境和管理等多个环节综合采取措施。①

第二节　城市道路交通安全规划

一、基本概念

道路交通安全规划是指对道路交通安全状况进行调查（主要包括道路使用者的交通安全行为、道路交通路网条件、道路交通安全设施布局、道路交通安全管理实效性等）的基础上，分析规划区存在的道路交通安全问题，探讨交通流在时间上及空间上的安全特性，对未来道路交通安全需求进行科学预测，依据《中华人民共和国道路交通安全法》及有关法规、标准等，运用现代化技术、方法、措施，确定未来道路交通安全设施合理结构与布局，提出道路交通安全法规意识建设和交通安全管理高效一体

---

① 严宝杰，张杰瑞．道路交通安全管理规划［M］．北京：中国铁道出版社，2008。

化规划方案，并提出实施措施保障要求。

交通安全规划是为了使道路交通事故的人员伤亡和财产损失在规划期内降至预定的目标，所确定的在人、车、路、环境和管理等方面应采取的交通安全措施和行动及其实施时序，是科学开展道路交通安全工作，进行道路交通安全工作决策的主要依据和重要手段。①

二、规划思路与方法

交通安全规划的思路和方法是根据《道路交通安全法》及《道路交通安全法实施条例》的要求，以尊重人的生命为基本理念，保障道路交通有序、安全、畅通，充分考虑交通参与者、交通工具以及交通环境三要素相互之间的内在联系，综合研究切合实际的可行的、重点突出的对策及目标，并制订规划。②

道路交通安全规划的编制需要全面地掌握道路交通安全现状，系统分析道路交通安全的主要症结，深刻认识交通安全问题的内在规律，科学预测道路交通安全的发展趋势，明确道路交通安全的发展目标，从而为实现该目标而制定具体的规划方案，提出近、远期措施的实施保障。工作的技术路线如图 7－1 所示。③

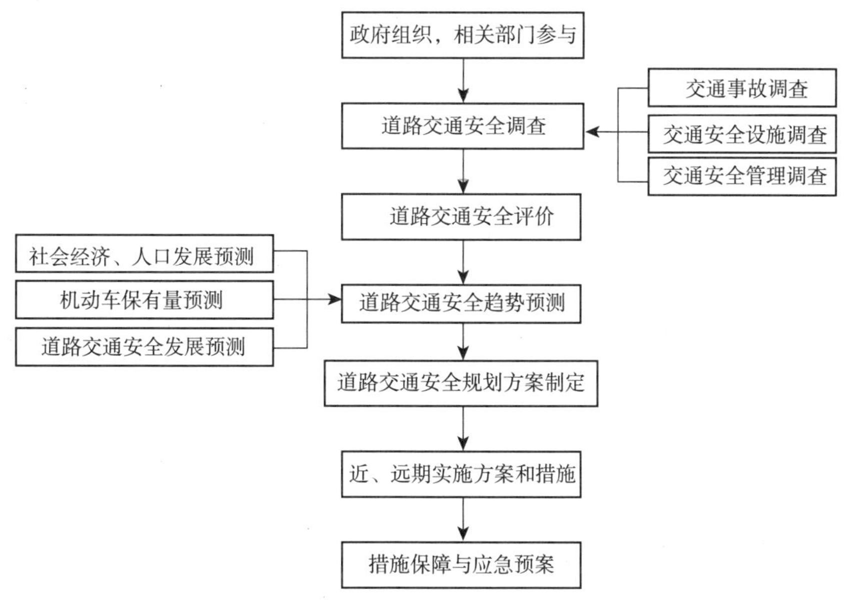

图 7－1　道路交通安全规划技术路线图

① 陈君．道路交通安全管理规划体系及软件研究［D］．西安：长安大学，2005。
② 龚标，赵斌．我国道路交通安全规划基本框架研究［J］．中国安全科学学报，2006（4）。
③ 严宝杰，张杰瑞．道路交通安全管理规划［M］．北京：中国铁道出版社，2008。

三、主要任务与内容

（一）交通安全规划任务

在收集和整理近年来道路交通事故统计数据的基础上，分析交通事故的规律及成因，结合交通安全规划的指标体系，通过衡量这些因素的重要性，并提出了预防和改善措施，进行交通安全规划，从而达到降低交通事故，减少伤亡人数和经济损失，以便于管理部门做好交通安全管理工作。

交通运输是社会经济发展的基础，而交通安全则是交通运输正常运转和快速发展的前提条件，道路交通安全规划主要任务为：一方面规范交通安全管理工作，明确目前及今后的奋斗目标，保障生命财产安全；另一方面有力推动政府领导下的交通事故预防长效机制，在人流、物流、车流迅速增长的情况下，遏制交通事故增长势头。

（二）交通安全规划内容①

交通安全规划主要内容包括：

1. 交通安全规划实施目标

交通安全规划目标应统筹影响交通安全各因素的改善、提高的程度，然后提出各项工作的实施目标。首先，完善工作机制，建立交通安全工作联席会议制度，加强相关部门间的组织协调，协作联动畅通，形成政府领导下的全面事故预防机制；其次，改善交通安全形势，交通事故死伤人数得到有效遏制，使交通安全状况步入良性循环的轨道。

从总体上提出分阶段量化的交通事故死亡人数达到的相对指标，以及万车死亡率的下降目标，重点提出各种严重交通违法率下降的目标，道路交通环境改善、交通安全设施完善的目标，以及交通参与者遵纪守法、交通安全意识提高的程度。

2. 规划战略重点

交通安全战略重点应建立在4E对策的基础上，即教育（Education）、工程（Engineering）、执法（Enforcement）和紧急救援（Emergency care and first aid）。

3. 规划实施内容

（1）健全交通安全工作领导（协调）机构；

（2）改善道路的安全性：建立完善的黑点项目管理制度，建立道路安全审查制度，完善道路交通安全设施；

---

① 龚标，赵斌．我国铁路交通安全规划基本框架研究［J］．中国安全科学学报，2006（4）。

（3）提高交通参与者的法律意识和交通安全意识；

（4）严格驾驶员管理，确保安全驾驶；

（5）确保车辆安全性；

（6）整顿道路交通秩序；

（7）完善紧急救援系统；

（8）促进交通安全技术进步。

4. 政策保障措施

（1）加强各级政府和相关部门交通安全监管职责；

（2）加大对道路交通安全的投入；

（3）加强交通安全的科学研究。

第三节　城市交通管理规划

一、基本概念

为解决一直困扰城市发展的交通拥堵问题，各地政府一直致力于新建或改建城市道路，加大交通基础设施投入，但在城市机动化快速增长的大背景下，仅通过工程性建设来解决交通问题，其效果是有限的，交通管理作为一种利用现代科学技术来提高道路运输效率的有效手段更应发挥其应有的作用。①

交通管理规划主要针对现状交通问题，从行政管理和技术管理的角度提出系统的交通管理措施和方案。从时间上分为近、中、远期方案，从深度上分为宏观、中观和微观方案等。近期方案越趋向于微观，远期方案趋向于宏观。

交通管理规划是近期在现有道路、交通设施资源有限的客观约束条件下，通过交通管理充分挖潜、合理引导和控制交通需求，运用交通工程技术和系统工程原理对城市区域范围的交通进行需要设计，以改善交通秩序，缓解交通拥堵。中、远期紧密依托城市总体规划、城市交通规划、城市土地利用规划，预测和把握未来可能出现的城市交通问题，明确今后交通管理的发展方向，制定交通法规、政策，构筑、完善保障体系，提高交通管理科学化水平。

交通管理规划应综合协调交通载体、交通出行者、交通管理者三者之间的关系，

① 王炜等．城市交通管理规划指南［M］．北京：人民交通出版社，2003。

基于交通管理对城市开发建设、道路交通规划建设、交通设计提出明确要求。

二、规划思路与方法

城市交通管理规划是一项科学性高、实施性强的工作，在规划中必须遵循相应的原则，在充分调查现状，摸准发展规律的基础上制定科学的可实施的规划方案，通过交通管理方案评价促进规划方案的优化调整，最终制订实施计划。为避免交通管理政策、措施出台的盲目性、随意性，应请有关部门、专家进行充分论证，集思广益，最终通过政府批准、人大立法以及制定相应的政策法规，使交通管理规划具有法律效力。必要时还应该采取试行的办法，在一定时间与范围内反馈、补充、修改、调整后正式出台。城市交通管理规划流程如图 7－2 所示。

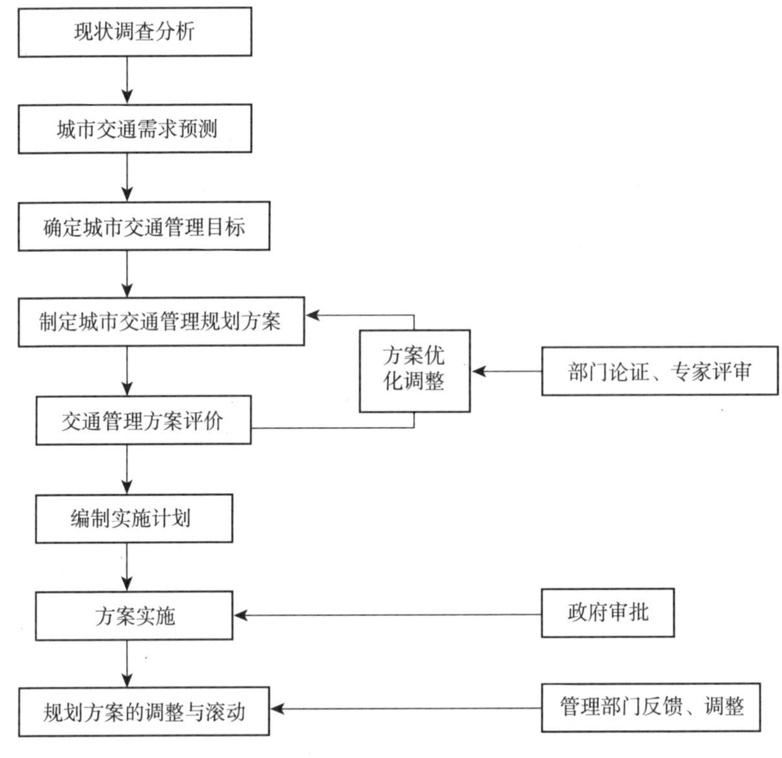

图 7－2　城市交通管理规划流程图

三、主要任务与内容

城市交通管理规划的主要任务是立足当前，近期以城市交通改善为重点，综合治理交通秩序，缓解交通拥堵，从交通管理角度提出交通规划、交通设计、交通建设的相关要求，制定相关交通政策、交通设施发展规划，明确今后城市交通管理的发展方向和政策导向，中远期实现与城市社会经济发展水平相一致的安全、畅通、有序、低污染的城市交通环境。具体工作内容如下：

（1）对城市交通现状展开调查，了解当前存在的交通问题，分析问题产生的原因，为交通管理方案的制订提供依据。调查内容包括城市社会经济及人口调查、道路交通供给条件调查、交通需求调查、交通管理调查等方面。

（2）依据城市总体规划、交通规划等上一层次的规划，结合现状交通特征，对城市社会经济发展趋势及城市交通发展趋势进行预测，为制定规划方案提供依据。

（3）结合畅通工程，从城市的需求发展和交通供给两方面着手，制订近期交通改善方案，包括：路网建设改善方案、交通组织改善、交通节点改善、公共交通改善方案、静态交通改善方案、交通安全管理设施改善方案等。

（4）从交通管理角度对交通规划、交通设计、交通建设提出明确的要求，改变当前交通管理被动性和纯下位的工作状况，变被动为主动，主动参与上位的交通规划和设计工作，以取得规划、设计、管理之间的协调发展。

（5）站在战略高度，明确今后城市交通管理的发展方向和政策导向，以发展的眼光来制定中远期相关交通政策、交通法规、交通发展计划。

（6）编制城市交通管理规划的调整、实施与滚动方案，注重方案的动态性和可持续发展性。

第四节　规划案例

一、厦门市道路交通安全规划①

（一）现状

2003 年厦门市以人口计算的道路交通安全事故四项指标（图 7 - 3）远高于全国水平，并且万人事故率和万人事故死亡率均呈上升趋势。随着厦门市机动车辆保有量的上升，道路交通安全四项指数的万车指标有所下降，但和全国平均水平比较，仍高出较多。面对厦门市道路交通安全事故高居安全生产事故榜首的严峻形势（图 7 - 4 ~ 图 7 - 7），必须从多方面入手，营造良好的道路交通安全环境。

---

① 厦门市城市规划设计研究院．厦门市道路交通管理规划［R］．厦门：厦门市人民政府城市管理办公室，2005。

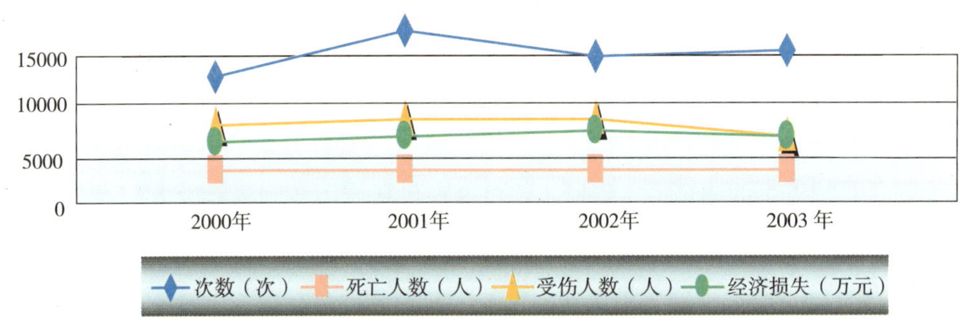

图 7－3　厦门市历年交通事故四项指数图

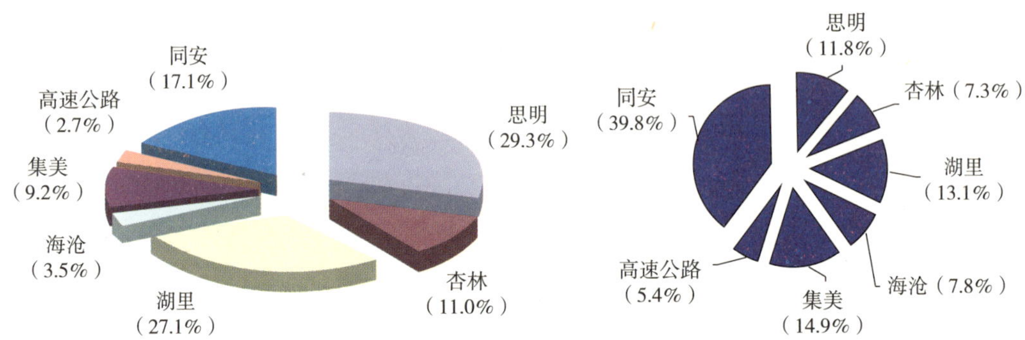

图 7－4　厦门市历年道路交通事故次数空间分布图

图 7－5　厦门市历年道路交通事故死亡人数空间分布图

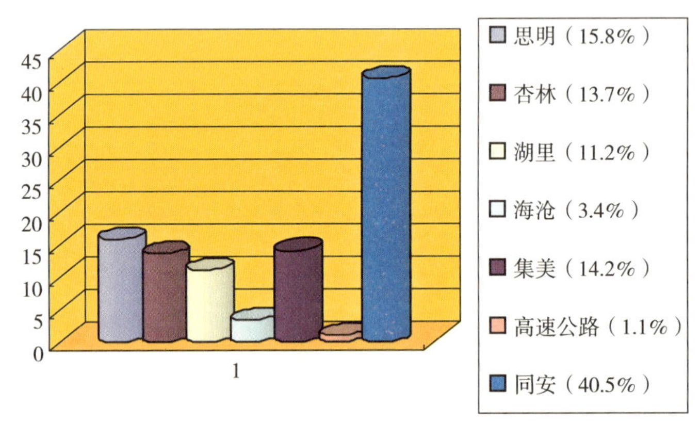

图 7－6　厦门市道路交通事故受伤人数空间分布图

（二）规划思路

本规划按照“安全第一，预防为主”的方针，结合厦门的实际情况，在进行交通流特性、交通安全设施等必要的交通调查的基础上，深入分析城市交通安全状况与存在问题，依据道路交通安全法律、法规和国家有关政策，立足近期，结合长远，明确

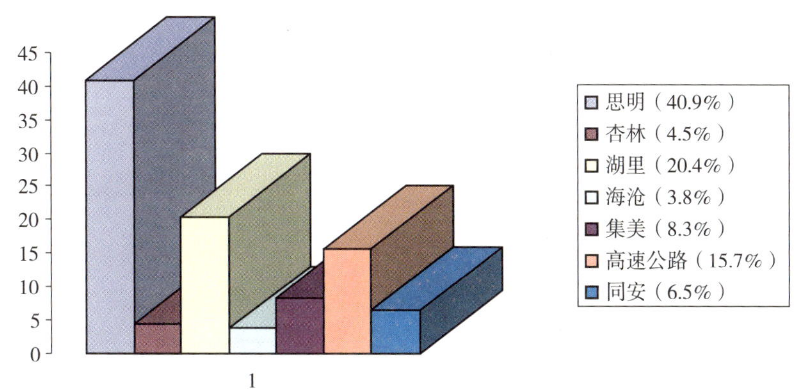

图7－7　厦门市道路交通事故经济损失空间分布图

目标，突出重点，合理布局，综合整治，科学规划，提出“十一五”期间（2006—2010年）厦门市道路交通安全管理工作的指导思想、基本方针、目标、主要任务、保障措施，使之成为城市道路交通安全管理工作走向科学化和现代化的重要技术文件，实现道路交通安全、有序、畅通。

（三）规划定位

厦门市道路交通安全规划从治标治本、标本兼治、综合治理的要求出发，立足当前、着眼长远。规划定位如下：

（1）将规划作为厦门当前和今后一段时期预防道路交通事故的指导文件，是交通安全管理的近期、中期目标；

（2）规划编制涉及包括交通安全工作联席会议成员单位、交通安全研究机构、学校、运输企业、汽车检验机构、保险行业以及交通安全其他相关部门等；

（3）规划由政府统一发布，统一实施，具体由交通安全工作联席会议制定、实施、监督和考核；

（4）围绕全国道路交通安全“十一五”规划要求，分级规划、逐步实施，确保规划的衔接和执行；

（5）规划时限为5年，以近中期实施规划为重点，确保其可操作性、科学性和可持续性。

（四）规划方案

1. 近期对策

1）加强车辆管理

（1）强化机动车检测：至2007年，机动车到检率必须达到90%，汽车到检率必须达到95%；

至2010年，机动车到检率必须达到100%。

（2）对客运车辆安装自动智能化随车监测装置。

2）采取道路工程措施

（1）加强道路工程设计的安全性审核。

（2）进行交通事故“黑点”改造。提出“十一五”期间必须改造的项目及手段，其中建议重点进行主要“黑点”的改造（图7－8）。

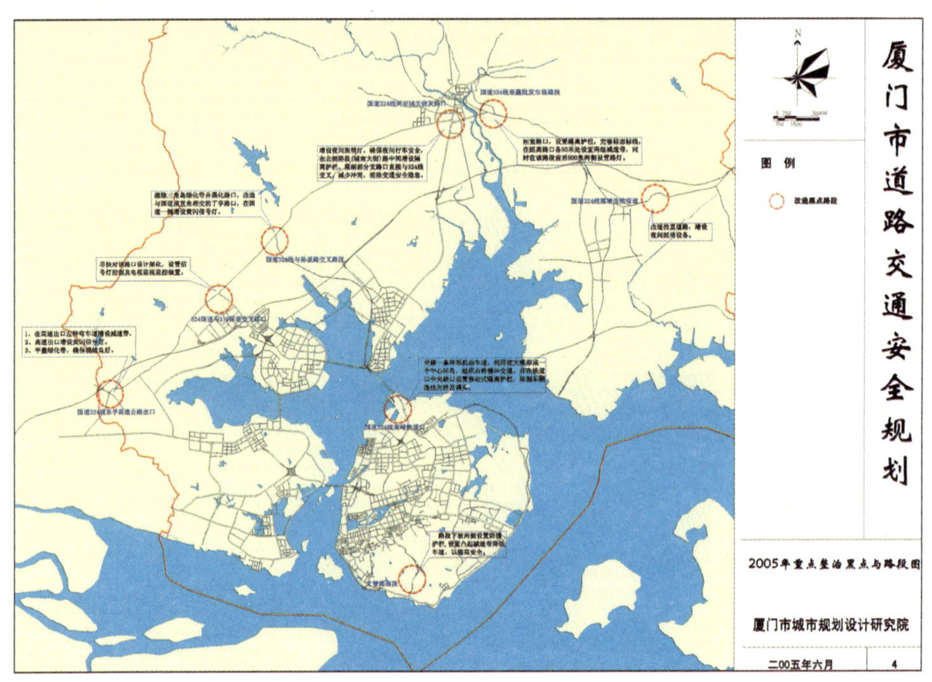

图7－8　厦门市道路交通安全重点改造“黑点”分布图

3）落实道路交通设施的安全措施

（1）完善交通标志标线。

（2）增设道路安全设施：必要的分隔栏、行人过街安全岛、过街信号灯等。

（3）加强道路交通安全管理科技应用。设置违章自动抓拍监测装置（电子警察）、电子标志牌、交通诱导。

4）加强道路交通安全管理

（1）强化监管、综合整治五个“关键领域”：超速、超载、喝酒、头盔、安全带。

（2）落实“五整顿、三加强”。

2. 中远期交通安全发展规划

（1）建立事故预防体系：抓住“四个群体”预防体系，推行“四级预防”，落实“四 E”工程；实行浮动保险费率，鼓励安全驾驶。

（2）推动事故预防法制建设和建立道路交通安全应急预案系统，合理布局道路交通安全救护站（图 7－9）。

图 7－9　厦门市道路交通安全救护站布局规划图

（五）创新点

本规划在深入分析厦门市交通安全形势及其面临问题的基础上，结合国外实践经验，指出厦门交通安全规划是道路交通安全发展的战略方向，明确了对预防和降低交通事故的措施和建议。

道路交通安全问题一直是城市交通管理中最棘手的问题，每年因交通事故所造成的人员伤亡和经济损失都成为制约交通安全管理的一项重要指标。厦门市交通安全规划提出突出交通安全宣传教育的重要性和措施建议，同时在规范道路的建设、交通工程设施的完善以及交通安全法规的推广与普及等方面的内容提出了确实可行的措施和方案，规划的亮点在于对事故分析的总结和结合厦门道路交通安全实际的实施规划方案，并提出了依托不同等级医院的多层次救援体系和应急预案系统。

二、厦门市城市交通管理规划①

（一）概况

进入21世纪后，厦门市城市交通供需矛盾日益突出，出现了道路拥挤、交叉口堵塞，恰逢公安部和建设部发起了“畅通工程”，以此为契机，厦门展开《厦门市城市交通管理规划》的编制工作，以促进城市经济、土地利用和交通的可持续发展，指导畅通工程的顺利实施。

本项目规划范围为厦门市岛内，规划分为两阶段：近期为2000—2005年，中远期为2005—2010年。

（二）现状调查及其问题分析

通过大量的材料收集、数据调查、实地踏勘，并对厦门市城市交通供给条件、交通需求情况、交通管理现状展开深入的调查，总结出现状城市交通主要存在的问题，如：交通不够通畅，旧城区易发生交通拥堵，高峰时段交叉口排队现象严重，交通流运行不连续；交通干道事故多，湖里区交通事故比例较大；交通便捷性差，交通设施资源利用率低。

通过分析，交通产生问题的原因在于规划层面滞后，缺乏合理性，设计及建设层面不落实，措施不当，管理层面不到位，并对各部门提出针对性的改善建议。

（三）规划方案

本次规划遵循的总体原则为：在保证道路网功能的前提下均衡路网流量，不同道路的优先次序为主干道、次干道、支路、生活区道路，不同交通流的优先次序为公交车流、行人、自行车流、社会车流等。方案从交通组织、公共交通、停车、交通节点、交通控制技术、交通政策法规、交通高科技发展、交通教育及队伍建设提出交通管理规划方案。

1. 交通组织

交通组织方案中首先提出进出岛交通近期以保障便捷性和安全性为目标，中远期实施收费与需求管理结合措施，均衡大桥流量；其次从“面、线、点”三个层面展开，网络交通组织采取交通需求控制和交通管理措施，合理组织单向交通、公共交通、货运交通、旅游交通、慢行交通，缓解主骨架路网交通压力，干道交通组织通过限左、

① 厦门市城市规划设计研究院．厦门市城市交通管理规划［R］．厦门：厦门市公安交通管理局，2001。

图 7－10 厦门市单行路段及禁左交叉口分布图

拓宽和改建瓶颈路段（图 7－10），提高干道交通行驶的连续性，交叉口交通组织实行机动车、非机动车与行人三种交通流分离，部分交叉口适当禁止左转交通通行，路网节点加强渠化与相位设计。

2. 公共交通组织

规划方案实施“公交优先”，对公交行驶条件提出改善方案。推行公交优先网络规划，远期形成“三横三纵”公交专用道网络，详细研究专用道在进出交叉口的布设方法，并实施公交优先信号，规划提出公交港湾中途停靠站的不同形式及适应性（图 7－11、图 7－12），针对停靠线路较多站点可采取设立辅站，拉疏站点等措施，以减少进站公交车较多时发生阻塞的可能性。

3. 停车管理

停车从交通管理层面入手，通过现状调查分析，将停车场（库）以及路边停车的问题分为若干类型，针对每种类型的问题制订相应的近期改善方案。对不同类型停车设施进行进出交通组织，对停车管理提出实施性意见，为厦门市静态交通组织管理的

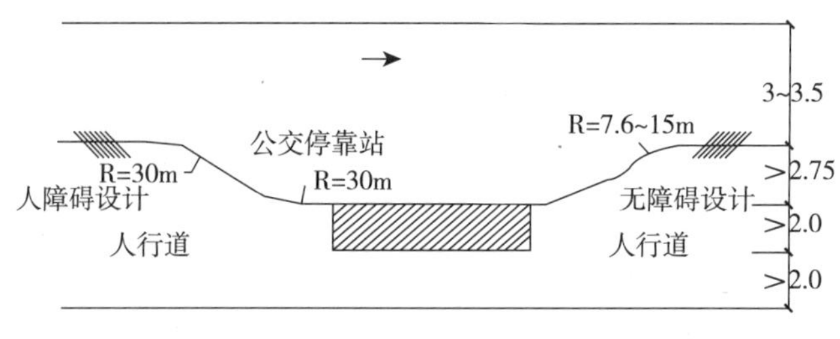

图 7－11　沿人行道设置的港湾式停靠站

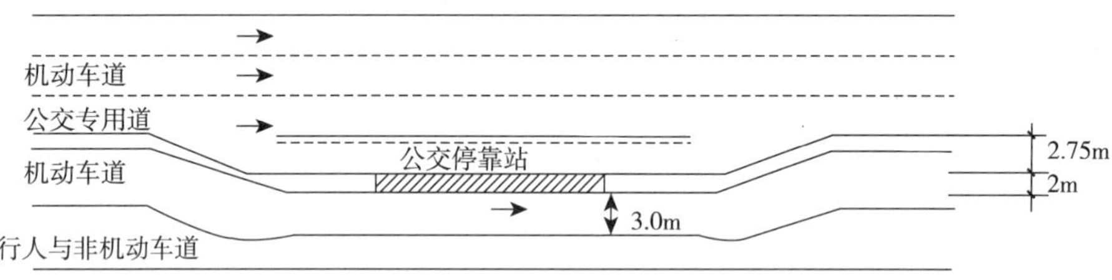

图 7－12　公交专用道在机非分隔带左侧时的港湾式停靠站设计

发展、完善奠定基础。

4. 交通节点与枢纽改善

方案根据路网特点，对以交叉口为代表的交通节点、大型客货流枢纽进行合理的建设与改善，减弱或消除其可能产生的瓶颈效应。在合理组织社会车辆、公交车、非机动车、行人交通的基础上，对交叉口进行渠化设计，并制订信号配时设计方案。

5. 交通控制技术改善方案

交通控制技术规划包括双向的绿波协调控制、环岛信号灯控制、路段行人过街信号控制三方面。绿波协调控制实施区域为湖滨东路、厦禾路、思明南北路等三条道路，整体呈 Z 字形。环岛信号控制以莲坂环岛为范例，对交叉口的通行空间与绿灯时间的有效协调，巧妙地避免了大型环形交叉的缺点，用最少的信号相位协调控制了同一相位中的冲突交通流，从而大大地提高了整个交叉口的通行能力，在减少交通拥挤与阻塞的同时还降低了延误。路段设置感应式行人自助信号灯，进一步明确界定行人过街通行权和车辆行驶权之间的交换，减少行人过街时对最小可接受空当的判断失误和强行穿越，加强行人过街的保护，最大限度地减少停车的次数和延误。

6. 基于交通管理的交通规划与交通设施建设改善方案

完善的交通管理必须以完善的交通基础设施建设为基础，规划方案的一大创新点就是基于交通管理角度对交通规划与交通设施建设提出反馈意见。

在交通规划层面上，首先应加强路网结构建设，形成功能清楚的路网格局，注重道路断面形式的选择，远期厦门岛形成“五纵六横一环线”的交通主骨架，不同功能的道路断面形式有所侧重；其次，规划应促进交通结构的改善，制定相应的对策，积极发展公共交通，禁止公车私用，合理定位家用小汽车，限制小汽车使用，出台明确合理的停车政策和投资，建立公平合理的收费政策，实现投资主体多元化；第三，规划上对交叉口处的红线拓宽 3 ~ 6m，为交叉口渠化留有余地；最后，停车设施规划应与城市交通相适应，加强小区配建停车场建设，在中心区外围主要出入口处建设容量较大的公共停车换乘设施，路外停车场（库）的布局分散合理，规模适当，路内停车合理设置，收费适当提高。

在交通管理政策的制定上，必须注重交通噪声、交通废气等环境容量的约束，通过交通管理措施降低和均衡主要交通干道的饱和度，改善车辆运行状况，实现环境保护和可持续发展。如对客货运交通实施交通需求管理，鼓励使用低污染的公交车，保证交通性干道车流顺畅，制定有关交通污染方面的环境保护法规和条例，加强车辆排污性能的监督和管理，开征燃油税。

在交通设施建设上，首先，以畅通性、安全性、便捷性为目的，清理人行道障碍，修剪绿化，进行无障碍设计，加强指路（指示）标志、动态信息情报板的建设；其次，交通设施建设必须适应交通特征变化，按照机动车、非机动车、行人交通特征的变化组织交通流，合理利用有限的道路资源。

7. 交通管理政策与法规

方案从规划层面、建设层面、法制层面、体制层面、投资层面等五个层面制定正确的有关交通管理的政策导向和相关的保障措施，以保证与下位的交通管理能够衔接充分，实施有力，可操作性强，从而使各相关部门能够真正把交通管理问题重视起来，而不仅仅当作是交警部门自己的事情。

8. 交通管理高科技发展规划

规划方案提出厦门市应发展智能交通系统规划，第一阶段围绕主骨架路网进行，第二阶段范围扩大至厦门市岛内各主干道、次干道及交通性支路。整个系统包括信息采集、信息处理、信息发布、公交优先、紧急救援等分系统。

9. 交通教育管理及队伍建设

规划提出，交通管理队伍建设通过管理设备现代化和交通管理者的技术培训两种手段实现，对交通参与者的教育是交通教育管理的重要组成部分。

10. 方案实施计划

交通管理实施方案具有很强的近期性和动态性，同时，方案的实施需要一定的保障条件。所以，本部分将按时间顺序和工程项目，给出实施方案近期的实施计划与排序；对近期实施方案的基本工程量及投资作出估算；同时，提出实施方案的基本保障和相关建议。中远期为概念性规划设计，无具体的实施方案。

（四）创新与特色

该项目的开展，较好地将交通领域内研究工作融入交通管理实践中，创新性强。本次规划较好地阐述了交通规划、交通管理、交通设计的基本内容及其相互之间的关系（图 7－13），规划中处处融入了交通设计的理念，同时基于交通管理角度对交通规划和交通设施的建设提出明确的要求。

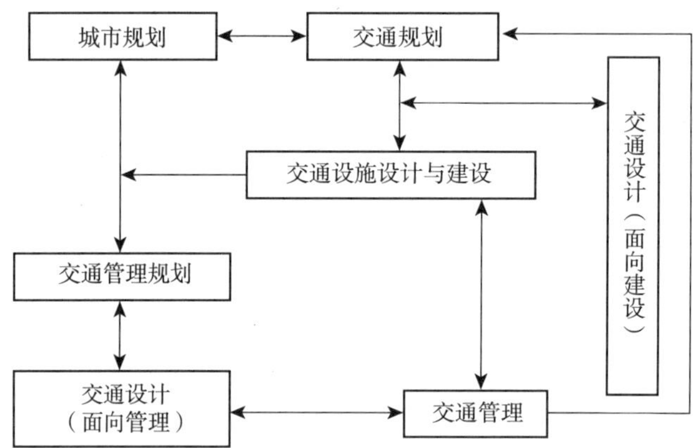

图 7－13　交通规划、交通管理、交通设计三者关系图

第八章　城市交通专项调查研究

第一节　交通专题调查的主要内容

交通专题调查是根据交通规划、交通设施建设、交通控制与管理、交通安全、交通环境保护和交通流理论研究等要求，设计专项调查方案对相应的交通现象进行调查，以获取准确的数据信息，为方案决策提供科学依据。

交通专题调查的主要内容与其服务的对象息息相关，主要可以分为以下四大类。

1）以查明全市范围的交通需求和交通状况为目的的交通专题调查。该项调查的主要内容有：

（1）居民出行调查；

（2）机动车辆起讫点调查；

（3）城市主干道交通量和车速调查；

（4）城市客流调查与货运调查；

（5）主要交叉口的交通量调查；

（6）交通拥堵路段（交叉口、交通设施）的拥堵程度及拥堵频率的调查等。

2）以交通专项规划（公交、停车、交通安全、交通管理等）、城市建设项目和相当具体的道路新建或改建为目的，以较大范围的地区和道路为对象的交通调查。主要内容有：

（1）公交系统及其利用状况调查（公交设施调查、客运量调查等）；

（2）路上、路外停车调查；

（3）在拥堵或事故多发地点，为寻找主要原因的专项调查；

（4）道路交通设施调查；

（5）地区车辆拥有量调查；

（6）地区出入交通量调查；

（7）通行能力调查；

（8）地点车速调查等。

3）为改善局部不良路段和个别交叉口的交通状况而进行的交通实况调查。主要内容有：

（1）交通量调查；

（2）车速调查；

（3）密度调查；

（4）影响交通流的主要因素（横穿道路的行人、非机动车混入机动车流、停放车辆、路面标线和交通标志、信号配时等）调查。

4）其他的交通调查

随着社会经济的不断发展，各类交通问题会逐渐出现，针对这些问题相应的交通专项调查应运而生，如行人交通调查、自行车交通调查、车辆行驶特性调查、人（特别是司机和行人）的交通生理及心理调查、人的意愿调查、交通环境调查等。另外，还有在采取新的措施或方案后进行对比性交通调查。

第二节　城市居民出行调查

一、主要内容与方法

居民出行是构成城市交通的主要部分，因此对居民出行 OD 状况进行全面调查在城市交通规划中占有十分重要的地位。

居民出行 OD 调查的内容包括居民的职业、年龄、性别、收入等基础情况，以及各次出行的起点、讫点、时间、距离、出行目的、所采用的交通工具等出行情况，如图 8－1 所示。

居民出行 OD 调查有多种不同的方法，有些方法适宜于全面的调查，有些则适用于对居民出行 OD 某一方面的补充。如果只进行重点调查而不进行全面的调查，则对重点调查的不足部分应作适当补充调查。根据我国许多城市进行居民出行 OD 调查的实践，全面的居民出行 OD 调查以家访调查法的效果最好；而国外多数采取电话询问法。

（一）家访调查法

对居住在调查区的住户进行抽样家访，由调查员当面了解该住户中包括学龄儿童在内的全体成员全天的出行情况。

家访调查按调查表格逐项进行，一般来说问题不大，但调查人员仍需有充分的思

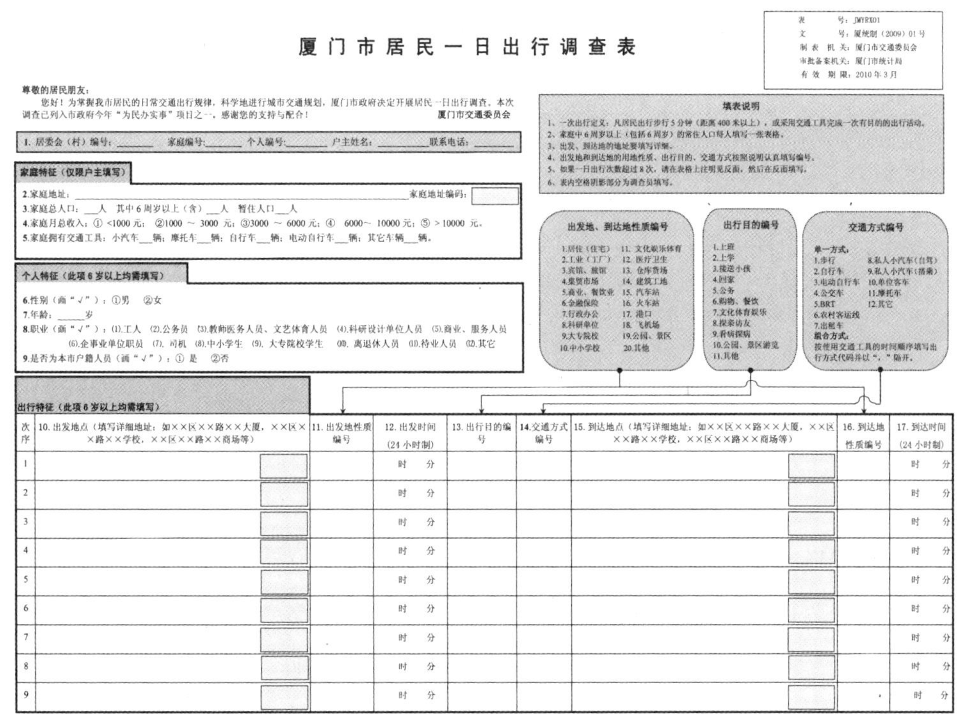

厦门市居民一日出行调查表

表　　号：JMYRX01
文　　号：厦统制（2009）01号
制表机关：厦门市交通委员会
审批备案机关：厦门市统计局
有效期限：2010年3月

尊敬的居民朋友：

您好！为掌握我市居民的日常交通出行规律，科学地进行城市交通规划，厦门市政府决定开展居民一日出行调查。本次调查已列入市政府今年“为民办实事”项目之一。感谢您的支持与配合！

厦门市交通委员会

1. 居委会（村）编号：______　家庭编号:______　个人编号:______　户主姓名：______联系电话：______

填表说明

1、一次出行定义：凡居民出行步行5分钟（距离400米以上），或采用交通工具完成一次有目的的出行活动。
2、家庭中6周岁以上（包括6周岁）的常住人口每人填写一张表格。
3、出发、到达地的地址要填写详细。
4、出发地和到达地的用地性质、出行目的、交通方式按照说明认真填写编号。
5、如果一日出行次数超过8次，请在表格上注明见反面，然后在反面填写。
6、表内空格阴影部分为调查员填写。

家庭特征（仅限户主填写）

2.家庭地址：______家庭地址编码：
3.家庭总人口：__人　其中6周岁以上（含）__人　暂住人口__人
4.家庭月总收入：① <1000元；②1000 ~ 3000元；③3000 ~ 6000元；④ 6000~ 10000元；⑤ >10000元。
5.家庭拥有交通工具：小汽车__辆；摩托车__辆；自行车__辆；电动自行车__辆；其它车辆__辆。

个人特征（此项6岁以上均需填写）

6.性别（画“√”）：①男　②女
7.年龄：______岁
8.职业（画“√”）：(1).工人　(2).公务员　(3).教师医务人员、文艺体育人员　(4).科研设计单位人员　(5).商业、服务人员　(6).企事业单位职员　(7). 司机　(8).中小学生　(9). 大专院校学生　(10). 离退休人员　(11).待业人员　(12).其它
9.是否为本市户籍人员（画“√”）：① 是　②否

出发地、到达地性质编号

1.居住（住宅）　11. 文化娱乐体育
2.工业（工厂）　12. 医疗卫生
3.宾馆、旅馆　13. 仓库货场
4.集贸市场　14. 建筑工地
5.商业、餐饮业　15. 汽车站
6.金融保险　16. 火车站
7.行政办公　17. 港口
8.科研单位　18. 飞机场
9.大专院校　19.公园、景区
10.中小学校　20.其他

出行目的编号

1.上班
2.上学
3.接送小孩
4.回家
5.公务
6.购物、餐饮
7.文化体育娱乐
8.探亲访友
9.看病探病
10.公园、景区游览
11.其他

交通方式编号

单一方式：
1.步行　8.私人小汽车(自驾)
2.自行车　9.私人小汽车(搭乘)
3.电动自行车　10.单位客车
4.公交车　11.摩托车
5.BRT　12.其它
6.农村客运线
7.出租车
组合方式：
按使用交通工具的时间顺序填写出行方式代码并以“，”隔开。

出行特征（此项6岁以上均需填写）

次序	10. 出发地点（填写详细地址：如××区××路××大厦，××区××路××学校，××区××路××商场等）	11. 出发地性质编号	12. 出发时间（24小时制）	13. 出行目的编号	14.交通方式编号	15. 到达地点（填写详细地址：如××区××路××大厦，××区××路××学校，××区××路××商场等）	16. 到达地性质编号	17. 到达时间（24小时制）
1			时　分					时　分
2			时　分					时　分
3			时　分					时　分
4			时　分					时　分
5			时　分					时　分
6			时　分					时　分
7			时　分					时　分
8			时　分					时　分
9			时　分					时　分

图8－1　居民一日出行调查

想准备，以应付一些意外情况，例如被访人的不合作态度、漫不经心、敷衍了事、随口编造等。调查人员对此务必冷静、耐心对待，同时如实汇报，及时采取补救措施。

家访调查法一般能较全面、准确地获得居民出行OD信息，是国内目前采用的最后的居民出行OD调查方法，但同时其工作量较大，组织工作务必注意。

（二）电话询问法

与家访调查法类似，在国外普遍采用该方法。被调查者可以在电话本中随机选择，电话询问前2~3天先发函告知调查项目。此方法与家访调查法相比成本低，取样可较多，但其结果可能有倾向性。

（三）明信片调查法

将印有调查项目的明信片邮寄或发放给居民，调查项目务必少而精，一般为5~7个题目，免费寄回以提高效率，回收率不小于20%调查数据方为有效。此法简单，但调查内容不全面，有局限性，因此适宜对居民出行OD的某一方面进行重点调查。

二、调查方案设计与实施

调查方案的设计主要针对调查区域的确定、调查小区的布局划分、抽样率大小的

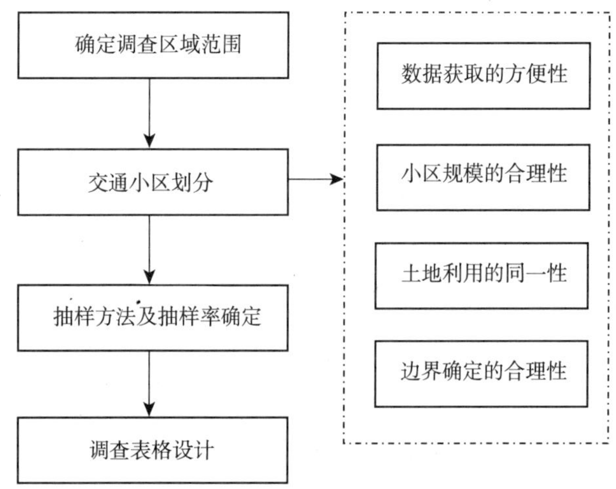

图8－2　居民出行调查方案设计流程图

拟定、调查表格内容设计等。居民出行调查方案设计流程如图8－2所示。

居民出行调查的实施步骤为：组织调查机构—资料准备—编制调查设计方案—人员技术培训准备—编写培训讲义和市民宣传提纲—制订计划—实地调查。

三、数据处理分析

居民出行调查数据量较大，通常需要用计算机进行分析和处理，其过程大致可分为以下几个步骤：

（1）对所有居民出行调查表格进行内业校核、验收；

（2）按编码要求，对每张表格进行编码；

（3）输入计算机，按一定程序格式建立原始数据库；

（4）根据统计分析要求建立分析程序，作出多项基础统计并绘制图表。

第三节　城市公共交通调查

一、主要内容与方法

城市公共交通调查的主要内容为公共车辆的载客量及各个站点上下客量。由于公交沿线各站的上下乘客数不会相同，因此公交不同站点区间的载客量会有所不同，应分别进行调查。

对城市公共交通车辆载客量调查的方法包括站点调查法和随车调查法两种。

（一）站点调查法

在公交线路的各停靠站上设若干观测员，记录各公交车辆在各停靠站的上客数及下客数。

（二）随车调查法

在公交车辆内设两名观测员，一般前、后门各一名，记录公交车辆在各停靠站的上、下客人数。

为获取各条公交线路乘客 OD，许多城市开始采用发放、回收调查小票的新方法。该方法的主要特征为：调查员对所有上车乘客发放带有编号的小票并在上车记录表中进行记录，当乘客下车时再收回乘客手中的小票，放入指定的信封中。然后根据信封中的小票编号与上车记录表中小票编号之间的对应关系，进行相应的查询即可获知该小票持有者的上车站点和下车站点。对整辆车的站点 OD 进行统计分析，还可以得到被调查车辆在各站点的上下客人数，进而可得到线路的客流量、断面流量、关键荷载等客流特征信息。这种随车调查方法与传统随车调查方法相比，可以准确获知特定时段特定公交线路公交乘客的出行信息，同在站点上进行上下客人数调查相比，可以准确得到乘客的站点 OD 信息。

二、调查方案设计与实施

公共交通调查方案设计主要在确定调查线路及调查时段的基础上，采用合适的调查方法，对调查表格进行设计，其技术流程如图 8－3 所示。

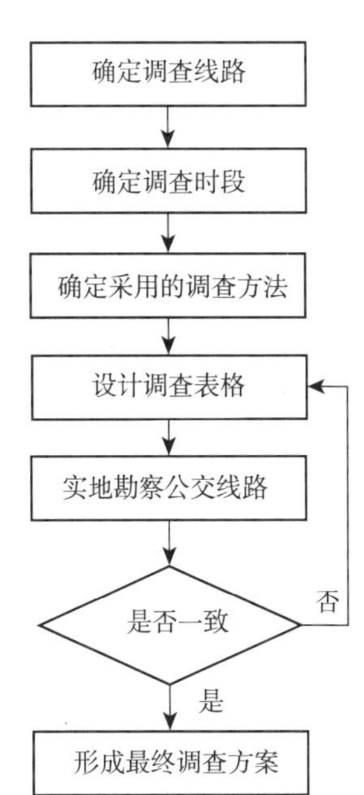

图 8－3　公共交通调查方案设计流程图

公共交通调查的实施步骤为：组织调查机构—资料准备—编制调查设计方案—人员技术培训准备—编写培训讲义和市民宣传提纲—制订计划—实地调查。

三、数据处理分析

公共交通调查数据量较大，通常需要用计算机进行分析和处理，其过程大致可分为以下几个步骤：

（1）对所有公共交通调查表格进行内业校核、验收；

（2）输入计算机，按一定程序格式建立原始数据库；

（3）通过程序设计获取原始公交客流 OD；

（4）通过与其他途径获取数据（如公交公司提供客流量及排班情况）比较，确定合理的修正系数，获得每班次的公交客流 OD，同时结合实际发车频率，即可获得调查时段公交客流 OD。

第四节　调查案例

一、厦门市居民出行调查①

（一）调查对象、范围

调查对象为厦门市建成区范围内抽样家庭中 6 岁及以上的常住城镇居民和暂住人口（暂住人口指户口不在本市，但在本市居住时间达 1 个月以上者）。

调查范围：厦门市共有 5 个行政区，24 个街道办和 13 个镇，301 个社区居委会和 156 个行政村，按抽样率 3% 计算，共抽样调查约 3 万户，8 万多个样本，有效调查样本量不低于 8 万份，平均每个社区居委会或村随机等距抽样 66 户进行调查，并尽可能按典型（低、中、高收入水平）、均匀原则落实到各社区、村进行调查，共需要 2381 名调查员。

（二）调查时间

2009 年 3 月 29 日凌晨 0：00 至 3 月 31 日凌晨 0：00。

（三）调查方法

对厦门市域内的居民采用抽样入户调查，即访问员尽可能按典型（低、中、高收入水平）、均匀原则落实到各居委会，调查前一天，在社区或村委会指定人员的引领下，携带调查问卷入户，对符合被访条件的家庭发放问卷，确定填写人员，说明表格的填写内容，在调查当天对已发放的问卷进行回收，并根据问卷的填写情况，对每份问卷进行现场校核和辅导填写。

（四）调查实施过程

（1）组织调查员；

（2）确定被调查户；

（3）调查前宣传；

（4）调查员培训；

① 厦门市城市规划设计研究院．厦门市居民出行调查［R］．厦门：厦门市交通委员会，2009。

（5）入户发放调查表格并讲解；

（6）调查当日填写；

（7）回收表格并审核。

（五）调查结果

1. 居民平均出行次数

人均出行次数2.08次/(人·日)，有出行者人均出行次数2.45次/(人·日)，有出行者占被调查居民的84.78%。

2. 居民出行方式构成

步行、自行车和电动自行车等慢行交通方式的出行比例超过43%，是厦门市居民最主要的交通方式；常规公交、BRT和农村客运线等公共交通方式的出行比例达到31%，在国内同规模城市中属于较高水平；私人小汽车（包括自驾和搭乘）和摩托车的出行比例分别为8.21%和12.56%（表8－1，图8－4）。

居民出行方式构成比例表　　**表8－1**

交通方式	出行次数	分担比例（%）
步行	52311	32.42
自行车	13387	8.30
电动自行车	4823	2.99
公交车	45265	28.05
BRT	4046	2.51
农村客运线	506	0.31
出租车	1658	1.03
私人小汽车（自驾）	10662	6.61
私人小汽车（搭乘）	2580	1.60
单位客车	3770	2.34
摩托车	20260	12.56
其他	2080	1.29
合计	161348	100.00

3. 居民出行目的构成

上班、上学、购物餐饮成为居民出行的主要目的。居民上班和上学出行分别占出行总量的22.88%和10.54%，购物及餐饮出行占总量的7.73%（图8－5）。

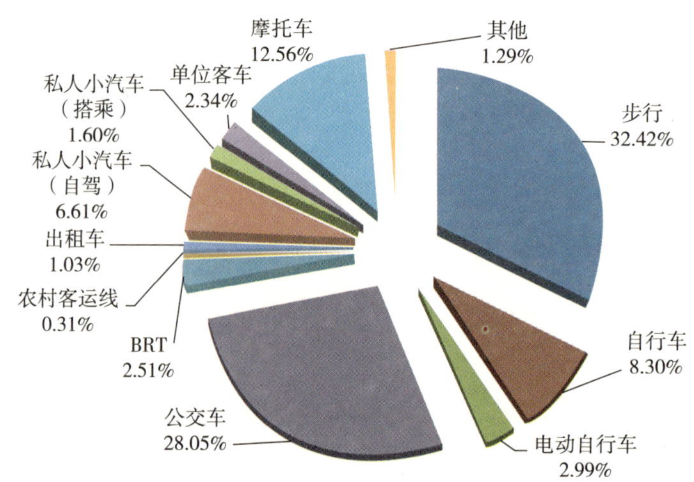

图8－4 居民出行方式构成图

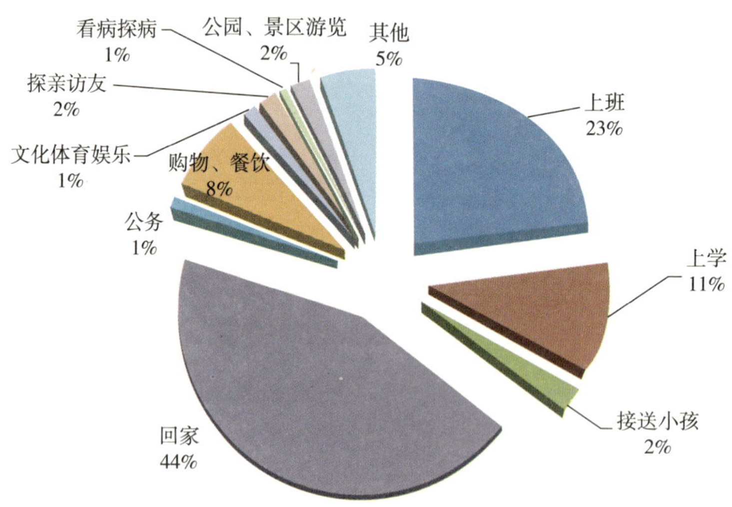

图8－5 居民出行目的构成图

4. 居民平均出行时耗及距离

全市居民平均出行时间为25.46min，居民平均出行距离5.57km。其中，厦门岛内居民的平均出行时耗为27.44min，平均出行距离6.03km，高于其他各区和全市平均水平（表8－2）。

不同地区居民平均出行时耗与距离 表8－2

区域划分	全市	厦门岛	翔安区	同安区	集美区	海沧区
平均出行时耗（min）	25.46	27.44	23.64	22.33	22.93	23.06
平均出行距离（km）	5.57	6.03	5.52	4.84	4.69	5.06

5. 居民出行时间分布

从全日的全方式的出行量时间分布曲线可以看出，一日内的居民出行时间分布呈现四个高峰，其中早高峰的出行量最为集中（表 8－3、图 8－6）。

居民出行高峰时间及高峰小时系数　　表 8－3

时段分布	高峰时间	高峰时间系数（%）
上午	07：10－08：10	20.14
中午	11：10－12：10	7.79
下午	13：25－14：25	4.80
下午	17：25－18：25	13.36

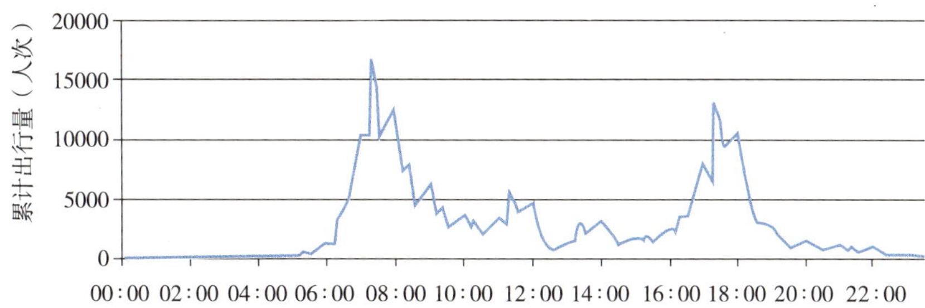

图 8－6　居民出行量时间分布图

6. 居民出行空间分布（图 8－7、图 8－8）

全目的全方式居民出行量的空间分布显示出以下特点：

（1）厦门岛、同安区和翔安区居民区内出行比例较高，分别为 95.26%、94.56% 和 90.56%。

（2）厦门岛、集美区、海沧区居民的区间出行联系较强，海沧区 75.36% 和集美区 68.59% 的区间出行产生量被吸引至厦门岛，分别占厦门岛区间出行吸引总量的

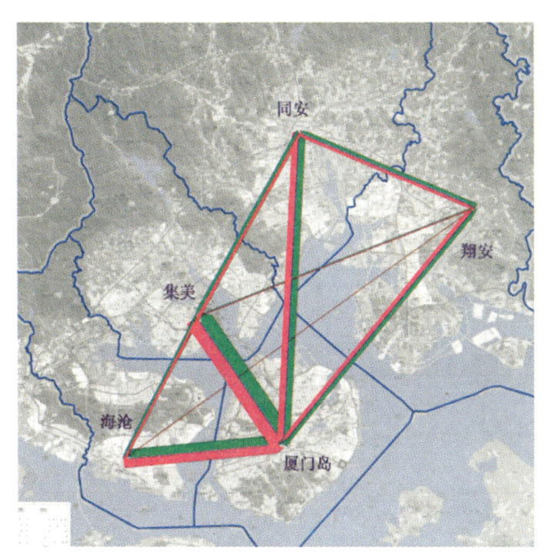

图 8－7　全市居民出行期望线

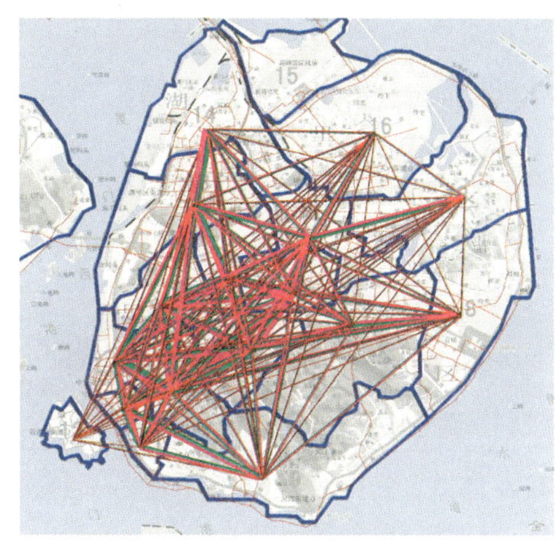

图 8－8　本岛居民出行期望线

38.95%和26.87%。同时，厦门岛内居民41.35%的区间出行产生量被吸引至集美区，27.26%的区间出行产生量被吸引至海沧区，分别占集美区和海沧区吸引区间出行总量的68.34%和76.46%。

(3) 翔安区居民的区间出行以厦门岛和同安区间的联系为主，与其他区域联系较少。同安区居民的区间出行联系以厦门岛为主，其次是集美区和翔安区，与海沧区联系较少。

(六) 创新点

(1) 本次调查为厦门历史上规模最大的一次，在全国也是少有的一次，调查范围广、时间紧，须入户家访，难度很大，在市委、市政府部署及交通委协调下，各区、街道办、镇、居委会和村给予积极配合，各新闻单位开展全面的宣传与报道，使得市民及公交乘客对本次调查给予了大力支持与配合，保障了调查工作的顺利进行。

(2) 居民出行调查表格对交通出行方式进行了修正，增加了BRT、农村客运线交通方式，并针对一次出行采用多种交通工具的情形增设了组合交通方式。同时对出发地和到达地用地性质进行了编码，为获得不同性质用地的出行率和吸引率提供了数据基础，为交通需求预测模型的建立提供了更为翔实的依据。

(3) 本次调查提前两周在厦门各大报纸、电视台通过发通告，主要负责技术人员接受记者采访等方式进行了集中宣传，为后期居民出行调查工作的顺利开展创造了良好条件，在调查中没有出现居民投诉现象，且发放调查表格回收率高达96%左右。

(4) 本次公交调查数据处理量巨大，约收回8万张居民出行调查表格，采取先进的计算机处理技术，保证数据准确。

二、公交客流跟车调查①

(一) 调查对象、范围

本次调查选择厦门市区主要公交线路，共133条。

(二) 调查日期与调查时段

调查日期：3月26日（星期四）、27日（星期五）、28日（星期六）。

① 厦门市城市规划设计研究院．厦门市公交客流调查［R］．厦门：厦门市交通委员会，2009。

（1）两个常规工作日调查（3 月 26 日、27 日）调查时段：

4 个高峰时段（7：00～8：30，11：30～12：30，14：00～15：00，17：00～18：30）；

2 个平峰时段（9：00～10：00，20：00～21：00）。

（2）一个常规节假日调查（3 月 28 日）调查时段：

调查 2 个时段（9：00～16：00、20：00～22：00）。

（三）调查内容和方法

采用跟车调查的方法，每辆抽样公交车安排 2 名调查员跟随公交车并发放和填写调查表格及调查小票，记录各站点上、下车人数，车辆到、离站时间。前后门所用的调查表见表 8－4、表 8－5。

（四）调查过程

1）调查小组所有调查员提前 20min（工作日 6：40，周末 8：40）各自在公交起始站集合，清点人数，核对手表时间，核实上车次序和人员，调查督导员进行考勤，并交代注意事项。

2）进入调查时段后，调查员按照计划，在每个调查时间段完成相应班次的调查。

常规工作日：每个调查时段完成不少于 3 个班次，双向同时开始调查；调查时段为 1h 的情况，每次间隔约 20min，调查时段为 1.5h 时，每次间隔约 30min。

常规节假日（周末）：平均每次间隔约 30min，双向同时开始调查。

3）车上调查过程：

（1）前门调查员。

调查开始前填写公交跟车调查表（前门）表头（表 8－4）。

车辆到站车门未打开前，填写到站时间；上客结束车门关闭时，填写离站时间。

站在公交车前部的刷卡（投币箱）处给每位上车的乘客发放调查小票，并嘱咐乘客妥善保管，请乘客在下车时将调查小票交给后门调查员。如果乘客拒绝，将该小票丢掉，则向下一位乘客发下一张小票。调查小票如图 8－9、图 8－10 所示。

小票样例

尊敬的乘客：

您好！为改善大家的乘车环境，
使您的出行更加方便、快捷和舒适，
请协助我们进行本次调查。

请您妥善保管本票，下车时交给后门的工作人员。

谢谢您的合作！

厦门市交通委员会

票簿号	小票号	下车站点编号
0001	1	

图 8－9　调查小票样例

公交跟车调查样表（前门） 表 8－4

线路	1	调查日期			调查员姓名				
1. 上行					2. 下行				
票簿号	车编号		发车地点	厦大	票簿号	车编号		发车地点	火车站
			到站地点	火车站				到站地点	厦大
序号	站点名称	到站时间	离站时间	小票号	序号	站点名称	到站时间	离站时间	小票号
				0					
1	厦大				1	火车站			
2	博物馆				2	金榜公园			
3	大生里				3	文灶			
4	中山路				4	后江埭			
5	眼科医院				5	二市			
6	斗西路口				6	斗西路口			
7	二市				7	眼科医院			
8	后江埭				8	中山路			
9	文灶				9	镇海路			
10	金榜公园				10	大生里			
11	火车站				11	博物馆			
12					12	理工学院			
13					13	厦大			
14					14				
15					15				
16					16				
17					17				
18					18				
19					19				
20					20				
21					21				
22					22				
23					23				
24					24				
25					25				
26					26				

在本站点上客结束后在上车人数调查表指定位置填入相应的小票编号。

（2）后门调查员。

调查开始前填写档案袋上贴的公交跟车调查表（后门）表头（表 8－5），并在车辆后门处悬挂醒目标识（图 8－10）。

图 8－10　后门回收小票标识

公交跟车调查样表（后门）　　表 8－5

<table>
<tr><td>线路</td><td>1</td><td>调查日期</td><td colspan="3"></td><td colspan="3">调查员姓名</td><td colspan="3"></td></tr>
<tr><td colspan="6">1. 上行</td><td colspan="6">2. 下行</td></tr>
<tr><td rowspan="2">票簿号</td><td rowspan="2"></td><td rowspan="2">车编号</td><td rowspan="2"></td><td>发车地点</td><td>厦大</td><td rowspan="2">票簿号</td><td rowspan="2"></td><td rowspan="2">车编号</td><td rowspan="2"></td><td>发车地点</td><td>火车站</td></tr>
<tr><td>到站地点</td><td>火车站</td><td>到站地点</td><td>厦大</td></tr>
<tr><td>序号</td><td colspan="2">站点名称</td><td colspan="3">未交小票人数</td><td>序号</td><td colspan="2">站点名称</td><td colspan="3">未交小票人数</td></tr>
<tr><td>1</td><td colspan="2">厦大</td><td colspan="3"></td><td>1</td><td colspan="2">火车站</td><td colspan="3"></td></tr>
<tr><td>2</td><td colspan="2">博物馆</td><td colspan="3"></td><td>2</td><td colspan="2">金榜公园</td><td colspan="3"></td></tr>
<tr><td>3</td><td colspan="2">大生里</td><td colspan="3"></td><td>3</td><td colspan="2">文灶</td><td colspan="3"></td></tr>
<tr><td>4</td><td colspan="2">中山路</td><td colspan="3"></td><td>4</td><td colspan="2">后江埭</td><td colspan="3"></td></tr>
<tr><td>5</td><td colspan="2">眼科医院</td><td colspan="3"></td><td>5</td><td colspan="2">二市</td><td colspan="3"></td></tr>
<tr><td>6</td><td colspan="2">斗西路口</td><td colspan="3"></td><td>6</td><td colspan="2">斗西路口</td><td colspan="3"></td></tr>
<tr><td>7</td><td colspan="2">二市</td><td colspan="3"></td><td>7</td><td colspan="2">眼科医院</td><td colspan="3"></td></tr>
<tr><td>8</td><td colspan="2">后江埭</td><td colspan="3"></td><td>8</td><td colspan="2">中山路</td><td colspan="3"></td></tr>
<tr><td>9</td><td colspan="2">文灶</td><td colspan="3"></td><td>9</td><td colspan="2">镇海路</td><td colspan="3"></td></tr>
<tr><td>10</td><td colspan="2">金榜公园</td><td colspan="3"></td><td>10</td><td colspan="2">大生里</td><td colspan="3"></td></tr>
<tr><td>11</td><td colspan="2">火车站</td><td colspan="3"></td><td>11</td><td colspan="2">博物馆</td><td colspan="3"></td></tr>
<tr><td>12</td><td colspan="2"></td><td colspan="3"></td><td>12</td><td colspan="2">理工学院</td><td colspan="3"></td></tr>
<tr><td>13</td><td colspan="2"></td><td colspan="3"></td><td>13</td><td colspan="2">厦大</td><td colspan="3"></td></tr>
<tr><td>14</td><td colspan="2"></td><td colspan="3"></td><td>14</td><td colspan="2"></td><td colspan="3"></td></tr>
<tr><td>15</td><td colspan="2"></td><td colspan="3"></td><td>15</td><td colspan="2"></td><td colspan="3"></td></tr>
<tr><td>16</td><td colspan="2"></td><td colspan="3"></td><td>16</td><td colspan="2"></td><td colspan="3"></td></tr>
<tr><td>17</td><td colspan="2"></td><td colspan="3"></td><td>17</td><td colspan="2"></td><td colspan="3"></td></tr>
</table>

续表

<table>
<tr><td>线路</td><td>1</td><td>调查日期</td><td colspan="3"></td><td colspan="3">调查员姓名</td><td colspan="3"></td></tr>
<tr><td colspan="6">1. 上行</td><td colspan="6">2. 下行</td></tr>
<tr><td rowspan="2">票簿号</td><td rowspan="2"></td><td rowspan="2">车编号</td><td rowspan="2"></td><td>发车地点</td><td>厦大</td><td rowspan="2">票簿号</td><td rowspan="2"></td><td rowspan="2">车编号</td><td rowspan="2"></td><td>发车地点</td><td>火车站</td></tr>
<tr><td>到站地点</td><td>火车站</td><td>到站地点</td><td>厦大</td></tr>
<tr><td>序号</td><td colspan="2">站点名称</td><td colspan="3">未交小票人数</td><td>序号</td><td colspan="2">站点名称</td><td colspan="3">未交小票人数</td></tr>
<tr><td>18</td><td colspan="2"></td><td colspan="3"></td><td>18</td><td colspan="2"></td><td colspan="3"></td></tr>
<tr><td>19</td><td colspan="2"></td><td colspan="3"></td><td>19</td><td colspan="2"></td><td colspan="3"></td></tr>
<tr><td>20</td><td colspan="2"></td><td colspan="3"></td><td>20</td><td colspan="2"></td><td colspan="3"></td></tr>
<tr><td>21</td><td colspan="2"></td><td colspan="3"></td><td>21</td><td colspan="2"></td><td colspan="3"></td></tr>
<tr><td>22</td><td colspan="2"></td><td colspan="3"></td><td>22</td><td colspan="2"></td><td colspan="3"></td></tr>
<tr><td>23</td><td colspan="2"></td><td colspan="3"></td><td>23</td><td colspan="2"></td><td colspan="3"></td></tr>
<tr><td>24</td><td colspan="2"></td><td colspan="3"></td><td>24</td><td colspan="2"></td><td colspan="3"></td></tr>
<tr><td>25</td><td colspan="2"></td><td colspan="3"></td><td>25</td><td colspan="2"></td><td colspan="3"></td></tr>
<tr><td>26</td><td colspan="2"></td><td colspan="3"></td><td>26</td><td colspan="2"></td><td colspan="3"></td></tr>
</table>

在整个调查中，在乘客下车的后门处，主动收取乘客的小票，并对乘客表示感谢。

在乘客下车完成后在每张小票上填写下车站点编号，并装入档案袋。然后在贴在档案袋的“公交跟车调查表（后门）”上记录未交回小票人数。

4）该线路最终上车时间之后，调查督导员停止安排调查员上车，已完成调查下车的调查员，由督导员安排返回学校，结束其当天的跟车调查。

5）调查督导员应在所负责线路的全部跟车调查员均返回集合点并交表后才能离开，完成全天的调查工作。

（五）调查人员配备

虽然常规工作日和常规节假日公交跟车调查的时段不同，但是调查方式和公交线路运营情况基本相同，因此可以采用相同的调查人员安排。每条线路的调查员组成一个调查小组，并安排督导员 1 名。每辆运营的公交车上配备 2 名调查员，分别负责前后门的上下客流。

除部分运营里程较长的线路外，其他绝大部分公交线路均配备 3×2 组调查员，双向同时开展调查工作。里程较长的线路，每个方向多安排 1～2 组调查员。133 条公交线路，需要安排 1728 名调查员和 149 名督导员。此外，跟车调查应该设立总体督导组（总督导员 4 人）和机动调查组（调查机动人员 32 人）。总计，跟车调查员 1760 人，督导员 153 人。

（六）调查结果

1. 公交客运量分布

厦门市公交客运量主要集中在岛内和出入岛的通道上，岛外线路网的客运量整体较小。从图 8－11 可以看出，客流主要集中的通道有：嘉禾路—厦禾路—火车站、厦禾路—文园路—虎园路、东渡路—湖滨西路—思明北路—思明南路、轮渡—湖滨南路—莲前西路—莲前东路、仙岳路、吕岭路、金尚路、莲岳路、海沧大桥、厦门大桥通道（包括厦门大桥和高集海堤）。

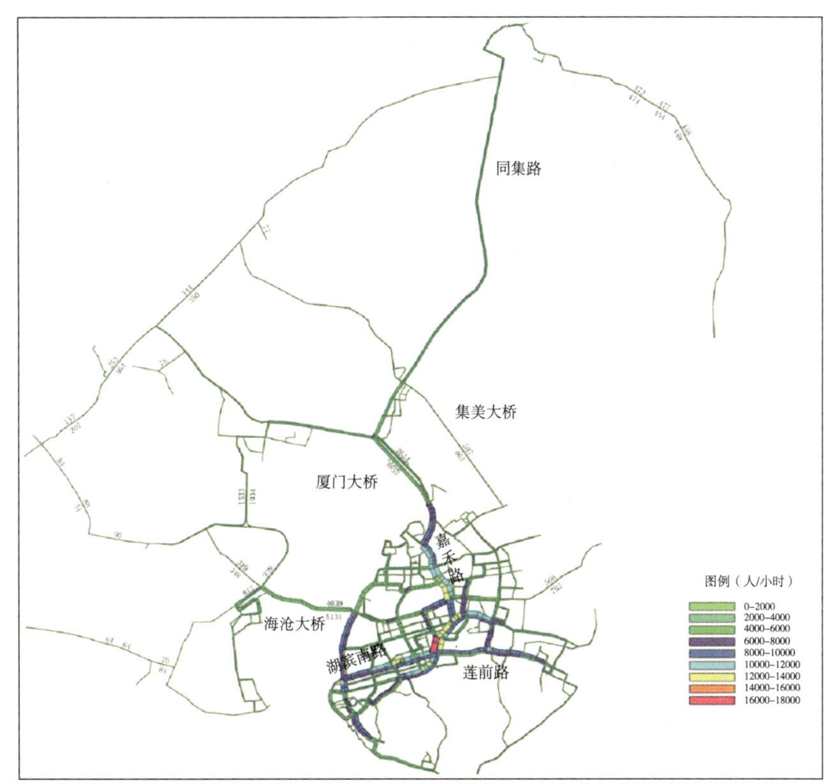

图 8－11　公交客运量分布图

2. 站点上下客人数

工作日早高峰各站点上下客人数均小于 6000 人次/h，岳阳小区和莲坂国贸的上下客人数超过 5000 人次/h，另有 4 个公交站点上下客人数超过 4000 人次/h，10 个公交站点上下客人数超过 3000 人次/h（图 8－12）。

3. 公交运营速度

岛外公交线路平均运营速度明显高于岛内，工作日各时段都在 27km/h 以上，节假日在 30km/h 左右；厦门岛工作日晚高峰小时公交平均运营速度低于 20km/h，早高

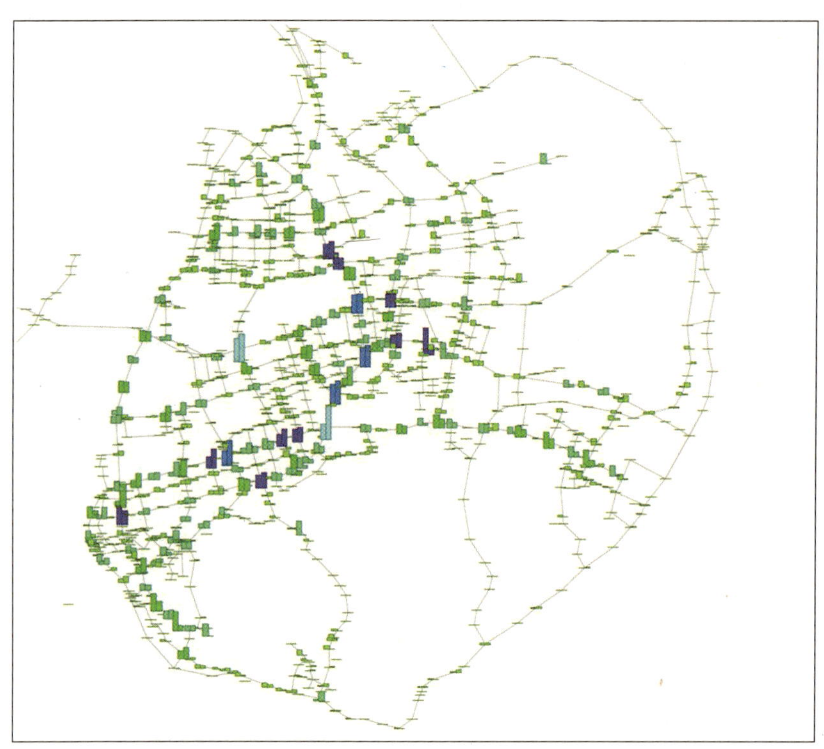

图 8－12　站点上下客人数分布图

峰小时公交平均运营速度为 20. 65km/h（表 8－6）。

调查日各时段公交平均运营速度分布表（单位：km/h）　　表 8－6

调查日	时段	全市	厦门岛	岛外
工作日	早高峰	23. 11	20. 65	29. 11
	晚高峰	21. 71	19. 32	27. 53
	平峰	23. 6	21. 33	29. 24
节假日	高峰	23. 78	21. 12	30. 06
	平峰	24. 55	21. 97	30. 59
	晚间	23. 21	21. 70	29. 70

4. 公交乘客平均乘距

厦门市全市公交乘客平均乘距为 6. 72km，其中厦门岛内公交线路乘客平均乘距 5. 11km，出入岛线路乘客平均乘距 11. 74km，厦门岛外线路乘客平均乘距 9. 9km。

5. 公交满载率

岛内和出入岛线路的公交满载率较高，而岛外线路公交车的满载率则相对低些

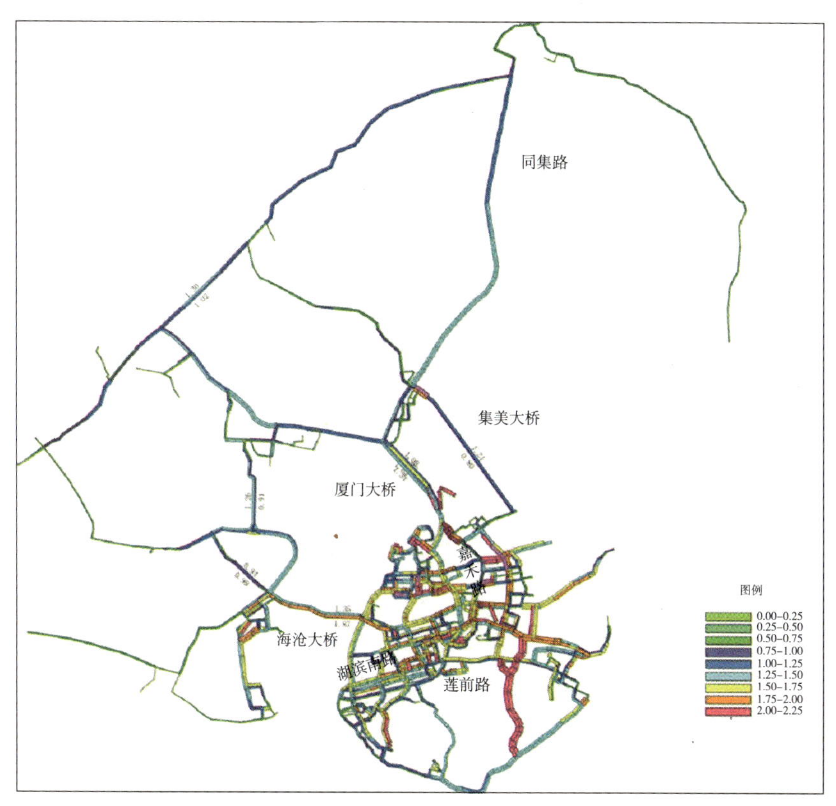

图 8 – 13　公交满载率分布图

（图 8 – 13）。

（七）创新点

（1）本次公交调查范围和时间跨度为全国之最。调查公交线路 135 条，覆盖整个厦门市域，持续时间为三天，时段为 7：00 ~ 22：00，调查约 2 万班次。

（2）在国内首次大规模调查周末客流。针对厦门旅游城市的特征，通过对周末进行公交客流调查，掌握周末公交客流分布特征。

（3）本次公交调查不干扰正常乘坐秩序，对乘客影响小。跟车调查时采取收发调查小票的方式，无需乘客回答问题或填写表格。

（4）本次公交调查数据处理量巨大，约收回 2 万张调查小票、5 万张调查表和 1.5 万张问询表格，采取先进的计算机处理技术，保证数据准确。

（5）本次调查数据与其他渠道（公交公司提供公交线路客流、发车频率及公交站点集散量调查等）获得数据多方面比对、校正，最终数据可靠性高。

（6）采取了国际上较为先进的小票法进行公交客流调查，不仅仅能获得公交线路断面客流、站点上下客流，更能获得乘客 OD 信息。

三、公交站点调查

（一）调查对象、范围

本次调查选择厦门市区主要公交客流集散点，共45个公交站。

（二）调查日期与调查时段

调查日期：3月26日（星期四）、27日（星期五）、28日（星期六）。

（1）两个常规工作日调查（3月26日、27日）调查时段：

4个高峰时段（7：00～8：30，11：30～12：30，14：00～15：00，17：00～18：30）；

2个平峰时段（9：00～10：00，20：00～21：00）。

（2）一个常规节假日调查（3月28日）调查时段：

调查2个时段（9：00～16：00，20：00～22：00）。

（三）调查内容和方法

在典型公交站点调查乘客出行行为特征和出行集散量。

公交出行行为调查（即公交问讯调查）由调查员在典型公交站点发放，随机选择候车乘客询问并填写，调查的主要内容为不同时段的出行目的、换乘情况、公交出行OD、公交满意度调查。

公交站点集散量调查由调查员在站点全时段统计公交停靠车辆数和上下客流量。公交问讯调查所用调查表见表8－7，公交站点集散量调查所用调查表见表8－8。

（四）调查过程

1）调查小组所有调查员提前20分钟（工作日6：40，周末8：40）各自在指定公交站集合，清点人数，核对手表时间，调查督导员进行考勤，并交代注意事项；

2）进入调查时段后，调查员按照计划，在每个调查时间段完成相应的调查。

（1）公交问讯调查。

常规工作日：高峰时段内（7：00～8：30，11：00～12：30，14：00～15：00，17：00～18：30），每个站点每个时段随机选择35个以上出行者进行问询调查。

平峰时段内（9：00～10：00，20：00～21：00），每个站点每个时段随机选择25个以上出行者进行问询调查。上述调查量是2名调查员的任务量。

常规节假日（周末）：每个站点每小时随机选择25个以上出行者进行问询调查。上述调查量是2名调查员的任务量。

（2）公交站点集散量调查。在调查时段内，认真记录指定站点到达公交车辆车牌号及上下车人数。

3）调查过程：

（1）公交站点问讯调查。在向候车乘客调查前，填写“公交站点问讯调查表”表头（表8－7），包括站点名称、站点编号和调查时段。

公交站点问询调查表　　　　**表8－7**

站点名称：__________　站点编号：__________　调查时段：__________

1. 您是： ① 本市居民 ② 暂住人员 ③ 外来流动人员 2. 您乘公交使用公交卡的情况是： ① 现金 ② e卡通 ③ 学生卡 ④ 免费 3. 您本次出行的目的是： ① 上班 ② 上学 ③ 娱乐、购物 ④ 旅游 ⑤ 回家 ⑥ 其他 4. 您是如何到达本站的： ① 步行 步行时间　1）≤5min　2）6～10min 3）11～15min　4）≥15min ② 乘公交车 ③ 乘BRT ④ 乘出租车 ⑤ 其他	5. 您准备乘坐的线路是： __________路 下车站点是： __________站 6. 您本次出行的换乘次数是（一共乘坐多少路公交车）__________ 7. 若乘公交车在本站换车，您上一次乘坐的线路是： __________路 上车地点是： __________站 8. 您出行选用公交的原因： ① 票价便宜　② 离车站近　③ 路途遥远 ④ 相对舒适　⑤ 迅速准时　⑥ 其他 9. 您对厦门公交的总体评价是： ① 很好 ② 较好 ③ 一般 ④ 较差

注：选择项请在数字上打“√”。

随机选择候车乘客，简单介绍调查情况：“乘客您好！我是厦门市交通委员会的调查员，正在作一项问卷调查。希望您能回答我几个问题。我们保证您所提供的信息仅供本次调查使用，对外保密。谢谢合作！”

逐项向乘客解释调查选项，填写“公交站点问讯调查表”。

完成调查，向乘客致谢：“感谢您的合作！谢谢！”

（2）公交站点集散量调查。所有调查员应提前10min到达自己负责的观测位置，填写表头中的调查地点、站点编码和调查时段（表8－8）。

每个调查员负责观察公交站点本人观察区域的车辆上下车人数，当公交车辆进入车站准备停车时，一名调查员（兼任记录员）先记录车辆线路号，并统计上车人数。另一名调查员统计下车人数，待车辆离站后报记录员记录人数。

当一个区域有2个以上调查员时，调查员可相互协商分工情况，但不允许出现因更换工作而造成部分车辆未进行观察的现象。

4）当天调查时段结束，督导员组织调查员集合，结束当天的调查，回收当天调查表。安排调查员返回，完成全天的调查工作。

（五）调查人员配备

虽然常规工作日和常规节假日公交站点调查的时段不同，但是由于调查方式基本相同，因此可以采用相同的调查人员安排。

每个站点均安排1名督导员和2名站点问讯调查员，站点集散量调查员人数通常为4人（两个站台各2人），部分规模较大的站点将增加调查员人数，只有一个站台的公交站点安排2人。同时，各站点还将安排一定的机动人员，便于调查员轮流休息。此外，站点调查应该设立总体督导组（总督导员3人）。总计，公交站点调查员521人，督导员48人。

公交站点集散量调查表 **表8－8**

站点名称：__________ 站点编号：__________ 调查时段（10min间隔）：__________

序号	线路名称	上车人数	下车人数
1			
2			
3			
4			
5			
6			
7			
8			
9			
10			
11			
12			
13			
14			

续表

序号	线路名称	上车人数	下车人数
15			
16			
17			
18			
19			
20			
21			
22			
23			
24			
25			
26			
27			
28			

（六）调查结果

1. 公交乘客构成

调查对象中，本市市民和暂住人员所占比例相当，分别为42%和43%，外来流动人员占15%（图8－14）。

在早晚高峰时段（7：00～8：30，17：00～18：30），本市市民的出行比例最大，达到了45%。暂住人员和外来流动人员所占的比例有所下降，分别为42%和13%（图8－15）。

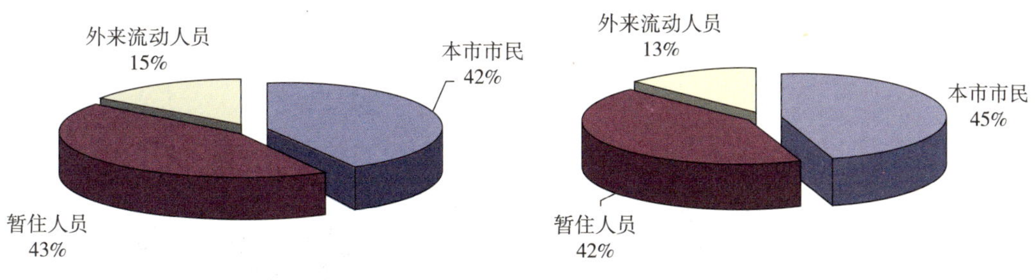

图8－14　调查对象构成图　　**图8－15　高峰时段乘客构成图**

在节假日晚上的调查时段内（20：00～21：00），暂住人员的比例最高，达49%，

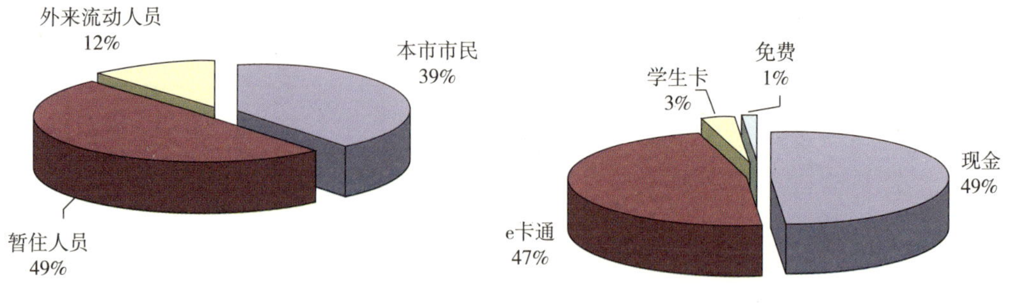

图 8－16　节假日乘客构成图

图 8－17　公交卡使用情况构成图

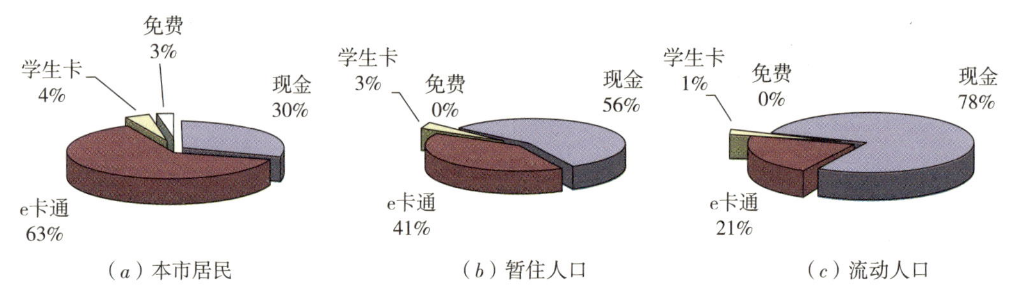

图 8－18　各类乘客公交卡使用情况对比

超出本市市民 10 个百分点，外来流动人员的比例基本保持稳定（图 8－16）。

2. 公交卡的使用情况

使用公交卡会给人们的出行带来很多方便，同时也能减少乘客上车时的延误，利于提高公交运营准点率。厦门市的被调查者使用交通卡（e 卡通和学生卡）的乘客占 50%，使用现金的乘客为 49%（图 8－17）。

本市市民中有 67% 的人使用交通卡，暂住人员使用交通卡的比例为 44%，外来流动人中仅有 22% 的人使用交通卡（图 8－18）。

3. 出行目的构成

居民乘公交出行以上班、回家和娱乐购物为主要目的，三者之和所占比例为 82%，上班和回家分别占总量的 31% 和 26%，以旅游和上学为目的的出行各占 4%，其他出行目的所占比例较高，反映了厦门市居民的公交出行目的趋于多元化（图8－19）。

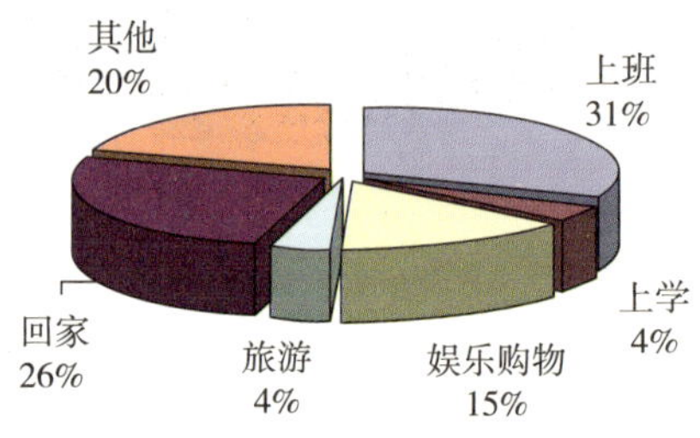

图 8－19　出行目的构成图

本市市民与暂住人员的出行目的没有太大差别，基本与总体的出行目的构成相同，其中本市市民的回家出行所占比例较高，达到了 32%。外来流动人员的出行目的构成与本市市民和暂住人员有较大差

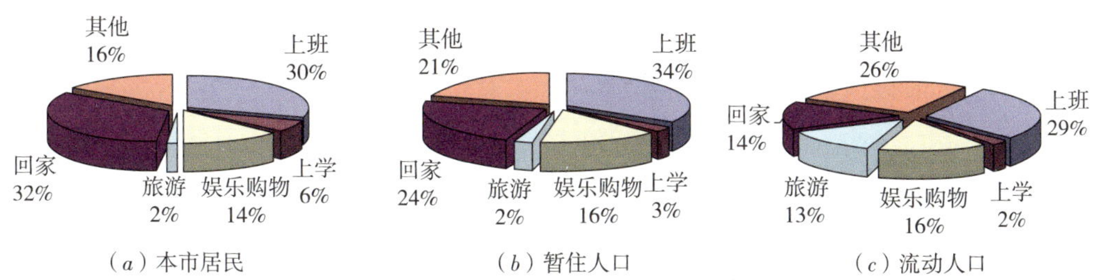

图 8-20 各类乘客出行目的构成对比

别。外来流动人员的旅游出行占总体的13%，与厦门为旅游城市相关，而本市市民和暂住人员的旅游出行只有2%和3%；外来流动人员的回家出行也仅有14%（图8-20）。

4. 到达公交站点方式

根据调查，乘客到达公交站点的方式多为步行，比例为62%，乘坐其他公共交通工具到达公交站点的比例为30%。公交系统（包括BRT）的换乘系数为1.30。利用其他方式（可能是骑自行车）到达公交站点的比例为7%（图8-21）。

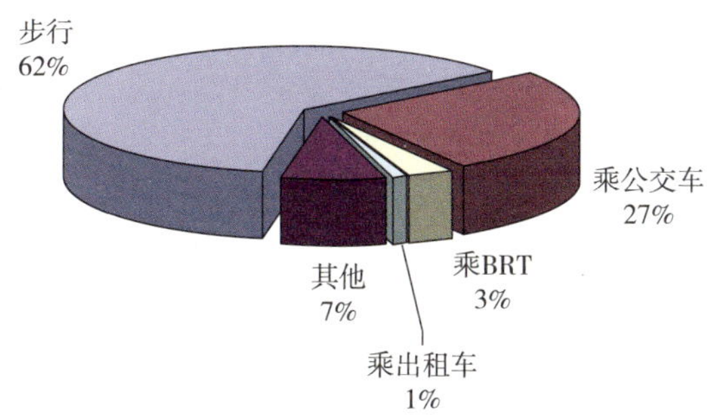

图 8-21 出行方式构成图

本市市民和暂住人员到达公交站点的各种方式所占的比例与总体的情况十分相似，而外来流动人员的方式比例与前两者略微不同。外来流动人员步行到达公交站点的比例相对较低，仅占52%，而乘坐公交车和BRT到达公交站点的比例相对较高，达到36%（图8-22）。

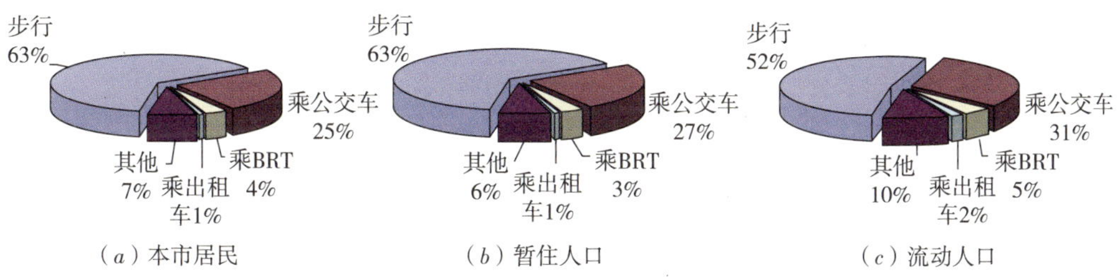

图 8-22 各类乘客出行方式构成对比

5. 到达公交站点的步行时间

步行 10min 以内到达公交站点的调查者占总体的 89%，5min 以内就能够到达有 60%，这反映了厦门市的公交线网覆盖率较高。本市市民、暂住人员和外来流动人员的步行时间分布比例与总体的情况基本类似（图 8－23、图 8－24）。

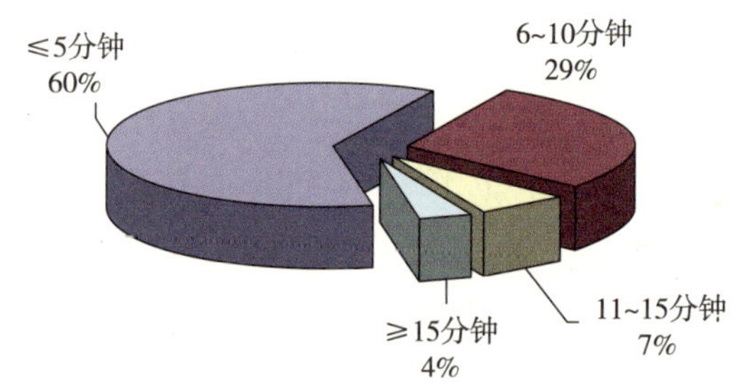

图 8－23　到达公交站点的步行时间分布图

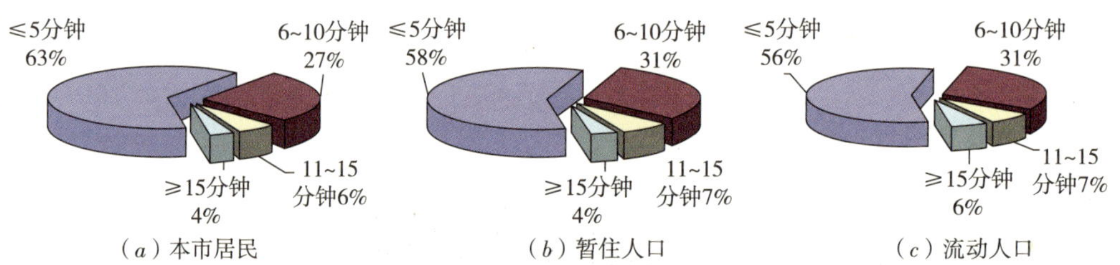

图 8－24　到达公交站点的步行时间对比

6. 选择公交出行的原因

票价便宜、离车站近是厦门市公交乘客选择公交出行的主要原因，其中票价便宜尤其被公众所认同。路途遥远是居民选择公交出行的次要因素，占 14%。将公交的迅速准时性和舒适性作为选择公交出行原因的公交乘客仅占 5% 和 3%（图 8－25）。

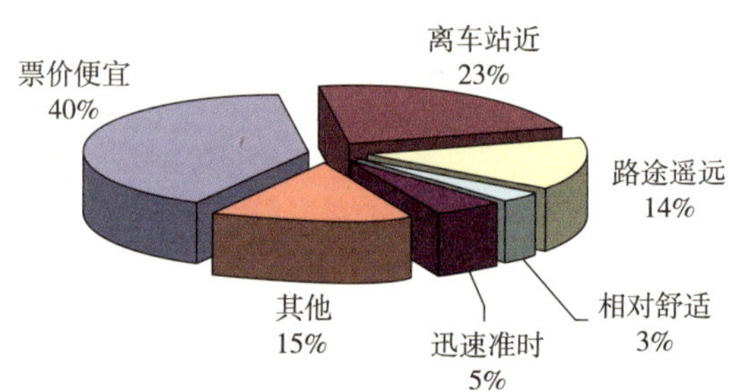

图 8－25　选择公交出行的原因构成图

本市市民、暂住人员和外来流动人员都将票价便宜和离车站近列为选择公交出行的主要原因。本市市民选择票价便宜的比例要比暂住人员和外来流动人员低，而选择离车站近的比例则要比另外两种人员高（图 8－26）。

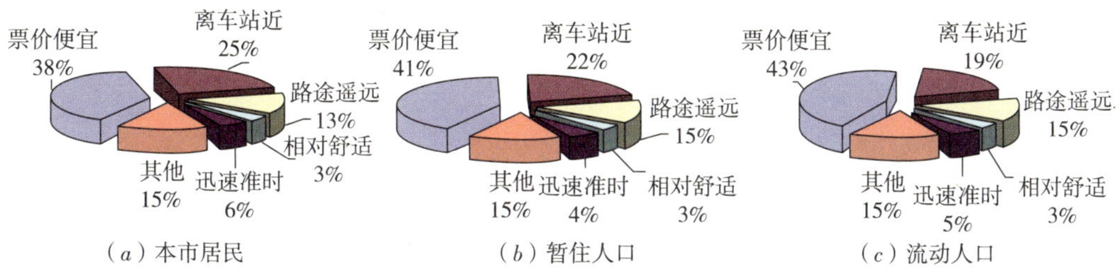

图 8－26　各类乘客选择公交出行的原因

7. 对厦门公交的总体评价

从调查结果来看，有 60% 的被调查者认为厦门的公交总体上是好的，37% 的被调查者认为厦门公交一般，只有 3% 的被调查者认为厦门的公交较差。可见，绝大多数居民对厦门的公交持肯定态度（图 8－27）。

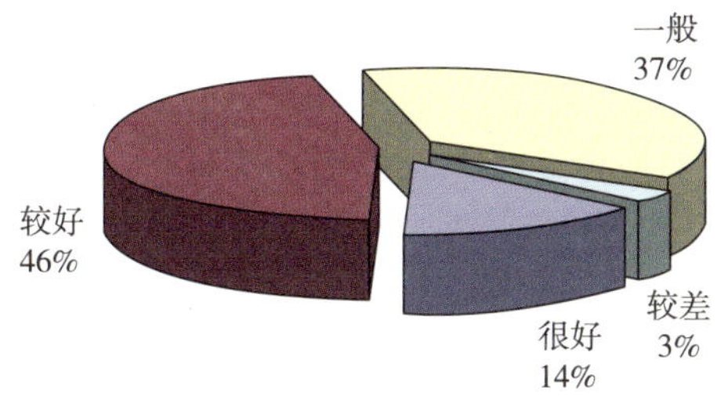

图 8－27　乘客对厦门公交的总体评价

另外，从分类统计来看，不管是本市市民、暂住人员，还是外来流动人员，对厦门公交的满意度都很高，本市市民有 60% 的被调查者对厦门公交给予好评，暂住人员和外来流动人员中给予厦门公交好评的比例分别为 59% 和 63%（图 8－28）。

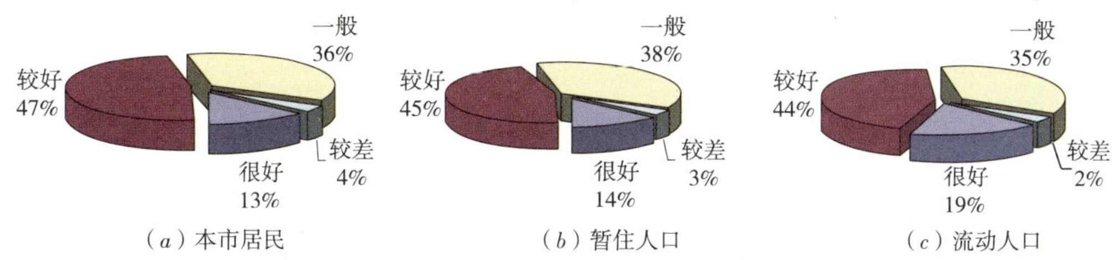

图 8－28　各类乘客对厦门公交的总体评价

第九章 结 语

城市交通问题是一个高度综合而复杂的问题，将始终伴随着城市的发展而存在，政策、体制、机制、规划、土地、投资、价格、行为等经济社会因素无一不对城市交通产生直接而显著的作用。我国已经进入了城镇化的高速发展时期，面对城镇化对城市交通的高需求，机动化发展对城市交通的挑战，资源和环境对城市交通发展的严格限制，城市居民出行结构不适应城市发展，以及城市交通拥堵日益恶化，中国的城市交通发展将何去何从？随着可持续发展思想的不断深入，交通的可持续发展理念已逐步被越来越多的人所接受，在我国的交通发展只有通过经济的可持续性、社会的可持续性和环境的可持续性来完成经济社会活动，走城市交通的可持续发展之路，才能真正实现中国城市交通发展的可持续性。

第一节 城市交通可持续发展之路

一、可持续发展的指导原则

可持续发展的观念作为“解决环境和发展问题的唯一出路”已成为全世界的共识，可持续发展的完整含义为：不断提高人群生活质量和环境承载力的，满足当代人需求又不损害后代满足其需求能力的，满足一个地区或国家人群需求又不损害别的地区和国家人群满足其需求能力的发展，其核心内容是协调和公平。[①]

如何才能保证城市交通的可持续发展？世界银行专家 Anthony J. Pellegrini 认为，成功的交通战略必须是长期可持续的，评价交通政策和行动必须考虑三项互为补充的标准：经济的可持续性、社会的可持续性和环境的可持续性。经济的可持续性主要表征为交通供给和基础设施运营的高效性；社会的可持续性应能满足或者基本满足各个阶层用户的交通出行需求；环境的可持续性为尽量减少汽车燃料的消耗和废气的排放，

---

① 蓝军，蒋馥．面向可持续发展的交通规划新构想［M］//上海市交通工程学会．畅达新世纪的城市交通．上海：同济大学出版社，1999。

诱导城市居民放弃小汽车而转向公共交通、慢行交通方式，从而达到改善城市环境和居民身心健康的最终目的。因此，落实城市交通的可持续发展一般应遵循以下五项原则。

1. 环境承载力原则

环境承载力是指环境系统吸收污染的自身净化能力。交通运输可持续发展必须遵守“其污染物的排放不得超过环境的吸收能力”的原则。

2. 资源消耗速率原则

自然资源可以分为可再生资源和不可再生资源。对于可再生的自然资源，使用速度应维持在其再生速率限度之内；对于不可再生的自然资源，其使用耗竭速率不应超过寻求作为代用品的可再生资源的速率。这个原则要求交通运输部门必须提高资源利用效率，节约能源，采用先进技术，避免能源危机。

3. 公平性原则

运输活动的使用者通过运输获得效益，但没有承担环境费用；相反，非运输用户却遭受到环境质量下降引起的损害，这是很不公平的。从代际关系上来看，当代人消耗大量运输活动以促进经济发展，却将严重的环境损害后果留给后代人承担，这也是不公平的。

4. 价值性原则

资源价值的无价或低价导致了不加抑制的过度使用，这是价格导向的错误。交通运输可持续发展必须遵循“环境成本是真实的经济成本”的原则，将环境成本纳入运输成本，分担到用户身上。

5. 协调性原则

交通运输可持续发展目标的实现，除了交通运输系统本身以外，还必须结合其他系统，只有这样对目标的实现才能收到良好的效果。①

二、可持续发展的技术方法

（一）发展目标

城市交通可持续发展目标除了要追求经济的可持续性、社会的可持续性和环境的可持续性之外，还要实现财务上的可持续性。经济可持续性体现在交通需求与交通设

---

① 赵建有，姜攀. 城市交通可持续发展的研究［C］//中国城市交通规划学会2005年年会暨第二十一次学术研讨会论文集，2005。

施供给之间的动态平衡，体现在交通运输的低成本、高效率；社会的可持续性以实现社会的公平为目标，并实施公众愿意接受的、以人为本的交通系统，最大限度地满足各个阶层用户的需求；环境可持续性的实现，鼓励人们使用公共交通、步行、自行车出行，从而有效地减少汽车燃料的消耗和废气的排放，达到改善城市环境、保障居民身心健康的目的。财务上的可持续性，主要体现在交通实施计划的落实和建立交通投资的财务机制。

城市交通可持续发展目标主要体现为以下四个方面：

1. 城市发展目标

城市形态的变化是用地与交通一体的演变，发展某种特定的城市形态模式可以导出某种相应的交通模式出现。因此，在城市规划中应利用可持续发展的理念，研究区域交通与城市群之间的协调关系，交通环境与城市用地布局的影响，交通容量对城市开发强度的限定等。使土地利用规划与交通运输系统两者之间协调发展，从而真正使城市可持续发展目标建立在可实施的基础之上。

2. 城市环境目标

据环境监测部门报告，目前我国绝大部分城市的主要污染源为机动车尾气污染。尾气中的主要污染物是碳氢化合物（HC）、氮氧化物（NOX）以及铅、碳粒等。医学专家研究表明：尾气中的碳氢化合物被人体吸收后，会破坏造血机能，导致贫血、神经衰弱，尤其是在太阳光照射下，由光化学作用所形成的蓝色烟雾使人视神经受到破坏，可致癌，对人体的伤害更大。因此，宣传交通对环境和健康影响的基本知识，推广使用环保汽车和燃料，严格实行机动车尾气的高排放标准检测，适当限制车辆的使用，进行交通和土地使用规划对环境影响的评估等，是当前实现城市环境目标十分紧迫的任务。

3. 公共交通发展目标

我国公共交通的发展应根据各个城市实际情况，本着近期和远期相结合的方针制定可行的发展目标。公共交通系统应由轨道交通为主的多种交通方式构成，各种方式分工明确，联系紧密，换乘方便，形成高效率的网络体系；建立公共交通优先系统，达到公共交通的观念优先、设施优先、效率优先、管理优先和安全优先；建立以公共交通枢纽换乘为主的城市用地布局模式，使城市公共交通网络成为城市空间的主骨架，城市公共交通枢纽成为城市活动的主场所。

4. 慢行交通发展目标

在城市交通规划中应把慢行交通作为一种很重要的交通方式，应建立慢行交通专用道，使慢行交通在城市成为一个相对独立的交通系统，并与城市景观环境紧密结合，形成舒适的人行空间。在交通法规中应规定慢行交通的权利和义务，使慢行交通成为可持续发展交通的重要组成部分。

（二）系统技术

寻求持久有序的发展和进步是人类永恒的目标，而在城市发展中贯彻交通可持续发展的理念，正是实现这一目标不可或缺的重要环节。在城市化和机动化的大背景下，加之我国土地资源的紧缺，城市的交通供需矛盾将会日益尖锐。面对这些挑战，我们必须把握机遇，以绿色交通的理念来指导城市规划、建设和管理，指导城市未来的发展。只有健康的城市交通系统才会有健康发展的城市，才会有健康的人类社会，交通可持续发展是实现健康城市的必由之路。

城市交通可持续发展的系统技术主要体现为以下三个方面：

1. 城市道路交通设计技术

城市道路交通设计，即将交通设施的规划和设计同道路环境相结合，以达到交通需求与景观效果的协调，从而实现交通可持续发展的目标。在城市道路的规划建设过程中，着重从规划控制、交通环境的优化、可持续发展的需要、静态交通的合理设置、交通设施建设的改善等各方面加以综合考虑，在道路规划中将当前实际与未来发展相结合，交通需求与景观环境相结合，以实现区域内交通系统（公共交通、行人交通、自行车交通、汽车交通构成）的合理化，通行权以人为本，交通秩序井然、安全，通行效率化，交通与景观、环境（生态与心理环境）协调、宜人，充分体现交通可持续发展的思想。

2. 城市道路资源优化整合技术

交通发展的先进性需要用交通资源的使用水平来衡量，集约化使用、分配交通资源是城市交通系统可持续发展的关键。理论和实践均已经表明：发展以运行快速、安全、舒适、准确为特征的公共交通系统，是实现城市道路资源可持续使用的基本途径之一。从交通可持续发展的概念来考察，公共交通与个体交通比较，更具有与环境的协和性；与未来的协和性；与社会的协和性；与资源的协和性（以最小的代价或最小的资源维持协和的交通）。所以，优先和大力发展公共交通是构筑可持续发展交通系统的关键。

3. 交通系统动静一体化技术

静态交通系统作为城市交通系统的组成部分，需充分考虑与动态交通系统的协调。一方面，动态交通系统为静态交通系统功能的实现提供服务，且其服务能力约束和制约静态交通系统服务能力的发挥；另一方面，静态交通设施的位置及服务能力对动态交通系统起引导和控制作用。因此，建立可持续发展的交通系统，创造协和的交通环境，需要从动静衔接角度重新定位静态交通的规划与设计。

（三）工作方法

城市交通可持续发展坚持以人为城市规划的主体，以居民的日常生活为编制城市规划和确定交通技术的基础。建立适应人居环境发展趋势的城市交通系统，体现了交通服务的公平、效率、平等的原则。其工作方法主要体现在以下四个方面：

1. 以人为本的城市规划

建立以人为本的城市规划，应坚持以人为城市规划的主体，以居民的日常生活为城市规划的基础。在城市规划中，应加强在城市中形成一个有机的、多功能的、环境宜人的、连续的步行空间，把城市的各种主要商业服务、文体游憩、交通（枢纽）设施以及居民区联系起来，使步行系统成为一个集上下班、休闲漫步、日常活动为一体的综合空间。在城市规划中，应改变过去只注重机动车的发展及适应它的规划，强调人的可达性优于车辆的移动性，特别在市中心区，应将规划标准从车辆的尺度和运行转移到人的尺度和人的行为上来，以塑造更好的人性化城市空间。

2. 合适的交通系统技术

城市交通系统从宏观角度由供给和需求两个系统构成，这两个系统的匹配程度决定城市交通状况。为了构筑合适的交通系统技术，需要各个领域的相关技术，包括交通本身以及与交通有关的燃料、车辆、工程建设等技术。该技术是否合适，检验的标准有四条：一是该技术应用来增加生活需要的出行，反之，若用来增加私人车辆的使用或增加其方便性，则为不合适的交通技术；二是能够减少私人机动车辆的使用，增加公共交通工具的使用；三是可以增加步行、自行车等绿色交通工具的使用率；四是该技术本身具有环境、经济与社会的可持续发展性。

3. 政府的决心与行动

实施交通的可持续发展，必须加强政府的统一领导，更需要政府的决心与行动。按照可持续交通的发展目标，制定具有前瞻性的城市交通发展规划，建立有效的适合当前需要和今后发展的可持续发展交通保障政策与法规，以便更好地在可持续发展交通理念的指导下进行城市交通规划、建设和管理。

4. 形成良好的公众参与

城市交通与人们的日常工作生活息息相关，可持续发展交通的实施更是离不开公众的积极参与。交通的运输工具选择需要人们形成一致共识，并将其作为一种出行的生活方式。对于公众来说，应改变自己的交通出行思想，将可持续发展交通作为提高城市交通出行质量和生活质量的有效途径，并建立有节制的交通出行观念，进而用符合可持续发展交通的理念去改变自己的行为方式。

第二节 对厦门城市交通发展的展望

厦门是我国改革开放最早的经济特区和沿海开放城市，也是著名的风景旅游城市，城市经济社会发展水平总体上位于国内城市前列。特别是2009年5月6日国务院批准《关于支持福建省加快建设海峡西岸经济区的若干意见》的实施，福建省赋予了厦门市海峡西岸经济区的先行区和示范区地位，可以预料，厦门经济社会发展必将进一步提速。但我们也应注意到，在提升厦门经济发展“数量”的同时，更应注重发展“质量”的提升；在加快推进岛内外一体化建设“速度”的同时，更应注重建设“水平”的提升，可持续发展的城市交通作为厦门现代化城市建设的重要内容应纳入其中，并认真审视和把握好现阶段城市交通可持续发展的重要内容，以期建立高效、平等和可持续的城市交通系统。

建立可持续发展的交通系统及对厦门交通发展的展望，可从以下五个方面着手：①建立区域与城乡统筹的综合交通系统；②建立以人为本的城市交通体系；③建立以公共交通为导向的城市用地布局；④建立枢纽型的客运交通系统组织；⑤建立城市交通信息系统决策平台。

（一）建立区域与城乡统筹的综合交通系统

区域与城乡统筹发展作为科学发展观的一个重要内容，在今后相当长的一段时期内将是指导我国经济社会发展的一个基本原则。城市群的兴起，将区域协调发展提高到一个前所未有的高度，同时也是未来城市发展的大趋势，以国际性城市为核心，特大城市或大城市为主体的城市群，逐渐成为全球经济增长的主要区域，也是国家参与全球竞争的基本单元。按照《海峡西岸城镇群协调发展规划》的要求，福建省将加速推进厦（门）泉（州）漳（州）组合大都市区的建设，因此，在厦泉漳地区必须实行一体化的综合交通系统规划建设，以适应“海峡城市群”总体发展战略之需求。城乡统筹发展的实现，需要交通提供有力的支撑，城市交通将打破范围限制，由城市向农村延伸，构筑城乡交通一体化的综合交通系统。建立区域与城乡统筹的综合交通系统是未来交通发展的一个重要方向，也是落实科学发展观和实现交通可持续发展的主要载体。

（二）建立以人为本的城市交通体系

在快速城市化和机动化发展的过程中，我国城市交通的发展正面临着相当的困境，交通拥挤加剧、交通效率低下、交通资源分配不公、人车对立矛盾加剧，交通环境逐渐冷漠……因此，城市交通发展的根本目标应该是回归到以人为本，建立以人为本的城市交通体系。交通生成来自于与土地利用有关的活动，交通与土地利用的战略主要是改善交通的可达性，而不是简单的机动性，城市规划者应深入研究城市土地利用与交通一体化的关系、城市开发强度与交通容量的关系、城市交通结构与出行方式的关系，寻求合理的城市形态和土地利用方式。厦门为跨海发展的组团式城市，城市空间形态相对分散，厦门应充分利用这一城市空间布局特点，形成相对分散的城市中心，多中心的城市布局模式；采用混合土地利用的模式，尽可能考虑居民居住点和工作岗位之间在空间分布上的均衡；鼓励沿公共交通走廊、靠近交通枢纽附近土地的相对高强度开发，以从根源上减少交通的长距离出行。

（三）建立大城市以公共交通为导向的城市用地布局

由于我国城市土地资源十分短缺，城市发展必然要走紧凑式用地布局模式，因此，要以有限的道路资源来满足日益增长的交通需求，采取公共交通为主体的交通方式是我国大城市交通发展的最佳选择，这是由我国国情所决定的。因此，城市用地布局必须与公共交通规划紧密结合，城市规划应以公共交通为导向编制城市用地布局规划，现有城市应以良好的公共交通系统适应于目前的城市用地形态，公共交通与城市用地之间互为结合，成为真正意义上的“公交都市”。先进的公共交通基础设施、便利的交通可达性、高质量的交通环境是厦门未来经济增长和社会繁荣的基础条件。

（四）建立枢纽型的客运交通系统组织

在厦门如何建立以公共交通为骨干的枢纽型客运交通系统组织模式，以合理集散不同功能层次运输系统的衔接和换乘，是提高公共交通运输一体化和连续性的关键。建立枢纽型的客运系统组织，可以形成城市客流的“稳定空间”，提高城市交通的“空间识别性”。从无缝连接的城市客运系统的角度出发，枢纽型客运交通系统组织是实现无缝连接的关键，可有效减少城市居民出行的旅程时间。枢纽型客运交通系统应结合交通网络节点布置，可以与城市商业和公共服务设施布局紧密结合，方便乘客使用。

（五）建立城市交通信息系统的决策平台

在厦门建立科学的城市交通信息系统决策平台，是提高当前城市交通规划和交通管理水平的当务之急。利用城市交通信息系统决策平台，既可以科学地编制城市交通规划，完善城市交通规划评价机制，还为交通系统管理（TSM）、交通需求管理（TDM）和交通堵塞管理（TCM）提供分析和决策依据。通过交通系统管理，可以充分发挥现有道路交通设施的作用，使现有交通网络的效率和效益最大化；交通需求管理则是通过一系列政策、法规或规定来规范人们的出行行为，从而达到缩减无效或低效出行的数量；交通堵塞管理则是通过经济杠杆（如收取设施使用费、停车费等）来调剂交通需求在时间和空间上分布的均衡性，从而保障城市交通系统的有序运行，使得有限的交通建设资金和道路资源最大限度地发挥其效益。

参 考 文 献

[1] 厦门市统计局，国家统计局厦门调查队. 2008 年厦门市国民经济和社会发展统计公报 [R]. 厦门：厦门市统计局，2009.
[2] 厦门市加快推进海湾型城市建设调研报告 [C]. 市委市政府专题会议，2002.
[3] 陆锡明，王祥，朱洪. 综合交通规划 [M]. 上海：同济大学出版社，2003.
[4] 同济大学等. 厦门市城市发展概念规划研究 [R]. 2002.
[5] 厦门市城市规划设计研究院. 厦门市城市总体规划（2005—2020）[R]. 厦门：厦门市人民政府. 2005.
[6] 朱照宏，杨东援，吴兵. 城市群交通规划 [M]. 上海：同济大学出版社，2007.
[7] 陆化普. 交通规划理论与方法 [M]. 北京：清华大学出版社，1998.
[8] 厦门市城市规划设计研究院. 厦泉漳城市发展走廊研究 [R]. 厦门市规划局，泉州市规划局，漳州市规划局，2005.
[9] 王成新，王书国，姚士谋. 区域交通走廊规划实证研究——以芜湖市为例 [J]. 规划师，2006，22（10）.
[10] 边经卫. 大城市空间发展与轨道交通 [M]. 北京：中国建筑工业出版社，2006.
[11] 中国城市规划设计研究院，厦门市城市规划设计研究院. 厦门市城市交通发展战略规划 [R]. 厦门：厦门市规划局，2005.
[12] 中国城市规划设计研究院，厦门市城市规划设计研究院. 厦门市城市综合交通规划 [R]. 厦门：厦门市规划局，2005.
[13] 丁明. 构建海湾型城市协调发展的综合交通体系 [J]. 福建建筑，2008（8）.
[14] 邓毛颖，蒋万芳. 城市干道网络专项深化规划研究 [J]. 中华建设，2007（11）.
[15] 厦门市城市规划设计研究院. 厦门干道网整合规划 [R]. 厦门：厦门市规划局，2005.
[16] 厦门市城市规划设计研究院. 厦门市快速公交系统规划 [R]. 厦门：厦门市发展与改革委员会，2008.
[17] 厦门市城市规划设计研究院. 厦门市步行系统规划研究 [R]. 厦门：厦门市规划局，2007.
[18] 陆锡明. 大都市一体化交通 [M]. 上海：上海科学技术出版社，2003.
[19] 丁明. 快速机动化背景下的城市交通发展战略——以厦门为例 [J]. 交通标准化，2009（12）.
[20] 韩印，范海雁. 公共客运系统换乘枢纽规划设计 [M]. 北京：中国铁道出版社，2009.
[21] 徐家钰. 城市道路设计 [M]. 北京：中国水利水电出版社，2005.
[22] 厦门市城市规划设计研究院. 厦门市交通枢纽、商业综合体布局规划与实施策划 [R]. 厦门：厦门市规划局，2009.
[23] 厦门市城市规划设计研究院. 厦门岛近期公共停车场布点行动规划 [R]. 厦门：厦门市规划局，2008.
[24] 厦门市城市规划设计研究院. 厦门市公交场站专项规划 [R]. 厦门：厦门市市政园林局，2005.

[25] 厦门市城市规划设计研究院. 厦门市公共加油加气站空间布局规划 [R]. 厦门：厦门市规划局，2010.

[26] 杨晓光等. 城市道路交通设计指南 [M]. 北京：人民交通出版社，2003.

[27] 丁明. 中心区地下商业街施工期交通组织方案研究——以厦门火车站地下商业街为例. 交通与运输 [J]，2008 (1).

[28] 易飞，武红丽. 城市中心区交通影响分析研究 [J]. 交通标准化，2008 (10).

[29] 关函非，陈非，董强，钟仰晋. 城市交通影响分析方法研究 [J]. 公路交通科技（应用技术版），2007 (8).

[30] 厦门市城市规划设计研究院. 厦门市近期道路交通组织改善规划 [R]. 厦门市规划局，2007.

[31] 厦门市城市规划设计研究院. 厦门新站片区交通组织规划 [R]. 厦门：厦门市城市规划设计研究院，2009.

[32] 厦门市城市规划设计研究院. 环形交叉口交通改善设计与控制方法研究 [R]. 厦门：厦门市城市规划设计研究院，1999.

[33] 厦门市城市规划设计研究院. 梧村汽车站地下街改造项目施工期间交通组织分析 [R]. 厦门：厦门市城市规划设计研究院，2006.

[34] 厦门市城市规划设计研究院. 厦门市国际旅游客运码头片区交通影响分析 [R]. 厦门：厦门市城市规划设计研究院，2007.

[35] 严宝杰，张生瑞. 道路交通安全管理规划 [M]. 北京：中国铁道出版社，2008.

[36] 陈君. 道路交通安全管理规划体系及软件研究 [D]. 西安：长安大学，2005.

[37] 龚标，赵斌. 我国道路交通安全规划基本框架研究 [J]. 中国安全科学学报，2006 (4).

[38] 王炜等. 城市交通管理规划指南 [M]. 北京：人民交通出版社，2003 年.

[39] 厦门市城市规划设计研究院. 厦门市道路交通管理规划 [R]. 厦门：厦门市人民政府城市管理办公室，2005.

[40] 厦门市城市规划设计研究院. 厦门市城市交通管理规划 [R]. 厦门：厦门市公安交通管理局，2001.

[41] 厦门市城市规划设计研究院. 厦门市居民出行调查 [R]. 厦门：厦门市交通委员会，2009.

[42] 厦门市城市规划设计研究院. 厦门市公交客流调查 [R]. 厦门：厦门市交通委员会，2009.

[43] 蓝军，蒋馥. 面向可持续发展的交通规划新构想 [M] //上海市交通工程学会. 畅达新世纪的城市交通. 上海：同济大学出版社，1999.

[44] 赵建有，姜攀. 城市交通可持续发展的研究 [C] //中国城市交通规划学会 2005 年年会暨第二十一次学术研讨会论文集，2005.

后　记

此书如愿得以出版，深感欣慰。我 1994 年 8 月从湖北省城市规划设计研究院调至厦门市城市规划设计研究院工作，先后在市规划院工作 7 年，在市规划局工作 6 年，之后又调入市人大城建环资委工作，从事规划设计与规划管理工作 26 年。特别是调入厦门市工作之后，本人以厦门作为城市交通规划研究与实践的主战场，倾注了大量的心力，与厦门市城市规划设计研究院的同仁们一道，共同研究厦门的交通问题，解决了许多城市与交通发展中的矛盾，取得了不少规划设计成果，并在土地使用管理、道路交通建设、交通安全与管理中得到较好的运用，发挥了积极的作用。

厦门的城市发展框架正在逐步展开，岛内外一体化建设的序幕已经拉开，可以预料，随着厦门城市发展空间不断扩大，人口规模不断增加，城市交通问题必将更为严峻。因此，本书的出版既是厦门过去交通规划研究和实践的总结，也可为今后交通规划设计和研究提供工作借鉴，相信厦门今后的交通规划工作更为任重道远。

本书的第一、二、九章由边经卫完成，第三章由张升完成，第四章由丁明完成，第五章由徐玉莲、高克跃完成，第六章由史志法、叶惠琼完成，第七章由陈钦水、叶惠琼完成，第八章由孟永平完成，赵新、朱耀兵、王永清参与了图文处理工作。

全书由边经卫拟定工作大纲，张升、丁明协调统稿，最后由边经卫审阅定稿。

谨以此书献给厦门市城市规划设计研究院建院 20 周年！

边经卫

2010 年 4 月于厦门